大数据人才培养规划教材

大数据数学基础

Python 语言描述

Mathematical Basis of Big Data (Python)

雷俊丽 张良均 ◉ 主编
王玉宝 王熠 周东平 ◉ 副主编

人 民 邮 电 出 版 社
北 京

图书在版编目（CIP）数据

大数据数学基础 : Python语言描述 / 雷俊丽, 张良均主编. -- 北京 : 人民邮电出版社, 2019.11
大数据人才培养规划教材
ISBN 978-7-115-49921-9

Ⅰ. ①大… Ⅱ. ①雷… ②张… Ⅲ. ①计算机科学—数学—教材 Ⅳ. ①TP301.6

中国版本图书馆CIP数据核字(2018)第244913号

内 容 提 要

本书全面地讲解了在科学领域广泛运用的微积分、概率论与数理统计、线性代数、数值计算、多元统计分析等数学基础知识。全书共 6 章：第 1 章介绍了大数据与数学、数学与 Python 的关系；第 2 章介绍了微积分的基础知识，包括极限、导数、微分、不定积分与定积分等；第 3 章介绍了概率论与数理统计的基础知识，包括数据分布特征、概率与概率分布、参数估计、假设检验等；第 4 章介绍了线性代数的基础知识，包括行列式、矩阵的运算和特征分解、奇异值分解；第 5 章介绍了数值计算的基础知识，包括插值法、函数逼近与拟合、非线性方程（组）求根；第 6 章介绍了常用的多元统计分析方法，包括回归分析、判别分析、聚类分析、主成分分析、因子分析和典型相关分析。本书示例大都结合 Python 进行求解分析，且每章都有课后习题，可以帮助读者巩固所学的内容。

本书可以作为高校大数据技术类及相关专业的教材，也可作为大数据技术爱好者的自学用书。

◆ 主　　编　雷俊丽　张良均
副 主 编　王玉宝　王　熠　周东平
责任编辑　左仲海
责任印制　马振武

◆ 人民邮电出版社出版发行　　北京市丰台区成寿寺路 11 号
邮编　100164　　电子邮件　315@ptpress.com.cn
网址　http://www.ptpress.com.cn
固安县铭成印刷有限公司印刷

◆ 开本：787×1092　1/16
印张：17　　2019 年 11 月第 1 版
字数：391 千字　　2024 年 7 月河北第 8 次印刷

定价：49.80 元

读者服务热线：(010)81055256　印装质量热线：(010)81055316
反盗版热线：(010)81055315
广告经营许可证：京东市监广登字20170147号

大数据专业系列图书
编写委员会

序 PREFACE

随着大数据时代的到来，移动互联网和智能手机迅速普及，多种形态的移动互联应用蓬勃发展，电子商务、云计算、互联网金融、物联网等不断渗透并重塑传统产业，大数据当之无愧地成了新的产业革命核心。

未来 5～10 年，我国大数据产业将会进入一个飞速发展时期，社会对大数据相关专业人才有着巨大的需求。目前，国内各大高校都在争相设立或准备设立大数据相关专业，以适应地方产业发展对战略性新兴产业的人才需求。

人才培养离不开教材，大数据专业是 2016 年才获批的新专业，目前还没有成套的系列教材，已有教材也存在企业案例缺失等亟须解决的问题。由广州泰迪智能科技有限公司和人民邮电出版社策划、校企联合编写的这套图书，犹如大旱中的甘露，可以有效解决高校大数据相关专业教材紧缺的困难。

实践教学是在一定的理论指导下，通过引导学习者的实践活动，传承实践知识、形成技能、发展实践能力、提高综合素质的教学活动。目前，高校教学体系的设置有诸多限制因素，过多地偏向理论教学，课程设置与企业实际应用契合度不高，学生无法把理论转化为实践应用技能。课程内容设置方面看似繁多又各自为“政”，课程冗余、缺漏，体系不健全。本套图书的第一大特点就是注重学生实践能力的培养，根据高校实践教学中的痛点，首次提出“鱼骨教学法”的概念。以企业真实需求为导向，学生所学技能紧紧围绕企业实际应用需求，将学生需掌握的理论知识通过企业案例的形式进行衔接，达到知行合一、以用促学的目的。

大数据专业应该以大数据技术应用为核心，紧紧围绕大数据应用闭环的流程进行教学，才能够使学生从宏观上理解大数据技术在行业中的具体应用场景及应用方法。高校现有的大数据课程集中在教授如何进行数据处理、建模分析、参数调整，以使得模型的结果更加准确。但是，完整的大数据应用却是一个容易被忽视的部分。本套图书的第二大特点就是围绕大数据应用的整个流程，从数据采集、数据迁移、数据存储、数据分析与挖掘，最终到数据可视化，覆盖完整的大数据应用流程，涵盖企业大数据应用中的各个环节，符合企业大数据应用真实场景。

希望这套图书能为更多的高校师生带来便利，帮助读者尽快掌握本领，成为有用之才！

中国高校大数据教育创新联盟

2019 年 6 月

前 言 FOREWORD

随着云时代的来临，大数据分析技术将帮助企业用户在合理的时间内获取、处理海量数据，为企业经营决策提供积极的帮助。大数据分析作为一门前沿技术，广泛应用于物联网、云计算、移动互联网等战略性新兴产业。在大数据的研究和应用中，数学是其坚实的理论基础。在数据处理、数据挖掘、评判分析等过程中，数学方法扮演着至关重要的角色。

本书致力于传播大数据分析技术的基础数学知识，以期通过理论结合实践的方式，帮助读者运用相关数学知识解决一些实际问题。

本书特色

本书将理论与实践相结合，通过示例与大量代码实现，深入浅出地介绍了大数据分析技术所需的数学基础知识，并引导读者利用所学知识解决问题。本书通过例题和课后习题帮助读者巩固所学内容，使读者能够真正理解并应用。

本书全面贯彻党的二十大精神，以新时代中国特色社会主义思想、社会主义核心价值观为引领，加强基础研究、发扬斗争精神，为建成教育强国、科技强国、人才强国、文化强国添砖加瓦。本书内容由浅入深，第 1 章介绍大数据与数学之间的联系，让读者在宏观上了解学习大数据分析技术所需要的数学知识，以及 Python 中常用的数学相关库；第 2 ~ 5 章全面地介绍微积分、概率论与数理统计、线性代数、数值计算在数据科学领域的简单应用；第 6 章结合前 5 章的知识，介绍了数据分析过程中常用的数学分析方法，并结合 Python 对示例进行求解分析。

本书适用对象

- 开设大数据分析课程的高校的教师和学生

目前，国内不少高校将大数据分析引入教学中，在数学、计算机、自动化、电子信息及金融等专业开设了与大数据分析技术相关的课程，但目前这一课程的前置基础课——数学的教学仍然主要局限于理论介绍。因为单纯的理论教学过于抽象，学生理解起来往往比较困难，所以教学效果也不甚理想。本书提供的基于 Python 语言的实践教学模式，能够使师生充分互动，实现最佳的教学效果。

- 大数据分析相关从业人员

这类人员可以通过本书理解大数据分析技术中常见算法背后的理论原理，并掌握相关实现方法等知识，从而能够对算法有全面而深入的了解，同时也能够通过阅读本书对大数据分析方法等有所认识。

- 机器学习与数据挖掘从业人员

这类人员可以通过本书更深入地理解机器学习常用算法的基本实现方法，从而设计出更加高效、流畅的算法，以辅助生产，为决策提供依据。

- 数学爱好者

本书不仅介绍了微积分、概率论与数理统计、线性代数、数值计算和多元统计分析的基础知识，还用 Python 实现了绝大部分的理论与算法，可满足数学爱好者的求知欲望。

代码下载及问题反馈

为了帮助读者更好地使用本书，泰迪云课堂（https://edu.tipdm.org）提供了配套的教学视频。对于本书配套的原始数据文件、Python 程序代码，读者可以扫描下方的二维码关注泰迪学社微信公众号（TipDataMining），回复“图书资源”进行获取，也可登录人民邮电出版社教育社区（www.ryjiaoyu.com）下载。为方便教师授课，本书还提供了 PPT 课件、教学大纲、教学进度表和教案等教学资源，教师可在泰迪学社微信公众号回复“教学资源”进行获取。

我们已经尽最大的努力避免在文本和代码中出现错误，但是由于水平有限，编写时间仓促，书中疏漏和不足之处在所难免。如果您有更多宝贵意见，欢迎在泰迪学社微信公众号回复“图书反馈”进行反馈。更多本系列图书的信息可以在“泰迪杯”数据挖掘挑战赛网站（http://www.tipdm.org/tj/index.jhtml）查阅。

编 者

2023 年 5 月

目 录 CONTENTS

第1章 绪　论

当今社会，绝大多数人类活动会产生数据。例如，各类具备全球定位系统（Global Positioning System，GPS）功能的交通工具会定时产生位置数据；家用智能热水器能够记录用户每日用水的各项数据；手机中的各类 App 能够收集用户不同领域的偏好数据等。管理和使用这些数据，促进了一个全新的领域——数据科学领域的发展，而数据科学领域的基石就是数学。

本章将通过介绍大数据的概念，进一步说明微积分、概率论与数理统计、线性代数、数值计算、多元统计分析在数据科学领域的重要作用。

1.1 大数据与数学

最早提出大数据概念的是全球知名咨询公司麦肯锡。该公司称："数据已经渗透到当今的每一个行业和业务职能领域，成了重要的生产因素。"人们对于海量数据的挖掘和运用，预示着新一波生产率增长和消费者盈余浪潮的到来。实则，大数据在物理学、生物学、环境生态学等学科领域，以及在军事、金融、通信等行业已有些时日，只是由于近年来的互联网和信息行业采用了大数据技术，使得这一名词的曝光度有所提高，变得火热起来。本节通过介绍大数据的定义与数学各分支在大数据中的作用，阐述大数据与数学的关系。

1.1.1 大数据的定义

对于"大数据"一词，多数人认为是一个新兴词汇，实则不然，早在 1980 年，著名未来学家阿尔文 · 托夫勒便在《第三次浪潮》一书中将大数据赞颂为"第三次浪潮的华彩乐章"。大数据一词大约是从 2009 年开始被引入公众视线的。

1. 大数据的特征

虽然"大数据"这一个词汇已经诞生了近 40 年，但是目前为止并没有一个明确的定义。维克托 · 迈尔 · 舍恩伯格在《大数据时代》一书中提到了大数据应该具备以下 3 种特征。

（1）不是随机样本，而是全体数据。过去，因为记录、存储和分析数据的工具不够好，为了让分析变得简单，人们只能收集或者抽取尽量少的数据进行分析。如今，技术条件已经有了非常大的提高，虽然人类可以处理的数据依然是有限的，也永远是有限的，但是处理的数据量已经大大增加，而且未来会越来越多。在条件允许的情况下，使用全体数据往往能够得到一个更加准确、更接近实际的结果。

（2）不具有精确性，而具有混杂性。执迷于精确性是信息缺乏时代和模拟时代的产物。大约只有 5%的数据是结构化且能适用于传统数据库的，如果不接受混乱，剩下约 95%的非结构化数据就无法被利用。所以只有接受不精确性，才能从数据中获取更大的价值。需要特别注意的是，不精确性并非大数据固有的，它只是测量、记录和交流数据的一个缺陷。因为拥有更大的数据量所带来的商业利益远远超过增加一点精确性所带来的，所以通常不会通过大量增加成本来提升数据的精确性。

（3）不是因果关系，而是相关关系。因果关系强调原因和结果必须同时具有必然的联系，即二者的关系属于引起和被引起的关系。而相关关系的核心是量化两个数据值之间的数理关系。相关关系强是指当一个数据值增加时，另一个数据值很有可能也会随之增加。

2．大数据的定义

现阶段，大数据领域比较通用的大数据定义是基于图 1-1 的 5V 定义，其中，每个 V 的具体含义如下。

（1）Volume：数据量大，即采集、存储和计算的数据量都非常大。真正大数据的起始计量单位往往是 TB（1 024GB）、PB（1 024TB）。

（2）Velocity：数据增长速度快，处理速度也快，时效性要求高。比如，搜索引擎要求几分钟前的新闻能够被用户查询到，个性化推荐算法要求尽可能实时完成推荐。这是大数据区别于传统数据挖掘的显著特征。

（3）Variety：种类和来源多样化。种类上包括结构化、半结构化和非结构化数据，具体表现为网络日志、音频、视频、图片、地理位置信息等。数据的多类型对数据处理能力提出了更高的要求。数据可以由传感器等自动收集，也可以由人类手工记录。

（4）Value：数据价值密度相对较低。随着互联网及物联网的广泛应用，信息感知无处不在，信息量大，但价值密度较低。如何结合业务逻辑并通过强大的机器算法来挖掘数据的价值，是大数据时代最需要解决的问题。

（5）Veracity：数据的准确性和可信赖度高，即数据的质量高。数据本身如果是虚假的，那么它就失去了存在的意义，因为任何通过虚假数据得出的结论都可能是错误的，甚至是相反的。

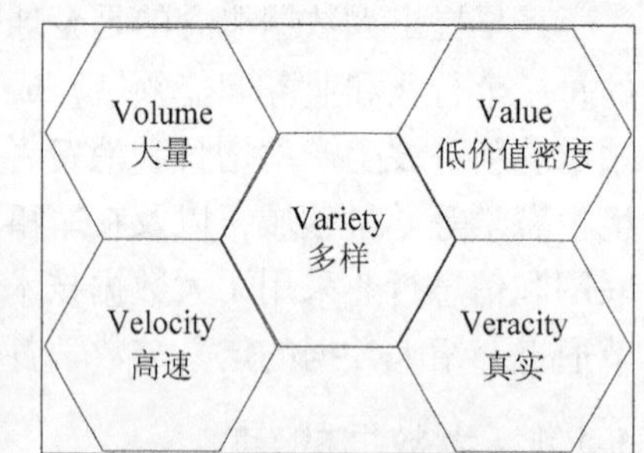

图 1-1 大数据 5V 定义示意图

1.1.2 数学在大数据领域的作用

信息化时代，大数据在各领域中发挥着越来越重要的作用。人们使用大数据技术从海量数据中挖掘信息，发现规律，探索潜在价值。在大数据的研究和应用中，数学是坚实的理论基础。在数据预处理、分析与建模、模型评价与优化等过程中，数学方法扮演着至关重要的角色。

1．微积分

从 17 世纪开始，随着社会的进步和生产力的发展，以及航海、天文、矿山建设等越来越多的课题需要解决，数学也开始研究变化的量，进入了“变量数学”时代，微积分也由此诞生。通过微积分可以描述运动的事物，描述一种变化的过程。由于微积分是研究变化规律的方法，所以只要是与变化、运动有关的研究，都或多或少地与微积分存在联系，都需要运用微积分的基本思想和方法。可以说，微积分的创立极大地推动了社会的进步。

微积分是整个近代数学的基础，有了微积分，才有了真正意义上的近代数学。统计学中的概率论部分就是建立在微积分的基础之上的。比如，在函数关系的对应下，随机事件先是被抽象为集合，继而被抽象为实数，随着样本空间被抽象为数集，概率相应地由集函数约化为实函数。因此，微积分中有关函数的种种思想和方法都可以畅通无阻地进入概率论领域。随机变量的数字特征、概率密度与分布函数的关系、连续型随机变量的计算等都是微积分现有成果的直接应用。

微积分的基础是极限论，在概率论中运用广泛，如分布函数的性质、大数定律、中心极限定理等。同时，在机器学习中，非常重要的各类最优化算法本质上就是在一定的约束条件下求一个函数的最值，这一概念和微积分基础中的极限论息息相关。

2. 概率论与数理统计

概率论与数理统计是研究随机现象统计规律的重要学科，是数学领域的重要组成部分。概率论是研究随机现象数量规律的数学分支。随机现象是相对于决定性现象而言的，在一定条件下必然发生某一结果的现象称为决定性现象。数理统计是伴随着概率论的发展而发展起来的另一个数学分支，它研究如何有效收集、整理和分析受随机因素影响的数据，并由此作出推断或预测，为采取某种决策和行动提供依据或建议。

大数据的分析与挖掘等工作，从数据预处理开始，至建模得出结论，都有概率论与数理统计的身影。相关性分析、假设检验及方差分析等数理统计方法为大数据分析前期的数据探索、数据预处理等提供了理论与方法支持。朴素贝叶斯、Apriori 关联规则等算法的理论基础就是概率论与数理统计。掌握扎实的概率论与数理统计知识，能够帮助人们更加深入地理解算法，并解释大数据分析结果，从而为决策提供依据。此外，在得出分析结果以后，研究者还需要通过概率论与数理统计相关知识，以绘制图形的形式来展示结果，以方便其他人理解。

3. 线性代数

线性代数与大数据技术开发的关系很密切。线性代数领域的向量、矩阵、正交矩阵、秩、特征值与特征向量等概念在大数据分析、建模中发挥着巨大的作用。

在大数据中，许多应用场景的分析对象都可以抽象表示为矩阵。例如，大量 Web 页面及其关系、微博用户及其关系、文本数据中的长文本与词汇的关系等都可以用矩阵表示。Web 页面及其关系用矩阵表示时，矩阵元素就代表一个页面 a 与另一个页面 b 的关系，这种关系可以是指向关系，例如，1 表示 a 和 b 之间有超链接，0 表示 a 和 b 之间没有超链接。著名的 PageRank 算法就是基于这种矩阵进行页面重要性的量化，并证明其收敛性的。

以矩阵为基础的各种运算，如矩阵分解，是分析大数据、提取特征的一种途径，因为矩阵代表了某种变换或映射，所以分解后得到的矩阵就代表了分析对象在新空间中的一些新特征。其中，特征分解（Eigen Decomposition）和奇异值分解（Singular Value Decomposition）等在大数据分析中的应用十分广泛。

4. 数值计算

数值计算是求解工程实际问题的重要方法之一，并且随着工程问题的规模不断增大，相比于理论研究和实验研究，其实用价值更大。在大数据时代的背景下，数据分析、数据挖掘、机器学习等算法中常见的插值、数值逼近、非线性方程求解等，都属于数值计算的范畴。

从更高的层面看，数值计算指有效使用数字计算机求数学问题的近似解的方法与过程，其几乎涵盖了所有涉及复杂数学运算的计算机程序。数值计算主要研究如何利用计算机更好地解决各种数学问题，包括连续系统离散化和离散型方程求解，并考虑误差、收敛性和稳定性等问题。

5. 多元统计分析

多元统计分析简称多元分析，是从经典统计学中发展起来的一个分支，是数理统计学中的一个重要分支学科，是一种综合分析方法。20 世纪 30 年代，R.A.费希尔、H.霍特林、许宝禄及 S.N.罗伊等人做了一系列奠基性的工作，使多元分析在理论上得到迅速发展。20 世纪 50 年代中期，随着电子计算机的发展和普及，多元分析在地质、气象、生物、医学、图像处理及经济分析等领域得到了广泛的应用，同时也促进了理论的发展。

多元分析在大数据分析中有非常广泛的应用，能够在多个对象和多个指标互相关联的情况下分析它们的统计规律。多元分析的主要方法包括回归分析、判别分析、聚类分析、主成分分析（Principal Component Analysis，PCA）、因子分析及典型相关分析等。这些分析方法在大数据领域有着非常广泛的应用。其中，回归分析中的一元或多元线性回归可用于预测连续型数据，如股票价格预测和违约损失率预测等；判别分析与回归分析中的 Logistic 回归可用于预测类别型数据，这些数据通常都是二元数据，如欺诈与否、流失与否、信用好坏等；聚类分析是在不知道类标签的情况下，将数据划分成有意义的类，如客户细分等；主成分分析与因子分析可用少量的变量（因子）来综合反映原始变量（因子）的主要信息，在大数据分析中常用于数据的降维；典型相关分析可以快捷、高效地发现事物间的内在联系，如某种传染病与自然环境、社会环境的相关性等。

1.2 数学与 Python

Python 拥有很丰富的库，结合在编程方面的强大功能，可以只使用 Python 这一种语言去构建以数据为中心的应用程序。同时，Python 是一个混合体，丰富的工具集使它介于传统的脚本语言和系统语言之间。Python 具有所有脚本语言所具有的简单和易用的特征，并且拥有许多编译语言的工具。此外，Python 还提供了与数学计算相关的类库，如 NumPy、SciPy、SymPy、StatsModels 等。

1.2.1 NumPy

NumPy 是 Numerical Python 的简称，是 Python 实现科学计算的基础包。NumPy 主要提供以下功能。

（1）快速高效的多维数组对象 ndarray。

（2）可对数组执行元素级计算及直接对数组执行数学运算的函数。

（3）用于读写硬盘上基于数组的数据集的工具。

（4）行列式计算、矩阵运算、特征分解、奇异值分解的函数与方法。

（5）将 C、C++、Fortran 代码集成到 Python 的工具。

除了为 Python 提供快速的数组处理能力外，NumPy 在数据分析方面还有另外一个主要作用，即作为在算法支架间传递数据的容器。对于数值型数据，NumPy 数组在存储和处理时要比内置的 Python 数据结构高效得多。此外，由低级语言（如 C 和 Fortran）编写的库可以直接操作 NumPy 数组中的数据，无须进行任何数据复制工作。

1.2.2 SciPy

SciPy 是一个基于 Python 的开源库，是一组专门解决科学计算中各种基本问题的模块的集合，经常与 NumPy、StatsModels、SymPy 这些库一起使用。SciPy 的不同子模块有不同的应用，如插值、积分、优化、图像处理等。SciPy 主要包含了 8 个模块，每个模块的主要功能如表 1-1 所示。

表 1-1 SciPy 的模块及其功能简介

模块名称	功能
scipy.integrate	提供数值积分和微分方程求解器
scipy.linalg	扩展由 numpy.linalg 提供的线性代数和矩阵分解功能
scipy.optimize	函数优化器（最小化器）及根查找算法
scipy.signal	信号处理工具
scipy.sparse	稀疏矩阵和稀疏线性系统求解器
scipy.special	SPECFUN（这是一个实现了许多常用数学函数的 Fortran 库）的包装器
scipy.stats	检验连续和离散概率分布（如密度函数、采样器、连续分布函数等）的方法、各种统计检验的方法及常用描述性统计的方法
scipy.weave	利用内联 C++代码加速数组计算的工具

1.2.3 SymPy

SymPy 的全称为 Symbolic Python，是由纯 Python 语言编写的一个用于符号运算的库，能够与其他科学计算库相结合。符号化的计算采用的是数学对象符号化的计算方式，使用数学对象的精确标识，而不是近似的，计算结果可以为一个数学表达式。它的目标在于成为一个富有特色的计算机代数系统，同时保证自身的代码尽可能简单，且易于理解，容易扩展。

1.2.4 StatsModels

StatsModels 是一个与统计相关的 Python 库。它在统计计算方面可以视为 SciPy 的补充，包括数据的描述性统计、统计模型的估计和推断等，对每一个模型都会生成一个对应的统计结果。统计结果会和现有的统计包进行对比，以保证其正确性。

小结

本章作为全书的引言部分，详细阐述了大数据的 3 个特性与 5V 理论，阐述了微积分、概率论与数理统计、线性代数、数值计算及多元统计分析等与大数据之间的联系。同时，读者也需要注意，大数据所需的数学知识涵盖范围非常广，本书只是对其中最基础的部分做相关介绍，并没有全面覆盖。

课后习题

1．选择题

（1）下列关于大数据特征的说法正确的是（　　）。

A．不是样本，而是全体数据　　B．不是因果关系，而是相关关系

C．不具有精确性，而具有混杂性　　D．不是符号计算，而是数值计算

（2）下列关于大数据 5V 概念的说法错误的是（　　）。

A．Velocity：数据增长速度快，处理速度也快，时效性要求高

B．Volume：数据量大

C．Value：数据价值密度相对较高

D．Variety：种类和来源多样化

（3）下列不属于多元统计分析的主要方法的是（　　）。

A．判别分析　　B．因子分析

C．时间序列分析　　D．典型相关分析

（4）下列关于微积分的说法正确的是（　　）。

A．概率论与数理统计与微积分互相孤立，毫无关系

B．涉及运动事物的数学计算几乎都会涉及微积分

C．微积分可以解决所有数学问题

D．微积分是 20 世纪的伟大发明

（5）下列关于 Python 数学相关库的说法错误的是（　　）。

A．NumPy 提供了行列式计算、矩阵运算、特征分解、奇异值分解的函数与方法

B．SciPy 是一组专门解决科学计算中各种标准问题域的模块的集合

C．SymPy 主要包含了 8 个模块

D．StatsModels 在统计计算方面提供了对 SciPy 的补充，包括数据的描述性统计、统计模型的估计和推断等

2．操作题

在自己的计算机上完成 NumPy、SciPy、SymPy、StatsModels 库的安装。

第2章 微积分基础

微积分是数学发展史上具有划时代意义的伟大创造，是人类历经 2 500 多年的思维沉淀和智力奋斗形成的结晶，是人类智慧的伟大成就。它深深根植于人类活动的众多领域，在社会发展和人类进步中具有很高的地位。如果将大数据中的数据分析与挖掘比作一棵大树，那么微积分就是这棵树的根，而线性代数、统计学、数值分析、凸优化等数学分支则是这棵树的树干，各种各样的机器学习与数据挖掘算法是枝叶。

因此，微积分不仅是本书的基础，而且是整个机器学习与数据挖掘的基础，更是想要进军大数据处理与分析各领域的必备基础知识。加强基础研究，是实现高水平科技自立自强的迫切要求。当今比较热门的深度学习理论已经在图像识别、自然语言处理等领域大放异彩，其核心思想无不闪现着微积分的身影。例如，本章将要介绍的复合函数的链式求导法则，就在深度学习算法中起着非常重要的作用。

微积分博大精深，其以实数域上的函数为研究对象，以极限为研究工具，研究函数的微分与积分问题。函数的微分与积分本质上都是一种极限，可以将它们分别看作“两个无穷小比值的极限”与“无穷多个无穷小和的极限”，因此，微积分也常常被称为“无穷小分析”。

本章将首先介绍微积分中常见的函数及其性质，简要阐述极限理论中的相关概念和结论，然后重点介绍一元函数的微分与积分，包括导数的概念及各种求导法则、微分及其应用、微积分学的基本定理等内容。

2.1 函数与极限

对于函数（Function），中国清朝数学家李善兰的解释是“凡此变数中函彼变数者，则此为彼之函数”，即函数指一个量随着另一个量的变化而变化，或者是一个量中包含另一个量。

极限也是数学中起着基础作用的重要概念，描述的是变量无限趋近某个量的变化过程，而此变量通过无限变化过程的影响，其趋势性结果就非常精密地约等于所求的未知量。古语有云“一尺之棰，日取其半，万世不竭”。假设棰的原长度为一个单位，x_n 表示第 n 次截取之后所剩下的长度，显然随着 n 的无限增大，棰剩下的长度趋近于零，所谓“万世不竭”，是指它可以无限地接近于零，但总不会等于零，这一变化趋势便是极限的雏形。人们在解决实际问题的过程中，常常不能得到准确的答案，为了求得更精确的解答，就引入了极限的概念。

2.1.1 映射与函数

1. 集合

集合在数学领域具有无可比拟的特殊重要性，可以说现代数学各个分支的绝大多数成果均构筑在严格的集合理论上。

（1）集合的概念

定义 2-1　集合（简称“集”）指具有某种特定性质的事物的总体，组成这个集合的事物称为该集合的**元素**（简称“元”）。

通常用大写英文字母 $A,B,C,\cdots$ 表示集合，用小写英文字母 $a,b,c,\cdots$ 表示集合的元素。

定义 2-2　如果 a 是集合 A 的元素，则 a 属于 A，记为 $a\in A$；如果 a 不是集合 A 的元素，则 a 不属于 A，记为 $a\notin A$ 或 $a \overline{\in} A$。一个集合，若它只含有限个元素，则称为**有限集**，不是有限集的集合称为**无限集**。

如果集合 A 的元素都是集合 B 的元素，则 A 是 B 的子集，记为 $A\subset B$；如果集合 A 与集合 B 互为子集，则集合 A 与集合 B 相等，记为 $A=B$。

（2）集合的运算

集合的基本运算有并、交、差 3 种。设 A、B 是两个集合，则有以下定义。

定义 2-3　由所有属于集合 A 的元素和属于集合 B 的元素组成的集合，称为 A 与 B 的**并集**（简称“并”），记为 $A\bigcup B$，即 $A\bigcup B=\{x\,|\,x\in A$ 或 $x\in B\}$。

定义 2-4　由所有既属于集合 A 又属于集合 B 的元素组成的集合，称为 A 与 B 的**交集**（简称“交”），记为 $A\bigcap B$，即 $A\bigcap B=\{x\,|\,x\in A$ 且 $x\in B\}$。

定义 2-5　由所有属于集合 A 而不属于集合 B 的元素组成的集合，称为 A 与 B 的**差集**（简称“差”），记为 $A\setminus B$，即 $A\setminus B=\{x\,|\,x\in A$ 且 $x\notin B\}$。

对于集合的计算，可以使用 Python 运算符实现。常用的运算符有 |（并）、&（交）、-（差）等。

例 2-1　设集合 $A=\{1,2,4,5\}$，$B=\{x\,|\,x^2-5x+6=0\}$，请计算出集合 A 与 B 的并、交、差。

解　集合 B 是方程 $x^2-5x+6=0$ 的解集，可以表示为 $B=\{2,3\}$。

A 与 B 的并：$A\bigcup B=\{1,2,3,4,5\}$。

A 与 B 的交：$A\bigcap B=\{2\}$。

A 与 B 的差：$A\setminus B=\{1,4,5\}$。

使用 Python 计算集合 A 与 B 的并、交、差，如代码 2-1 所示。

代码 2-1　计算集合的并、交、差

```
In[1]:   from sympy import*  # 导入 SymPy 库
         x = symbols('x')  # 将 x 定义为符号变量
         # 通过 SymPy 库的 solve()命令求得一元二次方程的两个根
         X = solve(x**2-5*x+6,x)
         print('一元二次方程的两个根为：',X)

Out[1]:  一元二次方程的两个根为： [2, 3]

In[2]:   A = set('1245')  # 定义集合 A
         B = set('23')  # 定义集合 B
```

```
print('集合A与B的并:',A | B)
print('集合A与B的交:',A & B)
print('集合A与B的差:',A - B)
```

```
Out[2]:   集合A与B的并: {'5', '4', '2', '1', '3'}
          集合A与B的交: {'2'}
          集合A与B的差: {'4', '5', '1'}
```

2. 映射

（1）映射的概念

定义 2-6　设 X、Y 是两个非空集合，如果存在一个法则 f，使得对 X 中的每个元素 x，按法则 f，在 Y 中有唯一确定的元素 y 与之对应，则称 f 为从 X 到 Y 的**映射**，记为 $f:X\to Y$。其中，y 称为元素 x（在映射 f 下）的**像**，并记为 $f(x)$；元素 x 称为元素 y（在映射 f 下）的一个**原像**；集合 X 称为映射 f 的**定义域**，记作 D_f；集合 X 中所有元素的像所组成的集合称为映射 f 的**值域**，记作 R_f。

定义 2-7　若对于 X 中的任意两个不同元素 x_1、$x_2(x_1\neq x_2)$，它们的像 $f(x_1)\neq f(x_2)$，则称 f 为 X 到 Y 的**单射**。

（2）逆映射的概念

定义 2-8　设 f 是 X 到 Y 的单射，则由映射定义可知，每个 $y\in R_f$ 都有唯一的 $x\in X$ 符合 $f(x)=y$。于是可以定义一个从 R_f 到 X 的新映射 g，即 $g:R_f\to X$。对每个 $y\in R_f$ 规定 $g(y)=x$，则 x 满足 $f(x)=y$。这个映射 g 称为 f 的**逆映射**，记为 f^{-1}，其定义域为 $D_{f^{-1}}=R_f$，值域为 $R_{f^{-1}}=X$。

只有单射才存在逆映射。

（3）复合映射的概念

定义 2-9　设有两个映射 $g:X\to Y_1$ 和 $f:Y_2\to Z$，其中 $Y_1\subset Y_2$，则由映射 g 和 f 可以定义一个从 X 到 Z 的对应法则，将每个 $x\in X$ 映成 $f(g(x))\in Z$。这个对应法则确定了一个从 X 到 Z 的映射，这个映射称为映射 g 和 f 构成的**复合映射**，记为 $f\circ g$，即 $f\circ g:X\to Z$ 或 $(f\circ g)(x)=f(g(x)),x\in X$。

3. 函数

（1）函数的概念

定义 2-10　设数集 $D\subset\mathbf{R}$，则称映射 $f:D\to\mathbf{R}$ 为定义在 D 上的**函数**，通常简记为 $y=f(x),x\in D$。其中，x 称为**自变量**，y 称为**因变量**，D 称为**定义域**，记为 D_f，即 $D_f=D$。

在函数定义中，对每个 $x\in D$，按对应法则 f，总有唯一确定的值 y 与之对应，这个值称为函数 f 在 x 处的函数值，记为 $f(x)$，即 $y=f(x)$。因变量 y 与自变量 x 之间的这种依赖关系通常称为函数关系，函数值 $f(x)$ 的全体所构成的集合称为函数 f 的值域，记为 R_f 或 $f(D)$，即 $R_f=f(D)=\{y\mid y=f(x),x\in D\}$。

（2）反函数的概念

反函数是逆映射的特例，其概念如下。

定义 2-11　设函数 $f:D\to f(D)$ 是单射，则它存在逆映射 $f^{-1}:f(D)\to D$，称此映射

f^{-1} 为函数 f 的**反函数**。

（3）复合函数的概念

复合函数是复合映射的一种特例，其概念如下。

定义 2-12 设函数 $y=f(u)$ 的定义域为 D_f，函数 $u=g(x)$ 的定义域为 D_g，且其值域 $R_g \subset D_f$，则由式（2-1）确定的函数称为由函数 $y=f(u)$ 与函数 $u=g(x)$ 构成的**复合函数**，它的定义域为 D_g，变量 u 称为中间变量。

$$y=f(g(x)), \quad x \in D_g \tag{2-1}$$

（4）函数的特性

① 有界性

设函数 $f(x)$ 的定义域为 D，数集 $X \subset D$。

如果存在数 K_1，使得 $f(x) \leqslant K_1$ 对任一 $x \in X$ 都成立，那么称函数 $f(x)$ 在 X 上有上界，而 K_1 称为函数在 X 上的一个上界。

如果存在数 K_2，使得 $f(x) \geqslant K_2$ 对任一 $x \in X$ 都成立，那么称函数 $f(x)$ 在 X 上有下界，而 K_2 称为函数在 X 上的一个下界。

如果存在正数 M，使得 $|f(x)| \leqslant M$ 对任一 $x \in X$ 都成立，那么称函数 $f(x)$ 在 X 上有界。如果这样的 M 不存在，那么称函数 $f(x)$ 在 X 上无界。

② 单调性

设函数 $f(x)$ 的定义域为 D，区间 $I \subset D$。

如果对于区间 I 上的任意两点 x_1 和 x_2，当 $x_1 < x_2$ 时，恒有 $f(x_1) < f(x_2)$，则称函数 $f(x)$ 在区间 I 上是单调增加的。

如果对于区间 I 上的任意两点 x_1 和 x_2，当 $x_1 < x_2$ 时，恒有 $f(x_1) > f(x_2)$，则称函数 $f(x)$ 在区间 I 上是单调减少的。

单调增加和单调减少的函数统称为单调函数。

③ 奇偶性

设函数 $f(x)$ 的定义域 D 关于原点对称。

如果对于任一 $x \in D$，$f(-x)=f(x)$ 恒成立，则称 $f(x)$ 为偶函数。

如果对于任一 $x \in D$，$f(-x)=-f(x)$ 恒成立，则称 $f(x)$ 为奇函数。

④ 周期性

设函数 $f(x)$ 的定义域为 D，如果存在一个正数 l，使得对任一 $x \in D$ 都有 $(x \pm l) \in D$，且 $f(x \pm l)=f(x)$ 恒成立，那么称 $f(x)$ 为周期函数，l 为 $f(x)$ 的周期。通常提到的周期函数的周期是指最小正周期。

（5）函数的运算

设函数 $f(x)$、$g(x)$ 的定义域依次为 D_1、D_2，且 $D=D_1 \cap D_2 \neq \varnothing$，则可以定义这两个函数的下列运算。

① 和与差 $f \pm g$：$(f \pm g)(x)=f(x) \pm g(x) (x \in D)$。

② 积 $f \times g$：$(f \times g)(x)=f(x) \times g(x) (x \in D)$。

③ 商 $\frac{f}{g}$：$(\frac{f}{g})(x)=\frac{f(x)}{g(x)} (x \in D \setminus \{x \mid g(x)=0, x \in D\})$。

（6）初等函数

常数函数、幂函数、指数函数、对数函数、三角函数和反三角函数这 6 类函数在微积分中统称为基本初等函数。

定义 2-13　由常数、基本初等函数经过有限次的四则运算和有限次的函数复合步骤所构成的，并能用一个式子表示的函数，称为**初等函数**。

由于初等函数是微积分研究的主要对象，所以读者在开始学习微积分之前，一定要对基本初等函数的定义式及其性质有一定程度的了解。下面简单介绍基本初等函数的表达式、定义域、函数图像及其最基本的性质。

① **常数函数**：$y=C$（其中 C 为常数）。该类函数的定义域为全体实数集 $\mathbf{R}$，函数图像如图 2-1 所示。

② **幂函数**：$y=x^{\mu}$（其中 μ 是常数）。幂函数的图像和性质随着 μ 的不同而不同，读者需要仔细区分，函数图像如图 2-2 所示。

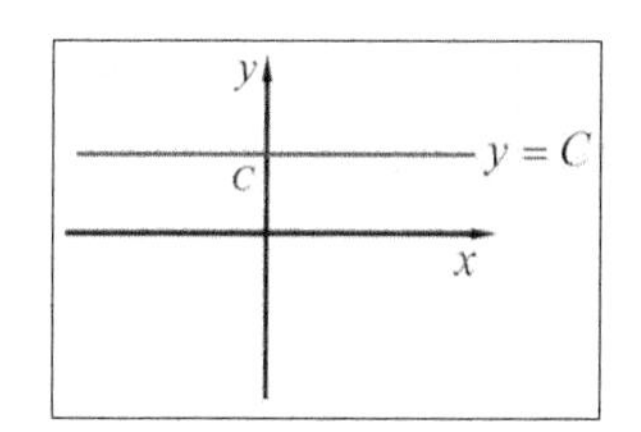

图 2-1　常数函数 $y=C$ 的图像

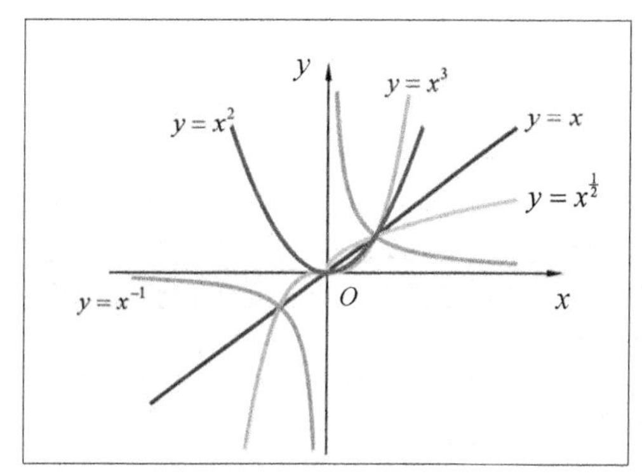

图 2-2　幂函数 $y=x^{\mu}$ 当 μ 取不同值时的图像

③ **指数函数**：$y=a^x$（其中 a 是常数，且 $a>0$，$a\neq1$）。当 $a>1$ 时，指数函数为单调增加函数；当 $0<a<1$ 时，指数函数为单调减少函数。但无论自变量 x 取何值，指数函数的图像总是位于 x 轴上方，并且一定会通过点 $(0,1)$，即当 $x=0$ 时，$y=1$。指数函数的图像如图 2-3 所示。

④ **对数函数**：$y=\log_a x$（其中 a 是常数，且 $a>0$，$a\neq1$）。该函数的定义域为正的实数，故它的图像位于 y 轴的右方，并通过点 $(1,0)$。当 $a>1$ 时，对数函数为单调增加函数；当 $0<a<1$ 时，对数函数为单调减少函数，函数图像如图 2-4 所示。

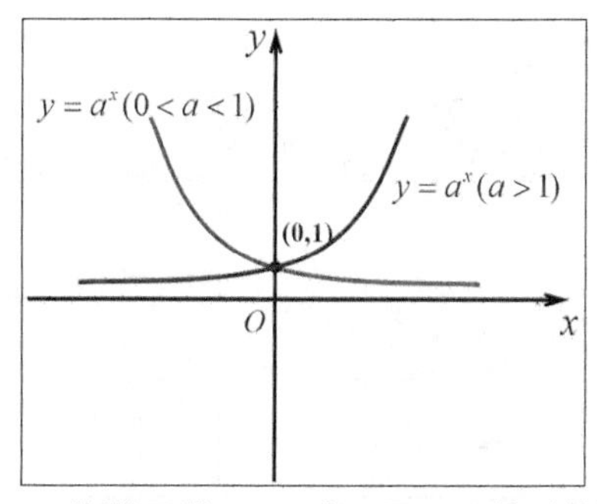

图 2-3　指数函数 $y=a^x$ 当 a 取不同值时的图像

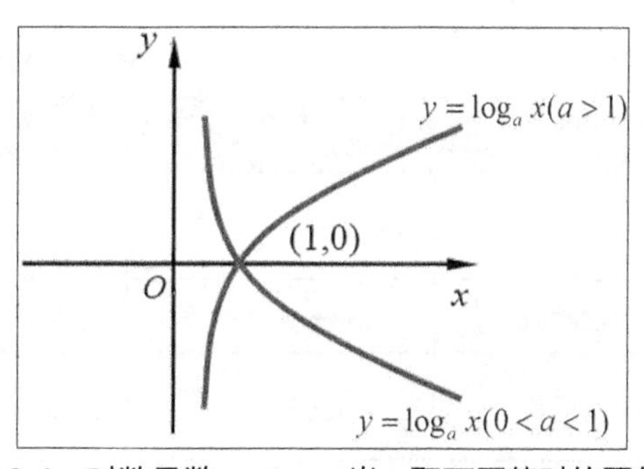

图 2-4　对数函数 $y=\log_a x$ 当 a 取不同值时的图像

对数函数 $y=\log_a x$ 与指数函数 $y=a^x$ 互为反函数，所以 $y=\log_a x$ 的图像与 $y=a^x$ 的图像关于直线 $y=x$ 对称，如图 2-5 所示。

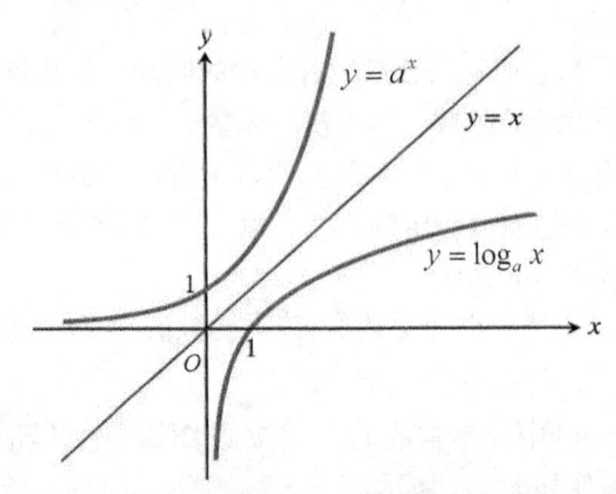

图 2-5　$y=\log_a x$ 的图像与 $y=a^x$ 的图像关于 $y=x$ 对称

⑤ **三角函数**：包含正弦、余弦、正切、余切、正割和余割 6 种函数，其性质如表 2-1 所示。

表 2-1　三角函数的性质

函数	表达式	有界/无界函数	定义域	值域
正弦函数	$y=\sin x$	有界	$x\in(-\infty,+\infty)$	$y\in[-1,+1]$
余弦函数	$y=\cos x$	有界	$x\in(-\infty,+\infty)$	$y\in[-1,+1]$
正切函数	$y=\tan x$	无界	$\{x\mid x\neq k\pi+\frac{\pi}{2},k\in\mathbf{Z}\}$	$y\in(-\infty,+\infty)$
余切函数	$y=\cot x$	无界	$\{x\mid x\neq k\pi,k\in\mathbf{Z}\}$	$y\in(-\infty,+\infty)$
正割函数	$y=\sec x=\frac{1}{\cos x}$	无界	$\{x\mid x\neq k\pi+\frac{\pi}{2},k\in\mathbf{Z}\}$	$\lvert y\rvert\geqslant 1$
余割函数	$y=\csc x=\frac{1}{\sin x}$	无界	$\{x\mid x\neq k\pi,k\in\mathbf{Z}\}$	$\lvert y\rvert\geqslant 1$

⑥ **反三角函数**：常用的反三角函数有反正弦、反余弦、反正切和反余切 4 种函数，其性质如表 2-2 所示。

表 2-2　反三角函数的性质

函　数	表达式	有界/无界函数	定义域	值域
反正弦函数	$y=\arcsin x$	有界	$[-1,1]$	$\left[-\frac{\pi}{2},\frac{\pi}{2}\right]$
反余弦函数	$y=\arccos x$	有界	$[-1,1]$	$[0,\pi]$
反正切函数	$y=\arctan x$	有界	$x\in(-\infty,+\infty)$	$\left(-\frac{\pi}{2},\frac{\pi}{2}\right)$
反余切函数	$y=\operatorname{arccot} x$	有界	$x\in(-\infty,+\infty)$	$(0,\pi)$

2.1.2 数列与函数的极限

1. 数列的极限

（1）数列极限的定义

定义 2-14 如果按照某一法则，每个 $n \in \mathbf{N}^+$ 对应着一个确定的实数 x_n，则按照下标 n 从小到大排列得到的序列 $x_1, x_2, x_3, \cdots, x_n, \cdots$ 称为**数列**，简记为数列 $\{x_n\}$。数列中的每一个数称为数列的**项**，第 n 项 x_n 称为数列的**一般项**。

定义 2-15 设 $\{x_n\}$ 为一个数列，如果存在常数 a，对于任意给定的正数 ε（无论它多小），总存在正整数 N，使得当 $n > N$ 时，不等式 $|x_n - a| < \varepsilon$ 成立，那么就称常数 a 是数列 $\{x_n\}$ 的**极限**，或者称数列 $\{x_n\}$ 收敛于 a，记为 $\lim\limits_{n \to \infty} x_n = a$ 或 $x_n \to a(n \to \infty)$。

如果不存在这样的常数 a，那么数列 $\{x_n\}$ 没有极限，或者称数列 $\{x_n\}$ 是发散的，也称 $\lim\limits_{n \to \infty} x_n$ 不存在。

对于数列极限的计算，可使用 SymPy 库中的 limit 函数实现，其语法格式如下。

```
sympy.limit(e, z, z0, dir='+')
```

limit 函数常用的参数及说明如表 2-3 所示。

表 2-3 limit 函数常用的参数及说明

参数	说明
e	接收 SymPy 表达式，表示需要进行求极限的数列的一般项或函数。无默认值
z	接收 symbol，表示需要进行求极限的数列的项或函数的自变量。无默认值
z0	接收 any expression，包括所有类型的数值、oo 和–oo 等，表示自变量趋于有限值或趋于无穷大，其中 oo 表示无穷大。无默认值
dir	接收+或−。取值+时，表示求趋于有限值的右极限（$z \to z0+$）；取值−时，表示求趋于有限值的左极限（$z \to z0-$）。对于无穷大的 z0（oo 或–oo），dir 参数无效。默认为“+”

例 2-2 数列 $\frac{1}{2}, \frac{2}{3}, \frac{3}{4}, \cdots, \frac{n}{n+1}, \cdots$ 的一般项为 $x_n = \frac{n}{n+1}$，当 $n \to \infty$ 时，判断数列 $\{x_n\}$ 是否收敛。

解 使用 Python 进行判断，如代码 2-2 所示。

代码 2-2 判断数列是否收敛

```
In[3]:  n = Symbol('n')
        s = n/(n+1)
        print('数列的极限为：',limit(s, n, oo))

Out[3]: 数列的极限为： 1
```

根据代码 2-2 的结果可知，该数列收敛于 1。

（2）收敛数列的性质

① 唯一性：如果数列 $\{x_n\}$ 收敛，那么它的极限唯一。

② 有界性：如果数列 $\{x_n\}$ 收敛，那么数列 $\{x_n\}$ 一定有界。

③ 保号性：如果 $\lim\limits_{n\to\infty} x_n = a$，且 $a>0$（或 $a<0$），那么存在正整数 $N>0$，当 $n>N$ 时，有 $x_n>0$（或 $x_n<0$）。

④ 收敛数列与其子数列间的关系：如果数列 $\{x_n\}$ 收敛于 a，那么它的任一子数列也收敛，且收敛于 a。

2．函数的极限

（1）函数极限的定义

函数的极限讨论的是函数在其自变量的某个变化过程中相应函数值呈现的变化趋势，即当自变量在定义域中趋于某个值（有限或无限）时函数值的变化趋势。根据自变量的变化过程不同，函数的极限主要表现为以下两类不同的形式。

① 自变量趋于有限值时函数的极限

自变量 x 趋于有限值 x_0，即 x 无限接近 x_0，记为 $x\to x_0$。

定义 2-16 设函数 $f(x)$ 在点 x_0 的某一去心邻域内有定义，如果存在常数 A，对于任意给定的正数 ε（无论它多么小），总存在正数 δ，使得当 x 满足不等式 $0<|x-x_0|<\delta$ 时，对应的函数值 $f(x)$ 满足式（2-2）所示的不等式，那么常数 A 称为函数 $f(x)$ 在 $x\to x_0$ 时的**极限**，记为 $\lim\limits_{x\to x_0} f(x)=A$ 或 $f(x)\to A(当x\to x_0)$。

$$|f(x)-A|<\varepsilon \tag{2-2}$$

在定义 2-16 中，$0<|x-x_0|<\delta$ 表示 x_0 的去心邻域，也可表示为 $\mathring{U}(x_0,\delta)$，所以当 $x\to x_0$ 时，$f(x)$ 有没有极限与 $f(x)$ 在点 x_0 处是否有定义并无关系，只与函数在点 x_0 附近的变化趋势有关。

在定义 2-16 中，当 $x\to x_0$ 时，函数 $f(x)$ 的极限是 x 既从 x_0 的左侧也从 x_0 的右侧趋于 x_0。但有时只能或只需考虑 x 从某一侧趋于 x_0 的情形，即只考虑函数的单侧极限，于是有了定义 2-17 与定义 2-18。

定义 2-17 x 仅从 x_0 的左侧趋于 x_0（记作 $x\to x_0^-$）时，x 在 x_0 的左侧，即 $x<x_0$，在定义 2-16 中，把 $0<|x-x_0|<\delta$ 改为 $x_0-\delta<x<x_0$，那么 A 就称为函数 $f(x)$ 当 $x\to x_0$ 时的**左极限**，记作 $\lim\limits_{x\to x_0^-} f(x)=A$ 或 $f(x_0^-)=A$。

定义 2-18 x 仅从 x_0 的右侧趋于 x_0（记作 $x\to x_0^+$）时，x 在 x_0 的右侧，即 $x>x_0$，在定义 2-16 中，把 $0<|x-x_0|<\delta$ 改为 $x_0<x<x_0+\delta$，那么 A 就称为函数 $f(x)$ 当 $x\to x_0$ 时的**右极限**，记作 $\lim\limits_{x\to x_0^+} f(x)=A$ 或 $f(x_0^+)=A$。

左极限与右极限统称为单侧极限。根据定义 2-16、定义 2-17 与定义 2-18 可知，对于函数 $f(x)$，$x\to x_0$ 时的极限存在的充分必要条件是左右极限各自存在且相等。

例 2-3 当 $x\to -\dfrac{1}{2}$ 时，计算函数 $f(x)=\dfrac{1-4x^2}{2x+1}$ 的极限。

解 用 Python 计算，如代码 2-3 所示。

代码 2-3 计算自变量趋于有限值时函数的极限

```
In[4]:  x = Symbol('x')
        s = (1-4*x**2)/(2*x+1)
        print('函数的极限为：',limit(s, x, -1/2))
Out[4]: 函数的极限为： 2.00000000000000
```

根据代码 2-3 的结果可知，所求函数的极限为 2。

② 自变量趋于无穷大时函数的极限

自变量趋于无穷大，即自变量的绝对值无限增大，记为 $x \to \infty$。

定义 2-19 设当 $|x|$ 大于某一正数时函数 $f(x)$ 有定义，如果存在常数 A，对于任意给定的正数 ε（无论它多么小），总存在正数 X，使得当 x 满足不等式 $|x|> X$ 时，对应的函数值 $f(x)$ 满足式（2-3）所示的不等式，那么常数 A 称为函数 $f(x)$ 在 $x \to \infty$ 时的**极限**，记为 $\lim\limits_{x\to\infty} f(x)=A$ 或 $f(x)\to A(\text{当}x\to\infty)$。

$$|f(x)-A|<\varepsilon \tag{2-3}$$

例 2-4 当 $x \to \infty$ 时，计算函数 $f(x)=\dfrac{1+x^3}{2x^3}$ 的极限。

解 用 Python 计算，如代码 2-4 所示。

代码 2-4 计算自变量趋于无穷大时函数的极限

```
In[5]:  x = Symbol('x')
        s = (1+x**3)/(2*x**3)
        print('函数的极限为：',limit(s, x, oo))
Out[5]: 函数的极限为： 1/2
```

根据代码 2-4 的结果可知，所求函数的极限为 $\dfrac{1}{2}$。

（2）函数极限的性质

① 唯一性：如果 $\lim\limits_{x\to x_0} f(x)$ 存在，那么极限值唯一。

② 局部有界性：如果 $\lim\limits_{x\to x_0} f(x)=A$，那么存在常数 $M>0$ 和 $\delta>0$，使得当 $0<|x-x_0|<\delta$ 时，$|f(x)|\leqslant M$ 成立。

③ 局部保号性：如果 $\lim\limits_{x\to x_0} f(x)=A$，且 $A>0$（或 $A<0$），那么存在常数 $\delta>0$，使得当 $0<|x-x_0|<\delta$ 时，$f(x)>0$（或 $f(x)<0$）成立。

④ 函数极限与数列极限的关系：如果极限 $\lim\limits_{x\to x_0} f(x)$ 存在，$\{x_n\}$ 为函数 $f(x)$ 的定义域内任一收敛于 x_0 的数列，且满足 $x_n \ne x_0 (n\in \mathbf{N}^+)$，那么相应的函数值数列 $\{f(x_n)\}$ 必收敛，且 $\lim\limits_{n\to\infty} f(x_n)=\lim\limits_{x\to x_0} f(x_0)$。

2.1.3 极限运算法则与存在法则

定义 2-20 如果函数 $f(x)$ 当 $x \to x_0$（或 $x \to \infty$）时的极限为零，则称函数 $f(x)$ 为当 $x \to x_0$（或 $x \to \infty$）时的无穷小。

1. 极限运算法则

极限运算法则如下所述。

（1）有限个无穷小的和也是无穷小。

（2）有界函数与无穷小的乘积是无穷小。

（3）如果 $\lim f(x) = A$，$\lim g(x) = B$，那么有如下结论。

① $\lim[f(x) \pm g(x)] = \lim f(x) \pm \lim g(x) = A \pm B$。

② $\lim[f(x) \cdot g(x)] = \lim f(x) \cdot \lim g(x) = A \cdot B$。

③ 若 $B \neq 0$，则 $\lim \dfrac{f(x)}{g(x)} = \dfrac{\lim f(x)}{\lim g(x)} = \dfrac{A}{B}$。

法则（3）是函数的极限四则运算法则。数列也有类似的极限四则运算法则，相应的法则如法则（4）所示。

（4）设有数列 $\{x_n\}$ 与 $\{y_n\}$，$\lim\limits_{n\to\infty} x_n = A$，$\lim\limits_{n\to\infty} y_n = B$，那么有如下结论。

① $\lim\limits_{n\to\infty}(x_n \pm y_n) = \lim\limits_{n\to\infty} x_n \pm \lim\limits_{n\to\infty} y_n = A \pm B$。

② $\lim\limits_{n\to\infty}(x_n \cdot y_n) = \lim\limits_{n\to\infty} x_n \cdot \lim\limits_{n\to\infty} y_n = A \cdot B$。

③ 当 $y_n \neq 0\ (n = 1, 2, \cdots)$ 且 $B \neq 0$ 时，$\lim\limits_{n\to\infty} \dfrac{x_n}{y_n} = \dfrac{A}{B}$。

（5）如果 $\varphi(x) \geqslant \psi(x)$，而 $\lim \varphi(x) = a$，$\lim \psi(x) = b$，那么 $a \geqslant b$。

（6）复合函数的极限运算法则：设函数 $y = f(g(x))$ 由函数 $u = g(x)$ 与函数 $y = f(u)$ 复合而成，$f(g(x))$ 在点 x_0 的某去心邻域内有定义，若 $\lim\limits_{x\to x_0} g(x) = u_0$，$\lim\limits_{u\to u_0} f(u) = A$，且存在 $\delta_0 > 0$，当 $x \in \mathring{U}(x_0, \delta_0)$ 时，$g(x) \neq u_0$，则有式（2-4）成立。

$$\lim_{x\to x_0} f(g(x)) = \lim_{u\to u_0} f(u) = A \tag{2-4}$$

2. 极限存在法则

（1）如果数列 $\{x_n\}$、$\{y_n\}$ 和 $\{z_n\}$ 满足如下条件，那么数列 $\{x_n\}$ 的极限存在，且 $\lim\limits_{n\to\infty} x_n = a$。

① 从某项起，即 $\exists n_0 \in \mathbf{N}$，当 $n > n_0$ 时，有 $y_n \leqslant x_n \leqslant z_n$。

② $\lim\limits_{n\to\infty} y_n = a$，$\lim\limits_{n\to\infty} z_n = a$。

由上述数列极限存在法则可以推广到函数极限存在法则。

（2）如果函数 $f(x)$ 满足如下条件，那么 $\lim\limits_{\substack{x\to x_0 \\ (x\to\infty)}} f(x)$ 存在，且等于 A。

① 当 $x \in \mathring{U}(x_0, r)$（或 $|x| > M$）时，$g(x) \leqslant f(x) \leqslant h(x)$。

② $\lim\limits_{\substack{x\to x_0 \\ (x\to\infty)}} g(x) = A$，$\lim\limits_{\substack{x\to x_0 \\ (x\to\infty)}} h(x) = A$。

法则（1）和法则（2）称为夹逼准则。

（3）单调有界数列必有极限。

根据收敛数列的性质可知，收敛的数列一定有界，但有界的数列不一定收敛。

法则（3）表明，如果数列有界且单调，那么该数列极限必定存在，即该数列一定收敛。

函数极限也有类似的法则，但对于自变量的不同变化过程（ $x \to x_0^-, x \to x_0^+, x \to -\infty, x \to +\infty$ ），准则有不同的形式。现以 $x \to x_0^-$ 为例，相应的法则如法则（4）所示。

（4）设函数 $f(x)$ 在点 x_0 的某个左邻域内单调并且有界，则其在 x_0 的左极限 $f(x_0^-)$ 必定存在。

（5）数列 $\{x_n\}$ 收敛的充分必要条件：对于任意给定的正数 ε，都存在正整数 N，使得当 $m > N$、$n > N$ 时，$|x_n - x_m| < \varepsilon$ 成立。

法则（5）也称为柯西（Cauchy）极限存在准则。

2.1.4 连续函数与初等函数的连续性

1. 函数的连续性

定义 2-21 设函数 $y = f(x)$ 在点 x_0 的某一邻域内有定义，如果有式（2-5）或式（2-6），就称函数 $f(x)$ 在点 x_0 **连续**。

$$\lim_{\Delta x \to 0} \Delta y = \lim_{\Delta x \to 0} [f(x_0 + \Delta x) - f(x_0)] = 0 \quad (2\text{-}5)$$

$$\lim_{x \to x_0} f(x) = f(x_0) \quad (2\text{-}6)$$

定义 2-22 如果 $\lim\limits_{x \to x_0^-} f(x) = f(x_0^-)$ 存在，且等于 $f(x_0)$，即 $f(x_0^-) = f(x_0)$，那么称函数 $f(x)$ 在点 x_0 **左连续**。

定义 2-23 如果 $\lim\limits_{x \to x_0^+} f(x) = f(x_0^+)$ 存在，且等于 $f(x_0)$，即 $f(x_0^+) = f(x_0)$，那么称函数 $f(x)$ 在点 x_0 **右连续**。

定义 2-24 区间上每一点都连续的函数，称为该区间上的**连续函数**，或者称其在该区间上连续。

2. 函数的间断点

定义 2-25 设函数 $f(x)$ 在点 x_0 的某去心邻域内有定义，如果函数 $f(x)$ 存在以下 3 种情况之一，那么函数 $f(x)$ 在点 x_0 不连续，点 x_0 称为函数 $f(x)$ 的**不连续点或间断点**。

（1）当 $x = x_0$ 时没有定义。

（2）虽然当 $x = x_0$ 时有定义，但 $\lim\limits_{x \to x_0} f(x)$ 不存在。

（3）虽然当 $x = x_0$ 时有定义，且 $\lim\limits_{x \to x_0} f(x)$ 存在，但 $\lim\limits_{x \to x_0} f(x) \neq f(x_0)$。

3. 初等函数的连续性

基本初等函数在它们的定义域内都是连续的。

同时，如果函数 $f(x)$ 和 $g(x)$ 在点 x_0 连续，则它们的和、差、积、商（ $g(x_0) \neq 0$ 时）都在点 x_0 连续。

设函数 $y = f(g(x))$ 由函数 $u = g(x)$ 与函数 $y = f(u)$ 复合而成，$\mathring{U}(x_0) \subset D_{f \circ g}$，若函数

$u=g(x)$ 在 $x=x_0$ 时连续，且 $g(x_0)=u_0$，而函数 $y=f(u)$ 在 $u=u_0$ 时连续，则复合函数 $y=f(g(x))$ 在 $x=x_0$ 时也连续。

结合定义 2-13 可得出一个重要的结论：**一切初等函数在其定义域内都是连续的。**

2.2 导数与微分

微分学的核心思想是逼近。通常遇到的函数都比较复杂，因此希望能用一种简单的函数代替，并且性质上很接近，误差又不是太大，此时导数与微分是实现这一想法的强有力工具。

微分的本质是“以直代曲”。函数的微分可以看作用一条直线逼近真实的函数，可将函数在一点附近线性化，并讨论这样逼近后的误差。弄清楚微分的来龙去脉，对有关函数在某一点的“变化率”（即曲线的斜率、函数的导数）的讨论起着关键的作用。

本节将首先讨论函数导数的概念及其计算方法，然后介绍函数的微分及其应用。对于一元函数来说，导数与微分本质上是等价的。

2.2.1 导数的概念

对导数进行研究的一大动力源自数学自身的需要，典型的数学问题是求切线的斜率。

1. 切线的斜率

设曲线 C 是函数 $y=f(x)$ 的图像，$P(x_0,f(x_0))$ 是曲线 C 上的任一定点，在 C 上任取一个异于点 P 的点 $Q(x_0+\Delta x,f(x_0+\Delta x))$，若点 Q 是随着 Δx 的变化而改变位置的曲线 C 上的动点，则过这两点的直线 PQ 称为曲线 C 的割线，记为 L_{PQ}，如图 2-6 所示。

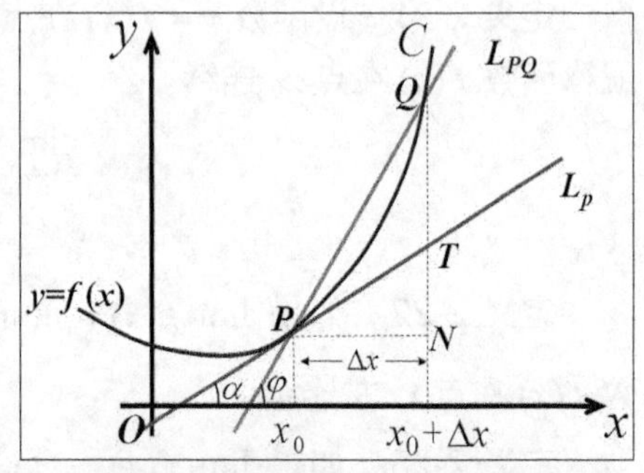

图 2-6 曲线在一点的割线

记割线 L_{PQ} 的倾斜角为 φ，并且记 $\Delta y=f(x_0+\Delta x)-f(x)$，则割线 L_{PQ} 的斜率为 $\tan\varphi$，如式（2-7）所示。

$$\tan\varphi=\frac{QN}{PN}=\frac{\Delta y}{\Delta x}=\frac{f(x_0+\Delta x)-f(x_0)}{\Delta x} \tag{2-7}$$

使动点 Q 沿着曲线 C 移动，并逐渐趋向定点 P，即 $\Delta x\to 0$，则割线 L_{PQ} 将有一条极限位置直线 L_p，此时直线 L_p 是曲线 C 在点 $P(x_0,f(x_0))$ 的切线。

记切线 L_p 的倾斜角为 α，则从 L_p 的形成过程可知，切线 L_p 的斜率 $\tan\alpha$ 应是割线 L_{PQ} 的斜率在 $\Delta x\to 0$ 时的极限，如式（2-8）所示。

$$\tan\alpha=\lim_{\Delta x\to 0}\tan\varphi=\lim_{\Delta x\to 0}\frac{\Delta y}{\Delta x}=\lim_{\Delta x\to 0}\frac{f(x_0+\Delta x)-f(x_0)}{\Delta x} \tag{2-8}$$

式（2-8）表明，函数 $y=f(x)$ 的图像在点 P 处的斜率，就是函数 $y=f(x)$ 在点 P 处的函数改变量 Δy 与自变量改变量 Δx 的比值 $\frac{\Delta y}{\Delta x}$ 在 $\Delta x\to 0$ 时的极限。

2. 导数的定义

定义 2-26 设函数 $y=f(x)$ 在点 x_0 的某个邻域内有定义，当自变量 x 在 x_0 处取得增量

Δx（点 $x_0+\Delta x$ 仍在该邻域内）时，相应的函数取得增量 $\Delta y=f(x_0+\Delta x)-f(x_0)$；如果 Δy 与 Δx 之比 $\frac{\Delta y}{\Delta x}$ 在 $\Delta x\to 0$ 时的极限存在，则称函数 $y=f(x)$ 在点 x_0 处**可导**，并称这个极限为函数 $y=f(x)$ 在点 x_0 处的**导数**，记为 $f'(x_0)$，如式（2-9）所示，也可记为 $y'|_{x=x_0}$，或 $\frac{\mathrm{d}y}{\mathrm{d}x}|_{x=x_0}$，或 $\frac{\mathrm{d}f(x)}{\mathrm{d}x}|_{x=x_0}$。

$$f'(x_0)=\lim_{\Delta x\to 0}\frac{\Delta y}{\Delta x}=\lim_{\Delta x\to 0}\frac{f(x_0+\Delta x)-f(x_0)}{\Delta x} \tag{2-9}$$

反之，如果极限 $\lim_{\Delta x\to 0}\frac{\Delta y}{\Delta x}=\lim_{\Delta x\to 0}\frac{f(x_0+\Delta x)-f(x_0)}{\Delta x}$ 不存在，那么称函数 $y=f(x)$ 在点 x_0 处不可导。特别的，若 $\lim_{\Delta x\to 0}\frac{\Delta y}{\Delta x}=\infty$，则称函数 $f(x)$ 在点 x_0 的导数为无穷大。

因为导数是函数的增量与自变量增量之比的极限，它反映了函数值随自变量变化而变化的快慢程度，所以也将导数称为函数 $f(x)$ 在点 x_0 的变化率。

由于当 $\Delta x\to 0$ 时，若要极限 $\lim_{\Delta x\to 0}\frac{\Delta y}{\Delta x}$ 存在，则必有 $\lim_{\Delta x\to 0}\Delta y=0$，故导数可以看作“两个无穷小比值的极限”，因而是一种“无穷小分析”。

同时，定义 2-26 也提供了一种求导数的方法。一般的，用导数定义的方法计算函数 $y=f(x)$ 在点 x 的导数时，通常分为以下 3 步。

第一步：写出函数的改变量 $\Delta y=f(x+\Delta x)-f(x)$，整理化简。

第二步：计算比式 $\frac{\Delta y}{\Delta x}=\frac{f(x+\Delta x)-f(x)}{\Delta x}$，整理化简。

第三步：求极限 $y'=f'(x)=\lim_{\Delta x\to 0}\frac{f(x+\Delta x)-f(x)}{\Delta x}$。

在 Python 的 SymPy 库中，diff 函数能够很好地实现函数求导，其语法格式如下。

```
sympy.diff(f, *symbols, **kwargs)
```

diff 函数常用的参数及说明如表 2-4 所示。

表 2-4　diff 函数常用的参数及说明

参　数	说　明
f	接收 SymPy 表达式，表示需要进行求导的函数。无默认值
*symbols	接收 symbol，表示需要进行求导的函数的自变量。无默认值
**kwargs	接收 int，表示函数需要求导的阶数。默认为 1

例 2-5　求常数函数 $y=C$（其中，C 为常数）的导数。

解　$f'(x)=\lim_{\Delta x\to 0}\frac{f(x+\Delta x)-f(x)}{\Delta x}=\lim_{\Delta x\to 0}\frac{C-C}{\Delta x}=0$

使用 Python 求常数函数的导数，如代码 2-5 所示。

代码 2-5　求常数函数的导数

```
In[1]:  from sympy import*
```

```
x = Symbol('x')
C = 2
y = C
diff(y,x)
```

```
Out[1]:   0
```

例 2-6　求幂函数 $y = x^{\mu}$（其中，μ 是常数）的导数。

解

$$\because \Delta y = (x+\Delta x)^{\mu} - x^{\mu}$$

$$= \left[x^{\mu} + \mu x^{\mu-1}\Delta x + \frac{\mu(\mu-1)}{2} x^{\mu-2}(\Delta x)^2 + \cdots + (\Delta x)^{\mu} \right] - x^{\mu}$$

$$= \mu x^{\mu-1}\Delta x + \frac{\mu(\mu-1)}{2} x^{\mu-2}(\Delta x)^2 + \cdots + (\Delta x)^{\mu}$$

$$\therefore \left(x^{\mu}\right)' = \lim_{\Delta x \to 0} \frac{\Delta y}{\Delta x}$$

$$= \lim_{\Delta x \to 0} \left[\mu x^{\mu-1} + \frac{\mu(\mu-1)}{2} x^{\mu-2}\Delta x + \cdots + (\Delta x)^{\mu-1} \right]$$

$$= \mu x^{\mu-1}$$

使用 Python 求幂函数的导数，如代码 2-6 所示。

代码 2-6　求幂函数的导数

```
In[2]:   x = Symbol('x')
         mu = Symbol('mu')
         y = x**mu
         init_printing()  # 使公式的输出更美观
         diff(y,x)
```

Out[2]:　$\mu x^{\mu}/x$

例 2-7　求指数函数 $y = a^x$（其中，a 是常数，且 $a > 0$，$a \neq 1$）的导数。

解

$$\because \Delta y = a^{x+\Delta x} - a^x = a^x(a^{\Delta x} - 1)$$

$$\therefore (a^x)' = \lim_{\Delta x \to 0} \frac{\Delta y}{\Delta x} = a^x \lim_{\Delta x \to 0} \frac{a^{\Delta x} - 1}{\Delta x} = a^x \ln a$$

同理可知，$(\mathrm{e}^x)' = \mathrm{e}^x$，即自然对数（以自然常数为底的对数函数）的导数是它本身。

使用 Python 求指数函数的导数，如代码 2-7 所示。

代码 2-7　求指数函数的导数

```
In[3]:   x = Symbol('x')
         a = Symbol('a')
```

```
y = a**x
diff(y,x)
```

Out[3]: $a^x\log(a)$

例 2-8 求对数函数 $y=\log_a x$（其中，a是常数，且$a>0$，$a\neq 1$）的导数。

解

$$\because \Delta y=\log_a(x+\Delta x)-\log_a x=\log_a\frac{x+\Delta x}{x}$$

$$\begin{aligned}\therefore\ (\log_a x)' &= \lim_{\Delta x\to 0}\frac{\Delta y}{\Delta x}\\ &=\lim_{\Delta x\to 0}\frac{1}{\Delta x}\log_a\frac{x+\Delta x}{x}\\ &=\lim_{\Delta x\to 0}\frac{1}{x}\cdot\frac{x}{\Delta x}\log_a\left(1+\frac{\Delta x}{x}\right)\\ &=\frac{1}{x}\lim_{\Delta x\to 0}\frac{\log_a\left(1+\frac{\Delta x}{x}\right)}{\frac{\Delta x}{x}}\\ &=\frac{1}{x\ln a}\end{aligned}$$

使用 Python 求本例对数函数的导数，如代码 2-8 所示。

代码 2-8　求对数函数的导数

In[4]:
```
x = Symbol('x')
a = Symbol('a')
y = log(x,a)
diff(y,x)
```

Out[4]: $\frac{1}{x\log(a)}$

例 2-9 求正弦函数 $y=\sin x$ 的导数。

解

$$\because \Delta y=\sin(x+\Delta x)-\sin x=2\cos\left(x+\frac{\Delta x}{2}\right)\sin\frac{\Delta x}{2}$$

$$\therefore (\sin x)'=\lim_{\Delta x\to 0}\frac{\Delta y}{\Delta x}=\lim_{\Delta x\to 0}\cos\left(x+\frac{\Delta x}{2}\right)\frac{\sin\frac{\Delta x}{2}}{\frac{\Delta x}{2}}=\cos x$$

同理可知：$(\cos x)'=-\sin x$。

使用 Python 求本例正弦函数的导数，如代码 2-9 所示。

代码 2-9　求正弦函数的导数

```
In[5]:   x = Symbol('x')
         y = sin(x)
         diff(y,x)

Out[5]:  cos(x)
```

例 2-10　求反正弦函数 $y = \arcsin x$ 的导数，如代码 2-10 所示。

代码 2-10　求反正弦函数的导数

```
In[6]:   x = Symbol('x')
         y = asin(x)
         diff(y,x)

Out[6]:      1
         ──────────
          √(-x² + 1)
```

根据代码 2-10 的结果可知，反正弦函数的导数为 $(\arcsin x)' = \dfrac{1}{\sqrt{-x^2+1}}$。

由例 2-5 ~ 例 2-10 的求解可以知道，基本初等函数都是可导的。

3．函数可导性与连续性的关系

如果函数 $y = f(x)$ 在点 x 处可导，即 $\lim\limits_{\Delta x \to 0} \dfrac{\Delta y}{\Delta x} = f'(x)$ 存在，那么由具有极限的函数与无穷小的关系可以知道，$\dfrac{\Delta y}{\Delta x} = f'(x) + \alpha$，其中 α 为 $\Delta x \to 0$ 时的无穷小。$\dfrac{\Delta y}{\Delta x} = f'(x) + \alpha$ 的两边同乘以 Δx，得 $\Delta y = f'(x)\Delta x + \alpha \Delta x$，当 $\Delta x \to 0$ 时，$\Delta y \to 0$，即函数 $y = f(x)$ 在点 x 处是连续的，所以如果函数 $y = f(x)$ 在点 x 处可导，则函数在该点处必连续。

但是一个函数在某点连续，却不一定在该点可导。

2.2.2　函数的求导法则

1．函数的和、差、积、商的求导法则

如果函数 $u(x)$ 和 $v(x)$ 都在点 x 具有导数，那么它们的和、差、积、商（除分母为零的点外）都在点 x 处具有导数，且有以下法则。

（1）$[u(x) \pm v(x)]' = u'(x) \pm v'(x)$。

（2）$[u(x)v(x)]' = u'(x)v(x) + u(x)v'(x)$。

（3）$\left[\dfrac{u(x)}{v(x)}\right]' = \dfrac{u'(x)v(x) - u(x)v'(x)}{v^2(x)}$，$v(x) \neq 0$。

例 2-11　分别求函数 $u(x) = \log_2(x)$ 与函数 $v(x) = x^2 + 1$ 的和、差、积、商的导数。

解　用 Python 计算，如代码 2-11 所示。

代码 2-11 求函数和、差、积、商的导数

```
In[7]:  # 函数和的导数
        x = Symbol('x')
        u = log(x,2)
        v = x**2+1
        y = u+v
        diff(y,x)
```

Out[7]: $2x+\frac{1}{x\log(2)}$

```
In[8]:  # 函数差的导数
        y = u-v
        diff(y,x)
```

Out[8]: $-2x+\frac{1}{x\log(2)}$

```
In[9]:  # 函数积的导数
        y = u*v
        diff(y,x)
```

Out[0]: $\frac{2x\log(x)}{\log(2)}+\frac{x^2+1}{x\log(2)}$

```
In[10]: # 函数商的导数
        y = u/v
        diff(y,x)
```

Out[10]: $-\frac{2x\log(x)}{\left(x^2+1\right)^2\log(2)}+\frac{1}{x\left(x^2+1\right)\log(2)}$

根据代码 2-11 的结果可知，所求函数和、差、积、商的导数分别如下。

（1）函数$u(x)$与函数$v(x)$和的导数：$[u(x)+v(x)]'=2x+\frac{1}{x\ln 2}$。

（2）函数$u(x)$与函数$v(x)$差的导数：$[u(x)-v(x)]'=-2x+\frac{1}{x\ln 2}$。

（3）函数$u(x)$与函数$v(x)$积的导数：$[u(x)v(x)]'=\frac{2x\ln x}{\ln 2}+\frac{x^2+1}{x\ln 2}$。

（4）函数$u(x)$与函数$v(x)$商的导数：$\left[\frac{u(x)}{v(x)}\right]'=-\frac{2x\ln x}{(x^2+1)^2\ln 2}+\frac{1}{x(x^2+1)\ln 2}$。

2．反函数的求导法则

设 $x=f(y)$ 在区间 I_y 内单调、可导，且 $f'(y)\neq 0$，则它的反函数 $y=f^{-1}(x)$ 在区间 $I_x=\{x\,|\,x=f(y),y\in I_y\}$ 内也可导，且 $[f^{-1}(x)]'=\dfrac{1}{f'(y)}$ 或 $\dfrac{\mathrm{d}y}{\mathrm{d}x}=\dfrac{1}{\dfrac{\mathrm{d}x}{\mathrm{d}y}}$。

可简单表述成反函数的导数等于直接函数导数的倒数。

例 2-12 函数 $y=\mathrm{e}^x$ 与 $x=\ln y$ 互为反函数，求函数 $y=\mathrm{e}^x$ 的导数。

解 $(\mathrm{e}^x)'=\dfrac{1}{(\ln y)'}=y=\mathrm{e}^x$

同理可知，$(a^x)'=a^x\ln a$。

例 2-13 函数 $y=\arcsin x$ 是 $x=\sin y$ 的反函数，求函数 $y=\arcsin x$ 的导数。

解 $(\arcsin x)'=\dfrac{1}{(\sin y)'}=\dfrac{1}{\cos y}=\dfrac{1}{\sqrt{1-\sin^2 y}}=\dfrac{1}{\sqrt{1-x^2}}$

3．复合函数的求导法则

如果函数 $u=g(x)$ 在点 x 处可导，而函数 $y=f(u)$ 在点 $u=g(x)$ 处可导，那么复合函数 $y=f(g(x))$ 在点 x 处可导，且其导数为 $\dfrac{\mathrm{d}y}{\mathrm{d}x}=f'(u)\cdot g'(x)$ 或 $\dfrac{\mathrm{d}y}{\mathrm{d}x}=\dfrac{\mathrm{d}y}{\mathrm{d}u}\cdot\dfrac{\mathrm{d}u}{\mathrm{d}x}$。

复合函数的求导法则也被形象地称为链式法则：函数对自变量的导数 = 函数对中间变量的导数 × 中间变量对自变量的导数。它是重要的求导运算技巧。

例 2-14 若 $y=\sin x^2$，求 $\dfrac{\mathrm{d}y}{\mathrm{d}x}$。

解 设 $u=x^2$，则 $y=\sin u$。

所以 $\dfrac{\mathrm{d}y}{\mathrm{d}x}=\dfrac{\mathrm{d}y}{\mathrm{d}u}\dfrac{\mathrm{d}u}{\mathrm{d}x}=(\sin u)'\cdot(x^2)'=(\cos u)\cdot 2x=2x\cos x^2$。

熟练后可以不写出中间变量，即 $\dfrac{\mathrm{d}y}{\mathrm{d}x}=(\cos x^2)\cdot(x^2)'=(\cos x^2)\cdot 2x=2x\cos x^2$，但一定注意不能漏掉对中间变量的求导。

使用 Python 求本例复合函数的导数，如代码 2-12 所示。

代码 2-12 求复合函数的导数

```
In[11]:  # 方法一
         x = Symbol('x')
         u = Symbol('u')
         u = x**2
         y = sin(u)
         diff(y,x)

Out[11]: 2xcos(x²)
```

```
In[12]:  # 方法二
         y = sin(x**2)  # 对复合函数的分解比较熟练后，可以不写出中间变量
         diff(y,x)
Out[12]: 2xcos(x²)
```

例 2-15 若 $y=\ln\tan x$，求 $\dfrac{\mathrm{d}y}{\mathrm{d}x}$。

解 令 $u=\tan x$，则有

$$\frac{\mathrm{d}y}{\mathrm{d}x}=\frac{\mathrm{d}y}{\mathrm{d}u}\cdot\frac{\mathrm{d}u}{\mathrm{d}x}=(\ln u)'\cdot(\tan x)'=\frac{1}{u}\cdot\sec x^2=\frac{\sec x^2}{\tan x}$$

使用 Python 求本例复合函数的导数，如代码 2-13 所示。

代码 2-13 求复合函数的导数

```
In[13]:  x = Symbol('x')
         y = log(tan(x))
         diff(y,x)
Out[13]: tan²(x)+1
         ─────────
          tan(x)
```

链式法则也可以推广到有限多个函数：设函数 $y=f(u)$、$u=g(v)$、$v=h(x)$ 均可导，则有式（2-10）成立。

$$\frac{\mathrm{d}y}{\mathrm{d}x}=\frac{\mathrm{d}y}{\mathrm{d}u}\cdot\frac{\mathrm{d}u}{\mathrm{d}v}\cdot\frac{\mathrm{d}v}{\mathrm{d}x}=f'(u)\cdot g'(v)\cdot h'(x) \tag{2-10}$$

例 2-16 若 $y=\ln\cos(\mathrm{e}^x)$，求 $\dfrac{\mathrm{d}y}{\mathrm{d}x}$。

解 $\dfrac{\mathrm{d}y}{\mathrm{d}x}=\dfrac{1}{\cos(\mathrm{e}^x)}(\cos\mathrm{e}^x)'=\dfrac{1}{\cos(\mathrm{e}^x)}(-\sin\mathrm{e}^x)(\mathrm{e}^x)'=-\mathrm{e}^x\tan(\mathrm{e}^x)$

使用 Python 求本例复合函数的导数，如代码 2-14 所示。

代码 2-14 求复合函数的导数

```
In[14]:  # 方法一
         x = Symbol('x')
         u = Symbol('u')
         v = Symbol('v')
         v = exp(x)
         u = cos(v)
         y = log(u)
         diff(y,x)
Out[14]:  eˣsin(eˣ)
         -─────────
           cos(eˣ)
```

```
In[15]:  # 方法二
         y = log(cos(exp(x))) # 对复合函数的分解比较熟练后，可以不写出中间变量
         diff(y,x)
```

Out[15]: $-\frac{e^x\sin(e^x)}{\cos(e^x)}$

2.2.3 微分的概念

很多时候，知道一个函数 $y=f(x)$ 在某点 x_0 处的函数值 $f(x_0)$ 很容易，但却难于计算点 x_0 附近的点 $x_0+\Delta x$ 的函数值 $f(x_0+\Delta x)$，有时还需要计算函数的增量 Δy。对这些问题的研究促成了数学上微分概念的产生。本小节首先引入微分的定义，然后分析微分与导数的关系，最后讨论函数值的近似计算问题。

1. 微分的定义

有一正方形金属薄板，因受温度变化的影响，边长由 x_0 变至 $x_0+\Delta x$（如图 2-7 所示）时，其面积 S 的改变量 $\Delta S=(x_0+\Delta x)^2-x_0^2=2x_0\Delta x+(\Delta x)^2$。

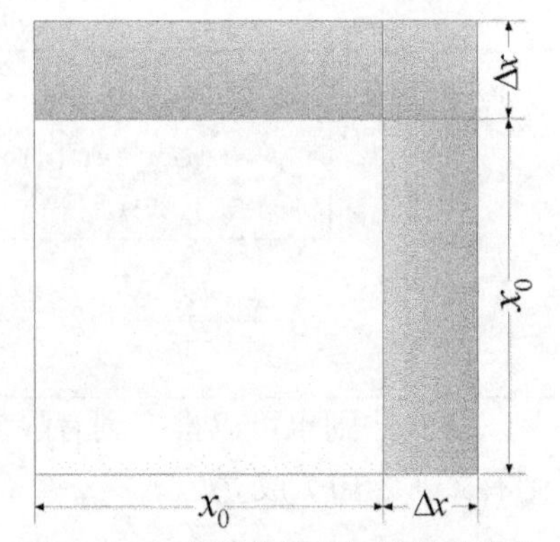

图 2-7　正方形金属薄板边长的改变

上式表明，面积的改变量可以表示成两部分的和：第一部分中，$2x_0$ 是常数，$2x_0\Delta x$ 是变量 Δx 的线性函数；第二部分中，当 $\Delta x\to 0$ 时，$(\Delta x)^2$ 是比 Δx 高阶的无穷小。显然，当 Δx 很小时，可以用 ΔS 的线性部分 $2x_0\Delta x$ 近似地代替 ΔS 的值。

这种略去关于 Δx 的高阶无穷小，以 Δx 的线性函数取代 ΔS 的处理方法正是微分概念的本质所在。

定义 2-27　设函数 $y=f(x)$ 在某区间内有定义，x_0 及 $x_0+\Delta x$ 在该区间内，如果增量 $\Delta y=f(x_0+\Delta x)-f(x_0)$ 可表示为 $\Delta y=A\Delta x+o(\Delta x)$（其中，$A$ 是不依赖于 Δx 的常数），那么称函数在点 x_0 是可微的，$A\Delta x$ 称为函数 $y=f(x)$ 在点 x_0 相应于自变量增量 Δx 的**微分**，记为 $\mathrm{d}y$，即 $\mathrm{d}y=A\Delta x$。

由定义 2-27 可见，所谓的函数 $y=f(x)$ 在点 x_0 可微，即函数在点 x_0 的改变量 Δy 可以表示为两项之和，即 $A\Delta x+o(\Delta x)$。

第一项 $\mathrm{d}y=A\Delta x$ 是 Δx 的线性函数，它是便于计算的 Δx 的线性函数，是表达 Δy 的主要部分，可以证明它与 Δy 在 $\Delta x\to 0$ 的条件下等价无穷小，故把第一项称为 Δy 的线性主部。

第二项 $o(\Delta x)$ 是比无穷小 Δx 更高阶的无穷小，它的具体表达式往往是复杂的，但若 $|\Delta x|$ 相当小，则在近似计算 Δy 时可以忽略不计，即有 $\Delta y\approx \mathrm{d}y$。

定理 2-1　函数 $y=f(x)$ 在点 x_0 处可微的充分必要条件是函数 $y=f(x)$ 在点 x_0 处可导。

导数与微分都是讨论 Δx 与 Δy 的关系的，所以它们之间应有内在的联系。定理 2-1 揭示了这种联系：可微 $\Leftrightarrow$ 可导。求函数在某一点的微分，实际上就是计算函数在这一点的导数，然后乘以自变量的增量，即 $\mathrm{d}y|_{x=x_0}=f'(x_0)\Delta x$。

通常把自变量 x 的增量 Δx 称为自变量的微分，记为 $\mathrm{d}x$，即 $\mathrm{d}x=\Delta x$。于是函数 $y=f(x)$ 的微分又可记为 $\mathrm{d}y=f'(x)\mathrm{d}x$。实际上使用的导数记法 $\frac{\mathrm{d}y}{\mathrm{d}x}=f'(x)$，就可以看作是由 $\mathrm{d}y=\mathrm{d}f(x)=f'(x)\mathrm{d}x$ 得到的，因此导数又称微商——微分之商。

为了更好地理解微分的概念，下面将探讨微分的几何意义。

设 $P(x_0,y_0)$ 是函数 $y=f(x)$ 的图形曲线上的一个定点，给自变量 x 一个微小增量 Δx 时，可得曲线上的另一点 $M(x_0+\Delta x, y_0+\Delta y)$。由图 2-8 知，$PQ=\Delta x$，$QM=\Delta y$，设曲线在点 P 的切线的倾角为 α，则 $QN=PQ\cdot\tan\alpha=\Delta x\cdot f'(x_0)=\mathrm{d}y$。所以，当 Δy 是曲线上点的纵坐标增量时，$\mathrm{d}y$ 就是曲线的切线上此点纵坐标的相应增量。

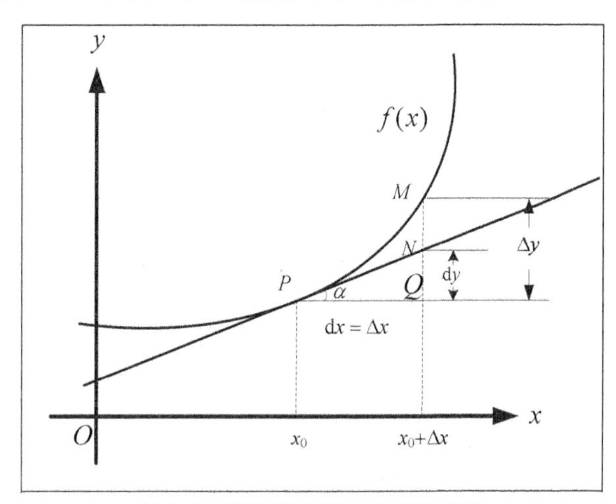

图 2-8 函数微分几何意义示意图

2. 函数的微分法则

从函数的微分表达式 $\mathrm{d}y=f'(x)\mathrm{d}x$ 可以看出，计算函数的微分，只需要计算函数的导数，再乘以自变量的微分即可。由函数的求导法则，可以推导出相应的微分法则。

（1）函数的和、差、积、商的微分法则

① $\mathrm{d}(u\pm v)=\mathrm{d}u\pm\mathrm{d}v$。

② $\mathrm{d}(uv)=v\mathrm{d}u+u\mathrm{d}v$。

③ $\mathrm{d}\left(\frac{u}{v}\right)=\frac{v\mathrm{d}u-u\mathrm{d}v}{v^2}\ (v\neq 0)$。

（2）复合函数的微分法则

设 $y=f(u)$ 和 $u=g(x)$ 都可导，则复合函数 $y=f(g(x))$ 的微分如式（2-11）所示。

$$\mathrm{d}y=f'(u)\mathrm{d}u=f'(u)g'(x)\mathrm{d}x=y'_x\mathrm{d}x \tag{2-11}$$

求函数的微分，同样可以使用 SymPy 库中的 diff 函数来实现。利用 SymPy 库计算微分时，最后的输出结果会缺少 dx，但这并不影响对问题的理解。

例 2-17 若 $y=\sin(2x+1)$，求 $\mathrm{d}y$。

解 $\mathrm{d}y=\cos(2x+1)\mathrm{d}(2x+1)=2\cos(2x+1)\mathrm{d}x$

使用 Python 求本例函数的微分，如代码 2-15 所示。

代码 2-15　求函数的微分

```
In[16]:   x = Symbol('x')
          y = sin(2*x+1)
          diff(y,x)

Out[16]:  2cos(2x+1)
```

例 2-18　若 $y=\ln\left(x+\sqrt{x^2+1}\right)$，求 $\mathrm{d}y$。

解

$$
\begin{aligned}
\mathrm{d}y &= \frac{\mathrm{d}\left(x+\sqrt{x^2+1}\right)}{x+\sqrt{x^2+1}} \\
&= \frac{\mathrm{d}x+\mathrm{d}\left(\sqrt{x^2+1}\right)}{x+\sqrt{x^2+1}} \\
&= \frac{1}{x+\sqrt{x^2+1}}\left[\mathrm{d}x+\frac{\mathrm{d}\left(x^2+1\right)}{2\sqrt{x^2+1}}\right] \\
&= \frac{1}{x+\sqrt{x^2+1}}\left(1+\frac{x}{\sqrt{x^2+1}}\right)\mathrm{d}x \\
&= \frac{1}{\sqrt{x^2+1}}\mathrm{d}x
\end{aligned}
$$

使用 Python 求本例函数的微分，如代码 2-16 所示。

代码 2-16　求函数的微分

```
In[17]:   x = Symbol('x')
          y = log(x+sqrt(x**2+1))
          diff(y,x)
```

Out[17]: $\dfrac{\dfrac{x}{\sqrt{x^2+1}}+1}{x+\sqrt{x^2+1}}$

3. 微分在近似运算中的应用

实际上，微分具有双重意义。一方面，微分表示一种与求导密切相关的运算，由微分的商可以求得导数，这就便于遇到具体问题时选择求导还是求微分。另一方面，用微分代替增量是一个行之有效的近似计算方法，往往可以把一些复杂的计算公式用简单的近似公式来代替。

如果 $y=f(x)$ 在点 x_0 处的导数 $f'(x)\neq 0$，且 $|\Delta x|$ 相当小，那么可得到式（2-12）。

$$\Delta y = f(x_0+\Delta x)-f(x_0)\approx \mathrm{d}y = f'(x_0)\Delta x \tag{2-12}$$

化简式（2-12），可得到式（2-13）。

$$f(x_0+\Delta x)\approx f(x_0)+f'(x_0)\Delta x \tag{2-13}$$

令 $x=x_0+\Delta x$，即 $\Delta x=x-x_0$ 时，可得到式（2-14）。

$$f(x)\approx f(x_0)+f'(x_0)(x-x_0) \tag{2-14}$$

有了以上分析，当需要计算的函数值 y 或函数的增量 Δy 比较复杂，以及计算很困难的时候，可以改为计算它们的近似值，即利用式（2-12）来近似计算 Δy，利用式（2-13）或式（2-14）来近似计算 y。而式（2-14）正是曲线 $y=f(x)$ 在点 $P_0(x_0,f(x_0))$ 的切线方程。这表明在点 P 附近可用其切线近似代替曲线 $y=f(x)$，其误差是比 Δx 高阶的无穷小量 $|\Delta y-\mathrm{d}y|$（见图 2-8）。也就是说，在微小的局部可以用直线来近似代替曲线，这称为“以直代曲”或“将曲线局部线性化”，这就是微分的应用价值。

例 2-19 求 $\sin 29^\circ$ 的近似值。

解 设 $f(x)=\sin x$，$x=x_0+\Delta x=30^\circ-1^\circ=\frac{\pi}{6}-\frac{\pi}{180}$，即 $x_0=\frac{\pi}{6}$，$\Delta x=-\frac{\pi}{180}$。

由式（2-13）可得

$$\begin{aligned}\sin\left(\frac{\pi}{6}-\frac{\pi}{180}\right)&\approx\sin\frac{\pi}{6}+\left(\cos\frac{\pi}{6}\right)\cdot\left(-\frac{\pi}{180}\right)\\&=\frac{1}{2}-\frac{\sqrt{3}}{2}\times\frac{\pi}{180}\\&\approx 0.485\end{aligned}$$

使用 Python 求 $\sin 29^\circ$，如代码 2-17 所示。

代码 2-17 求 $\sin 29^\circ$

```
In[18]:   import numpy as np
          x = (29/360)*2*np.pi  # 设 x=29°
          y = np.sin(x)
          print('29° 角的正弦函数值为：',y)

Out[18]:  29° 角的正弦函数值为： 0.484809620246
```

例 2-20 求 $\sqrt[3]{1.02}$ 的近似值。

解 $\sqrt[3]{1.02}=\sqrt[3]{1+0.02}=1+\frac{1}{3}\times 0.02\approx 1.006\ 7$

使用 Python 求 $\sqrt[3]{1.02}$，如代码 2-18 所示。

代码 2-18 求 $\sqrt[3]{1.02}$

```
In[19]:   x = 1.02
          y = x**(1/3)
          print('1.02 开 3 次方根的值为：',y)

Out[19]:  1.02 开 3 次方根的值为： 1.006622709560113
```

特别的，当$x_0=0$时，$x=\Delta x$，则$f(x)\approx f(x_0)+f'(x_0)\Delta x$可表述为$f(x)\approx f(0)+f'(0)x$。

虽然导数与微分都是讨论Δx与Δy的关系，并且它们之间有内在的联系，但是导数与微分源于两个不同实际背景的数学概念。导数的概念源于精确地计算函数的变化率，它把泛泛的平均变化率精确到一点的变化率，是变化率的数学抽象。微分的概念则源于近似计算，实际应用中的一切计算几乎都是需要近似计算的，这表明了微分应用的广泛性。微分表达式$\Delta y=\mathrm{d}y+o(\Delta x)$（或$f(x_0+\Delta x)-f(x_0)=f'(x_0)\Delta x+o(\Delta x)$）表明，只要知道点$x_0$的函数值$f(x_0)$及其导数的值$f'(x_0)$，就可以把一个难以计算数值的函数（如超越函数）局部近似地表达为便于计算数值的函数（一次函数），用Δx的一次函数近似计算点x_0附近的函数值$f(x_0+\Delta x)$，误差是比Δx高阶的无穷小$o(\Delta x)$。

2.3 微分中值定理与导数的应用

2.3.1 微分中值定理

微分中值定理是微分学的基础理论，是导数与应用的桥梁。该定理的核心是拉格朗日中值定理，罗尔定理是拉格朗日中值定理的特例，柯西中值定理是拉格朗日中值定理的推广。本小节先介绍罗尔定理，然后根据它推出拉格朗日中值定理和柯西中值定理。

1. 罗尔定理

定理 2-2 （**费马引理**）如果函数$f(x)$满足如下条件，那么$f'(x)=0$。

（1）$f(x)$在点x_0的某个邻域$U(x_0)$内有定义，且在x_0处可导。

（2）对于任意的$x\in U(x_0)$，有$f(x)\leqslant f(x_0)$（或$f(x)\geqslant f(x_0)$）。

通常称导数等于零的点为函数的驻点（或稳定点、临界点），即x_0为函数$f(x)$的驻点。

定理 2-3 （**罗尔定理**）如果函数$f(x)$满足如下条件，那么在(a,b)内至少有一点ξ（$a<\xi<b$），使$f'(\xi)=0$。

（1）在闭区间$[a,b]$上连续。

（2）在开区间(a,b)内可导。

（3）在区间端点处的函数值相等，即$f(a)=f(b)$。

若$f(x)$在闭区间$[a,b]$上是一个常数，罗尔定理显然成立。否则，由于$f(x)$是闭区间$[a,b]$上的连续函数，所以必有最大值和最小值。又因为$f(a)=f(b)$，所以最大值点和最小值点至少有一个属于(a,b)，从而由费马引理知罗尔定理的结论成立。

2. 拉格朗日中值定理

罗尔定理中的$f(a)=f(b)$这个条件是相当特殊的，其使得罗尔定理的应用受到限制。如果把这个条件取消，保留其余两个条件，相应改变结论，就可得到拉格朗日中值定理。

定理 2-4 （**拉格朗日中值定理**）如果函数$f(x)$满足如下条件，那么在(a,b)内至少有一点ξ（$a<\xi<b$），使式（2-15）成立。

（1）在闭区间$[a,b]$上连续。

（2）在开区间(a,b)内可导。

$$f(b)-f(a)=f'(\xi)(b-a) \tag{2-15}$$

3. 柯西中值定理

定理 2-5（柯西中值定理）如果函数 $f(x)$ 和 $F(x)$ 满足如下条件，那么在开区间 (a,b) 内至少有一点 ξ，使式（2-16）成立。

（1）在闭区间 $[a,b]$ 上连续。

（2）在开区间 (a,b) 内可导。

（3）对于任一 $x\in(a,b)$，$F'(x)\neq 0$。

$$\frac{f(b)-f(a)}{F(b)-F(a)}=\frac{f'(\xi)}{F'(\xi)} \tag{2-16}$$

2.3.2 函数的单调性与曲线的凹凸性

1. 函数单调性的判定

定义 2-28 设函数 $f(x)$ 在区间 I 上连续，如果对 I 上任意两点 x_1,x_2 恒有 $f\left(\frac{x_1+x_2}{2}\right)<\frac{f(x_1)+f(x_2)}{2}$，那么称 $f(x)$ 在区间 I 上的图形是（向上）凹的（或凹弧）；如果恒有 $f\left(\frac{x_1+x_2}{2}\right)>\frac{f(x_1)+f(x_2)}{2}$，那么称 $f(x)$ 在区间 I 上的图形是（向上）凸的（或凸弧）。

定理 2-6 设函数 $y=f(x)$ 在闭区间 $[a,b]$ 上连续，在开区间 (a,b) 内可导，则有如下结论。

（1）如果在开区间 (a,b) 内 $f'(x)>0$，那么函数 $y=f(x)$ 在闭区间 $[a,b]$ 上单调增加。

（2）如果在开区间 (a,b) 内 $f'(x)<0$，那么函数 $y=f(x)$ 在闭区间 $[a,b]$ 上单调减少。

2. 曲线的凹凸性与拐点

定理 2-7 设函数 $y=f(x)$ 在闭区间 $[a,b]$ 上连续，在开区间 (a,b) 内具有一阶和二阶导数，则有如下结论。

（1）如果在开区间 (a,b) 内 $f''(x)>0$，那么函数 $y=f(x)$ 在闭区间 $[a,b]$ 上的图形是凹的。

（2）如果在开区间 (a,b) 内 $f''(x)<0$，那么函数 $y=f(x)$ 在闭区间 $[a,b]$ 上的图形是凸的。

如果 $f''(x)$ 在 x_0 的左右两侧邻近异号，那么点 $(x_0,f(x_0))$ 就称为曲线 $y=f(x)$ 的一个拐点。按照下列步骤可以判定区间 I 上的连续曲线 $y=f(x)$ 的拐点。

第一步：求 $f''(x)$。

第二步：令 $f''(x)=0$，解出这个方程在区间 I 内的实根，并求出区间 I 内 $f''(x)$ 不存在的点。

第三步：对于第二步中求出的每一个实根或二阶导数不存在的点 x_0，考察 $f''(x)$ 在点 x_0 左右两侧的邻近符号。当两侧的符号相反时，点 $(x_0,f(x_0))$ 是拐点；当两侧的符号相同时，点 $(x_0,f(x_0))$ 不是拐点。

例 2-21 求曲线 $f(x)=2x^3-12x^2+18x-2$ 的凹凸区间及拐点。

解 函数 $f(x)$ 的定义域为 $(-\infty,+\infty)$。

函数 $f(x)$ 的一阶导数为 $f'(x)=6x^2-24x+18$。

函数 $f(x)$ 的二阶导数为 $f''(x)=12x-24$。

令 $f''(x)=0$，得 $x=2$。

$x=2$ 把函数的定义域 $(-\infty,+\infty)$ 分成了两部分区间：$(-\infty,2)$、$(2,+\infty)$。考察二阶导数 $f''(x)$ 在两区间内取值的符号，二阶导数图形如图 2-9 所示。

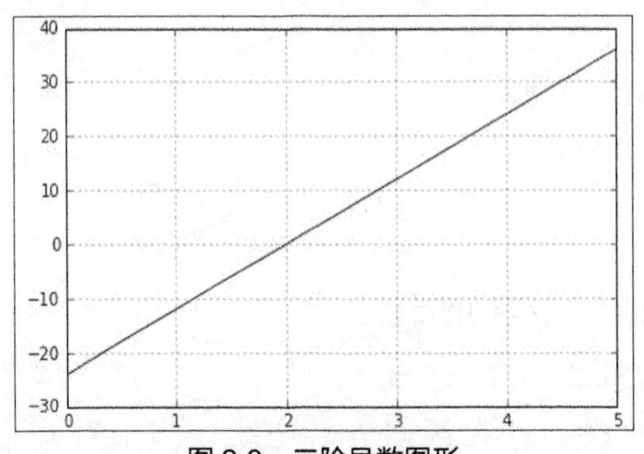

图 2-9　二阶导数图形

在 $(-\infty,2)$ 内，$f''(x)<0$，因此，区间 $(-\infty,2)$ 为函数 $f(x)$ 的凸区间；在 $(2,+\infty)$ 内，$f''(x)>0$，因此，区间 $(2,+\infty)$ 为函数 $f(x)$ 的凹区间。

所以，函数 $f(x)$ 的拐点为 $(2,2)$。

使用 Python 计算本例函数的拐点，如代码 2-19 所示。

代码 2-19　计算函数拐点

```
In[1]:   from sympy import *
         x = Symbol('x')
         y = 2*x**3-12*x**2+18*x-2
         df1 = diff(y,x)
         df1  # 一阶导数
Out[1]:  6x^2-24x+18

In[2]:   df2 = diff(y,x,2)
         df2  # 二阶导数
Out[2]:  12(x-2)

In[3]:   print('令二阶导函数为零的 x 取值为：',solve(df2,x))
         print('函数在拐点的值为：',y.subs(x,2))
Out[3]:  令二阶导函数为零的 x 取值为： [2]
         函数在拐点的值为： 2
```

2.3.3　函数的极值与最值

1．函数的极值及其求法

（1）函数极值的概念

定义 2-29　设函数 $f(x)$ 在点 x_0 的某个邻域 $U(x_0)$ 内有定义，如果对于 x_0 的去心邻域 $\mathring{U}(x_0)$

内的任一x有$f(x)<f(x_0)$（或$f(x)>f(x_0)$），那么就称$f(x_0)$是函数$f(x)$的一个**极大值**（或**极小值**）。函数的极大值与极小值统称为函数的**极值**，函数取得极值的点称为**极值点**。

（2）函数取得极值的充分必要条件

定理 2-8（**必要条件**）设函数$f(x)$在点x_0处可导，且在x_0处取得极值，那么$f'(x_0)=0$。

定理 2-9（**第一充分条件**）设函数$f(x)$在点x_0处连续，且在x_0的某去心邻域$\mathring{U}(x_0,\delta)$内可导，则有如下结论。

① 若$x\in(x_0-\delta,x_0)$时$f'(x)>0$，而$x\in(x_0,x_0+\delta)$时$f'(x)<0$，则$f(x)$在点x_0处取得极大值。

② 若$x\in(x_0-\delta,x_0)$时$f'(x)<0$，而$x\in(x_0,x_0+\delta)$时$f'(x)>0$，则$f(x)$在点x_0处取得极小值。

③ $x\in\mathring{U}(x_0,\delta)$时，若$f'(x)$的符号保持不变，则$f(x)$在点$x_0$处没有极值；若$f'(x)$的符号由正变负，则$f(x)$在点$x_0$处取得极大值；若$f'(x)$的符号由负变正，则$f(x)$在点$x_0$处取得极小值。

例 2-22 求函数$f(x)=(x+3)^2(x-1)^3$的极值。

解 函数的一阶导数：$f'(x)=(x-1)^3(2x+6)+3(x-1)^2(x+3)^2$。

令$f'(x)=0$，求得驻点$x_1=-3$，$x_2=-\dfrac{7}{5}$，$x_3=1$。

考察一阶导数$f'(x)$在驻点$x_1=-3$、$x_2=-\dfrac{7}{5}$、$x_3=1$左右邻近的符号，一阶导数图形如图 2-10 所示。

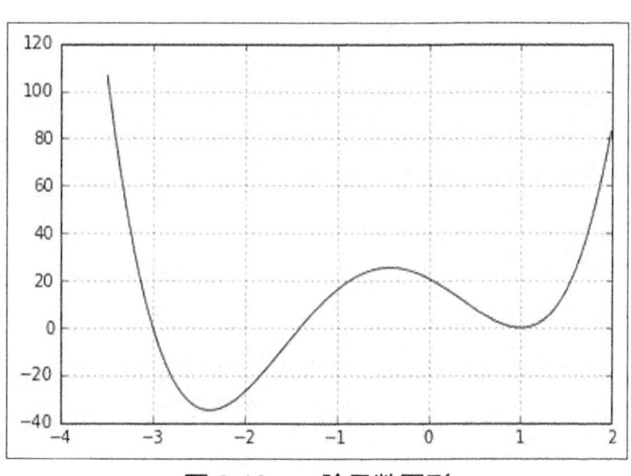

图 2-10 一阶导数图形

当x取-3左侧邻近的值时，$f'(x)>0$；当x取-3右侧邻近的值时，$f'(x)<0$，所以$f(x)$在$x_1=-3$处取得极大值。

当x取$-\dfrac{7}{5}$左侧邻近的值时，$f'(x)<0$；当x取$-\dfrac{7}{5}$右侧邻近的值时，$f'(x)>0$，所以$f(x)$在$x_1=-\dfrac{7}{5}$处取得极小值。

当x取1左侧邻近的值时，$f'(x)>0$；当x取1右侧邻近的值时，$f'(x)>0$，所以$f'(x)$

的符号没有改变，故 $f(x)$ 在 $x=1$ 处没有极值。

使用 Python 求本例函数的驻点，并根据驻点利用第一充分条件求极值点，如代码 2-20 所示。

代码 2-20 利用第一充分条件求函数的极值点

```
In[4]:  from sympy import*
        x = Symbol('x')
        y = (x+3)**2*(x-1)**3
        df = diff(y,x)  #一阶导函数
        print('函数的驻点为：',solve(df,x))
        print('函数的极值为：',y.subs(x,-3),y.subs(x,-7/5))
Out[4]: 函数的驻点为： [-3, -7/5, 1]
        函数的极值为： 0 -35.3894400000000
```

根据代码 2-20 的结果可知，函数 $f(x)$ 的极大值为 $f(-3)=0$，极小值为 $f(-\frac{7}{5})=-35.389\,44$，极值点为 $(-3,0)$ 和 $(-1.4,-35.389\,44)$。

当函数 $f(x)$ 在点 x_0 处的二阶导数存在且不为零时，也可以利用第二充分条件来判断 $f(x)$ 在驻点处取得极大值还是极小值。

定理 2-10（第二充分条件）设函数 $f(x)$ 在点 x_0 处具有二阶导数，且 $f'(x_0)=0$，$f''(x_0)\neq 0$，则有如下结论。

① 当 $f''(x_0)<0$ 时，函数 $f(x)$ 在点 x_0 处取得极大值。

② 当 $f''(x_0)>0$ 时，函数 $f(x)$ 在点 x_0 处取得极小值。

例 2-23 求函数 $f(x)=2x^3-6x^2+7$ 的极值。

解 函数的一阶导数：$f'(x)=6x^2-12x$。

令 $f'(x)=0$，求得驻点 $x_1=0$，$x_2=2$。

函数的二阶导函数：$f''(x)=12(x-1)$。

因为 $f''(0)=-12<0$，所以 $f(x)$ 在 $x_1=0$ 处取得极大值。

因为 $f''(2)=12>0$，所以 $f(x)$ 在 $x_2=2$ 处取得极小值。

使用 Python 计算本例函数的驻点，并根据驻点利用第二充分条件求极值点，如代码 2-21 所示。

代码 2-21 利用第二充分条件求函数的极值点

```
In[5]:  x = Symbol('x')
        y = 2*x**3-6*x**2+7
        df = diff(y,x)
        solve(df,x)
        print('函数的极值点为：',solve(df,x))
```

```
    df2 = diff(y,x,2)
    print('二阶导数在驻点的值为：',df2.subs(x,0),df2.subs(x,2))
    print('函数的极值为：',y.subs(x,0),y.subs(x,2))
```

```
Out[5]:  函数的极值点为： [0, 2]
         二阶导数在驻点的值为： -12 12
         函数的极值为： 7 -1
```

根据代码 2-21 的结果可知，函数 $f(x)$ 的极大值为 $f(0)=7$，极小值为 $f(2)=-1$，极值点为 $(0,7)$ 和 $(2,-1)$。

2. 最值问题

在工农业生产中，常常会遇到在一定条件下怎么使“产量最多”“用料最少”“成本最低”“效率最高”等问题，这类问题通常称为优化问题，在数学上有时可归结为求某函数（通常称为目标函数）的最大值或最小值问题。

在假定函数 $f(x)$ 在闭区间 $[a,b]$ 上连续，在开区间 (a,b) 内除了有限个点外均可导，且最多有有限个驻点的条件下，可用如下步骤求函数 $f(x)$ 在闭区间 $[a,b]$ 上的最大值和最小值。

第一步：求出函数 $f(x)$ 在 (a,b) 内的驻点及不可导点。

第二步：计算驻点、不可导点及两端点的函数值。

第三步：比较第二步中各值的大小，其中最大的值便是函数 $f(x)$ 在 $[a,b]$ 上的最大值，最小的值便是函数 $f(x)$ 在 $[a,b]$ 上的最小值。

例 2-24 某公司决定通过增加广告投入和技术改造投入来获得更大的收益。通过对市场的预测，每投入 x 万元广告费，增加的销售额可近似用函数 $y_1=-2x^2+14x$（万元）来计算；每投入 x 万元技术改造费，增加的销售额可近似用函数 $y_2=-\frac{1}{3}x^3+2x^2+5x$（万元）来计算。该公司准备投入 3 万元，分别用于广告投入和技术改造投入，如何分配资金才能使该公司获得最大收益？

解 设 3 万元中的技术改造投入为 $x(x>0)$ 万元，广告投入为 $(3-x)$ 万元，则广告投入带来的销售额增加值为 $y_1=-2(3-x)^2+14(3-x)$（万元）。

总投入带来的销售额的增加值，即目标函数为

$$\begin{aligned}f(x)&=-2(3-x)^2+14(3-x)-\frac{1}{3}x^3+2x^2+5x\\&=-\frac{1}{3}x^3+3x+24(0\leqslant x\leqslant 3)\end{aligned}$$

令 $f'(x)=0$，解得 $x_1=\sqrt{3}$，$x_2=-\sqrt{3}$，故在 $(0,3)$ 内的驻点为 $x=\sqrt{3}$。计算驻点和两端点的函数值得 $f(\sqrt{3})=24+2\sqrt{3}$，$f(0)=24$，$f(3)=24$。所以，当该公司用于广告的投入为 $(3-\sqrt{3})$ 万元，用于技术改造的投入为 $\sqrt{3}$ 万元时，获得的最大收益为 $(24+2\sqrt{3})$ 万元。

使用 Python 求解本例目标函数的驻点及最大值，如代码 2-22 所示。

代码 2-22　求解目标函数的驻点及最大值

```
In[6]:   x = Symbol('x')
         y = -1/3*x**3+3*x+24
         df = diff(y,x)
         solve(df,x)
         print('函数的驻点（或不可导点）为：',solve(df,x))
Out[6]:  函数的驻点（或不可导点）为：[-1.73205080756888, 1.73205080756888]
In[7]:   max(y.subs(x,0),y.subs(x,sqrt(3)),y.subs(x,3))
Out[7]:  2.0√3+24
```

2.4 不定积分与定积分

在微分学中，导数和微分依据极限思想，通过对小增量的分析，揭示一系列局部性质。和微分学相辅相成的是微积分的另一半——积分学。大量的实际问题还要求人们从整体上考察变量变化过程中的某些累积效应，例如曲边区域的面积、做变速直线运动的物体经过的路程等。在这些问题上，从古希腊时期到 16 世纪，历史上不乏用各种复杂的技巧解决的实例。当大量的经验使人们领悟到这类问题的实质是在求一系列小增量之和的极限时，积分学就应运而生了。微分和积分的基本思想最初是独立产生的，并无紧密关联，直至它们各自取得相当进展，数学表述逐渐清晰，两者存在的深刻关系才得以揭示，即它们的基本课题是无穷小分析中两个互逆的问题。这一思想大大推动了微积分的飞速发展，使之从对个别问题求解的探讨，转向创立充分强大而有效的基本方法。

2.4.1 不定积分的概念与性质

1. 原函数的概念

定义 2-30　在区间 I 上，对于可导函数 $F(x)$ 的导函数 $f(x)$，对任一 $x\in I$，都有 $F'(x)=f(x)$（或 $\mathrm{d}F(x)=f(x)\mathrm{d}x$），则函数 $F(x)$ 称为 $f(x)$（或 $f(x)\mathrm{d}x$）在区间 I 上的一个**原函数**。

定理 2-11（原函数存在定理）若函数 $f(x)$ 在区间 I 上连续，则在区间 I 上存在可导函数 $F(x)$，使对任一 $x\in I$，都有 $F'(x)=f(x)$，即区间上的连续函数必有原函数。

由定理 2-11 可知，初等函数在其定义区间内都存在原函数，因为初等函数在其定义区间内部都是连续的。

设函数 $f(x)$ 在区间 I 上有一个原函数 $F(x)$，则对于任意常数 C，函数 $F(x)+C$ 也是 $f(x)$ 的原函数，且在区间 I 上的任意两个原函数之间只相差一个常数。

$f(x)$ 如果存在原函数，那么其原函数的个数就有无穷个，称为“原函数族”。也就是说，只要知道 $f(x)$ 的一个原函数 $F(x)$，就知道其所有原函数 $F(x)+C$，其中 C 为任意常数。$F(x)+C$ 称为原函数的一般表达式。

例 2-25　下列各对函数中，判断哪一对属于同一函数的原函数。

$\arctan x$ 与 $\operatorname{arccot} x$，e^x 与 $\frac{1}{2}e^{2x}$，$\ln 2x$ 与 $\ln x$。

使用 Python 计算本例各函数的导函数，如代码 2-23 所示。

代码 2-23 计算各函数的导函数

```
In[1]:  from sympy import *
        x = Symbol('x')
        diff(atan(x), x), diff(acot(x), x)
```

Out[1]: $\left(\frac{1}{x^2+1}, -\frac{1}{x^2+1}\right)$

```
In[2]:  diff(exp(x), x), diff(1 / 2 * exp(2 * x), x)
```

Out[2]: $(e^x, 1.0e^{2x})$

```
In[3]:  diff(log(2 * x), x), diff(log(x), x)
```

Out[3]: (1/x,1/x)

根据代码 2-23 的结果可知，$\ln 2x$ 与 $\ln x$ 是函数 $1/x$ 的原函数。

2. 不定积分的概念

定义 2-31 若在区间 I 上有 $F'(x)=f(x)$，则称 $f(x)$ 的全体原函数 $F(x)+C$ 为 $f(x)$ 在区间 I 上的**不定积分**，记为 $\int f(x)\mathrm{d}x=F(x)+C$。其中，$\int$ 称为**积分号**，$f(x)$ 称为**被积函数**，$f(x)\mathrm{d}x$ 称为**积分表达式**，x 称为**积分变量**，C 称为**积分常数**。

要求 $f(x)$ 的不定积分，只要求得 $f(x)$ 的一个原函数 $F(x)$，再加上一个任意常数 C 即可。

对于计算连续函数的不定积分，可以使用 SymPy 库中的 integrate 函数实现，其语法格式如下。

```
sympy.integrate(f, var, …)
```

integrate 函数常用的参数及说明如表 2-5 所示。

表 2-5 integrate 函数常用的参数及说明

参数	说明
f	接收 SymPy 表达式，表示需要进行求积分的函数。无默认值
var	接收 symbol、tuple(symbol, a, b)或 several variables。symbol 表示需要进行求积分的函数的一个自变量；tuple (symbol, a, b)用于求定积分，其中 symbol 表示函数的自变量，a 表示积分下限，b 表示积分上限；several variables 表示指定几个变量，在这种情况下，结果是多重积分 若完全不指定 var，则返回 f 的完全反导数，将 f 整合到所有变量上

利用 SymPy 库计算不定积分时，最后的输出结果会少一个常数 C，但这并不影响对问

题的理解。

例 2-26 求不定积分$\int \cos x\mathrm{d}x$、$\int \frac{1}{1+x^2}\mathrm{d}x$、$\int 3x^2\mathrm{d}x$。

解 用 Python 求解，如代码 2-24 所示。

代码 2-24 求不定积分

```
In[4]:   x = Symbol('x')
         f = cos(x)
         integrate(f,x)

Out[4]:  sin(x)

In[5]:   x = Symbol('x')
         f = 1/(1+x**2)
         integrate(f,x)

Out[5]:  atan(x)

In[6]:   x = Symbol('x')
         f = 3*x**2
         integrate(f,x)

Out[6]:  x^3
```

根据代码 2-24 的结果可知，$\int \cos x\mathrm{d}x = \sin x + C$，$\int \frac{1}{1+x^2}\mathrm{d}x = \arctan x + C$，$\int 3x^2\mathrm{d}x = x^3 + C$。

例 2-27 已知某曲线上的任意一点$P(x,y)$处的切线斜率为该点横坐标的倒数，且该曲线过点$(\mathrm{e}^2,3)$，求此曲线方程。

解 设所求曲线的方程为$y=f(x)$。

由题意可知$f'(x)=\frac{1}{x}$，使用 Python 求曲线方程，如代码 2-25 所示。

代码 2-25 求曲线方程

```
In[7]:   x = Symbol('x')
         f = 1/x
         integrate(f,x)

Out[7]:  log(x)
```

根据代码 2-25 的结果可知，$f(x)=\int \frac{1}{x}\mathrm{d}x = \ln x + C$，又因为$f(\mathrm{e}^2)=3$，所以可得$\ln \mathrm{e}^2 + C = 3 \Rightarrow C = 1$。所以，所求曲线为$y=\ln x+1$。

从几何的角度，函数 $f(x)$ 的原函数 $F(x)$ 的图形称为 $f(x)$ 的**积分曲线**，而不定积分 $\int f(x)\mathrm{d}x$ 则表示**积分曲线族**，其方程为 $y=F(x)+C$，其中 C 为任意常数。由于 $[F(x)+C]'=f(x)$，所以积分曲线族中横坐标相同的点处的切线都是平行的。

3. 不定积分的性质

根据不定积分的定义，可以推得它有如下性质。

性质 1 设函数 $f(x)$ 及 $g(x)$ 的原函数存在，则有式（2-17），且对任意有限个函数都是成立的。

$$\int[f(x)+g(x)]\mathrm{d}x=\int f(x)\mathrm{d}x+\int g(x)\mathrm{d}x \tag{2-17}$$

例 2-28 验证等式 $\int(\mathrm{e}^x-3\cos x)\mathrm{d}x=\int\mathrm{e}^x\mathrm{d}x+\int(-3\cos x)\mathrm{d}x$。

解 使用 Python 分别求出等式左右两侧的不定积分，如代码 2-26 所示。

代码 2-26 证明不定积分的性质 1

```
In[8]:   x = Symbol('x')
         f = exp(x)
         g = -3*cos(x)
         integrate(f+g,x)  # 等式左侧
Out[8]:  e^x-3sin(x)
In[9]:   integrate(f,x) + integrate(g,x)  # 等式右侧
Out[9]:  e^x-3sin(x)
```

比较代码 2-26 的结果，等式左右两侧的不定积分结果相同，等式成立。

性质 2 设函数 $f(x)$ 的原函数存在，k 为非零常数，则 $\int kf(x)\mathrm{d}x=k\int f(x)\mathrm{d}x$。

例 2-29 验证等式 $\int 3\ln x\mathrm{d}x=3\int\ln x\mathrm{d}x$。

解 使用 Python 分别求出等式左右两侧的不定积分，如代码 2-27 所示。

代码 2-27 证明不定积分的性质 2

```
In[10]:  x = Symbol('x')
         f = log(x)
         k = 3
         integrate(k*f,x)  # 等式左侧
Out[10]: 3xlog(x)-3x
In[11]:  k*(integrate(f,x))  # 等式右侧
Out[11]: 3xlog(x)-3x
```

比较代码 2-27 的结果，等式左右两侧的不定积分结果相同，等式成立。

性质 3 设函数 $f(x)$ 的原函数存在，则 $\left[\int f(x)\,\mathrm{d}x\right]' = f(x)$，或 $\mathrm{d}\left[\int f(x)\,\mathrm{d}x\right] = f(x)\mathrm{d}x$。

例 2-30 验证等式 $\left[\int (x-5)^3\,\mathrm{d}x\right]' = (x-5)^3$。

解 使用 Python 求出等式左侧的不定积分，如代码 2-28 所示。

代码 2-28 证明不定积分的性质 3

```
In[12]:   x = Symbol('x')
          f = (x-5)**3
          diff(integrate(f,x),x)

Out[12]:  x³-15x²+75x-125
```

根据代码 2-28 的结果，等式左侧的不定积分结果与右侧相等，等式成立。

性质 4 设函数 $F(x)$ 的导函数存在，则 $\int F'(x)\mathrm{d}x = F(x) + C$，或 $\int \mathrm{d}F(x)\mathrm{d}x = F(x) + C$。

例 2-31 验证等式 $\int\left(\dfrac{2x^2+3}{x^3+1}\right)'\mathrm{d}x = \dfrac{2x^2+3}{x^3+1} + C$。

解 使用 Python 求出等式左侧的不定积分，如代码 2-29 所示。

代码 2-29 证明不定积分的性质 4

```
In[13]:   x = Symbol('x')
          f = (2*x**2+3)/(x**3+1)
          integrate(diff(f,x),x)

Out[13]:  (2x²+3)/(x³+1)
```

根据代码 2-29 的结果，等式左侧的不定积分结果与右侧相等，等式成立。

由此可见，求不定积分与求导运算在相差一个常数的情况下互为逆运算，类似于除法的计算是利用其逆运算乘法运算进行的。基于求不定积分与求导互为逆运算的关系，不定积分的各种计算方法都源于求导的相应方法。读者可以根据已知的求导公式，列出一些基本积分公式，还可以根据求导运算的线性性质给出积分的线性性质，根据复合函数求导法则导出积分的变量代换，根据乘积求导法则导出分部积分法。这样就可以对较为广泛的函数类求得不定积分。

4. 基本积分表

表 2-6 所示为基本的积分公式，这个表通常叫作基本积分表。

表 2-6 基本积分表

$\int k\mathrm{d}x = kx + C$（$k$ 为常数）	$\int \sec^2 x\,\mathrm{d}x = \tan x + C$
$\int x^\alpha\,\mathrm{d}x = \dfrac{1}{1+\alpha}x^{\alpha+1} + C$（$\alpha \neq -1$）	$\int \csc^2 x\,\mathrm{d}x = -\cot x + C$

续表

$\int \frac{1}{x}\mathrm{d}x = \ln\|x\| + C$	$\int \sec x \tan x \mathrm{d}x = \sec x + C$
$\int \mathrm{e}^x \mathrm{d}x = \mathrm{e}^x + C$	$\int \csc x \cot x \mathrm{d}x = -\csc x + C$
$\int a^x \mathrm{d}x = \frac{a^x}{\ln a} + C$（$a > 0, a \neq 1$）	$\int \frac{1}{1+x^2}\mathrm{d}x = \arctan x + C$
$\int \cos x \mathrm{d}x = \sin x + C$	$\int \frac{1}{\sqrt{1-x^2}}\mathrm{d}x = \arcsin x + C$
$\int \sin x \mathrm{d}x = -\cos x + C$	

很多函数的不定积分经运算及整理后，可归结为上述基本不定积分。因为是积分运算的基础，所以读者应掌握上述基本积分公式。另外，读者还可以利用 SymPy 库中的 integrate 函数进行验证。

但是，并非所有初等函数的不定积分都能求出来，例如，从理论上讲，在区间 (0,1) 上，不定积分 $\int \mathrm{e}^{x^2}\mathrm{d}x$、$\int \frac{\mathrm{d}x}{\ln x}$、$\int \frac{\sin x}{x}\mathrm{d}x$ 都存在，但它们都不是初等函数，即初等函数的原函数未必是初等函数。

2.4.2 不定积分的换元积分法与分部积分法

1. 换元积分法

换元积分法是把复合函数的微分法反过来以用于求不定积分，利用中间量的代换，得到复合函数的积分值。换元积分法通常分为如下两类。

（1）第一类换元积分法

定理 2-12 设函数 $f(u)$ 具有原函数，$u = \varphi(x)$ 可导，则换元公式如式（2-18）所示。

$$\int f(\varphi(x))\varphi'(x)\mathrm{d}x = \left[\int f(u)\mathrm{d}u\right]_{u=\varphi(x)} \tag{2-18}$$

例 2-32 利用第一类换元积分法计算 $\int \frac{x^2}{\sqrt{4-x^3}}\mathrm{d}x$。

解

$$\begin{aligned}\int \frac{x^2}{\sqrt{4-x^3}}\mathrm{d}x &= \frac{1}{3}\int \frac{\mathrm{d}(x^3)}{\sqrt{4-x^3}} \\ &= -\frac{1}{3}\int \frac{\mathrm{d}(4-x^3)}{\sqrt{4-x^3}} \\ &= -\frac{2}{3}\sqrt{4-x^3} + C\end{aligned}$$

使用 Python 中的 integrate 函数计算本例的不定积分，如代码 2-30 所示。

代码 2-30 计算不定积分

```
In[14]:   x = Symbol('x')
```

```
y = x**2/sqrt(4-x**3)
integrate(y,x)
```

Out[14]: $-2\sqrt{-x^3+4}/3$

（2）第二类换元积分法

定理 2-13 设 $x=\psi(t)$ 是单调、可导的函数，并且 $\psi'(t)\neq 0$，又设 $f[\psi(t)]$、$\psi'(t)$ 具有原函数，则换元公式如式（2-19）所示，其中 $\psi^{-1}(x)$ 是 $x=\psi(t)$ 的反函数。

$$\int f(x)\mathrm{d}x=\left[\int f(\psi(t))\psi'(t)\mathrm{d}t\right]_{t=\psi^{-1}(x)} \tag{2-19}$$

例 2-33 利用第二类换元积分法计算 $\int\sqrt{a^2-x^2}\mathrm{d}x\ (a>0)$ 的不定积分。

解 利用三角公式化去根式，设 $x=a\sin t, -\dfrac{\pi}{2}<t<\dfrac{\pi}{2}$，则 $t=\arcsin\dfrac{x}{a}$，$\sqrt{a^2-x^2}=\sqrt{a^2-a^2\sin^2 t}=a\cos t$，$\mathrm{d}x=a\cos t\mathrm{d}t$，所求积分化为

$$\int\sqrt{a^2-x^2}\mathrm{d}x=\int a\cos t\cdot a\cos t\mathrm{d}t=a^2\int\cos^2 t\mathrm{d}t=a^2\left(\frac{t}{2}+\frac{\sin 2t}{4}\right)+C$$

$$=\frac{a^2t}{2}+\frac{a^2\sin t\cos t}{2}+C$$

由于 $\cos t=\sqrt{1-\sin^2 t}=\sqrt{1-\left(\dfrac{x}{a}\right)^2}=\dfrac{\sqrt{a^2-x^2}}{a}$，所以所求积分为

$$\int\sqrt{a^2-x^2}\mathrm{d}x=\frac{a^2}{2}\arcsin\frac{x}{a}+\frac{1}{2}x\sqrt{a^2-x^2}+C$$

2. 分部积分法

分部积分法是利用函数乘积的求导法则推导得到的求积分的基本方法。

定义 2-32 设函数 $u=u(x)$ 和 $v=v(x)$ 具有连续导数，那么两个函数乘积的导数公式为 $(uv)'=u'v+uv'$，通过移项得 $uv'=(uv)'-u'v$，对等式两边求不定积分，即可得到式（2-20）所示的**分部积分公式**。

$$\int uv'\mathrm{d}x=uv-\int u'v\mathrm{d}x \tag{2-20}$$

为了简便，也可以把式（2-20）写作式（2-21）的形式。

$$\int u\mathrm{d}v=uv-\int v\mathrm{d}u \tag{2-21}$$

例 2-34 利用分部积分法计算 $\int x\mathrm{e}^{-x-1}\mathrm{d}x$。

解

$$\begin{aligned}\int x\mathrm{e}^{-x-1}\mathrm{d}x&=-\mathrm{e}^{-1}\int x\mathrm{d}\mathrm{e}^{-x}\\&=-\mathrm{e}^{-1}\left(x\mathrm{e}^{-x}-\int\mathrm{e}^{-x}\mathrm{d}x\right)+C\\&=-\mathrm{e}^{-1}(x\mathrm{e}^{-x}+\mathrm{e}^{-x})+C\\&=-(x+1)\mathrm{e}^{-x-1}+C\end{aligned}$$

使用 Python 求本例的不定积分，如代码 2-31 所示。

代码 2-31　求不定积分

```
In[15]:  x = Symbol('x')
         f = x*exp(-x-1)
         integrate(f,x)

Out[15]: (-x-1)e^(-x-1)
```

2.4.3　定积分的概念与性质

1．引例——曲边梯形的面积

定义 2-33　设曲线 $y=f(x)$ 在闭区间 $[a,b]$ 上非负、连续，则由直线 $x=a$ 、$x=b$ $(a<b)$ 、x 轴及 $y=f(x)$ 所围成的平面图形称为**曲边梯形**，其中曲线弧称为曲边，如图 2-11 所示。

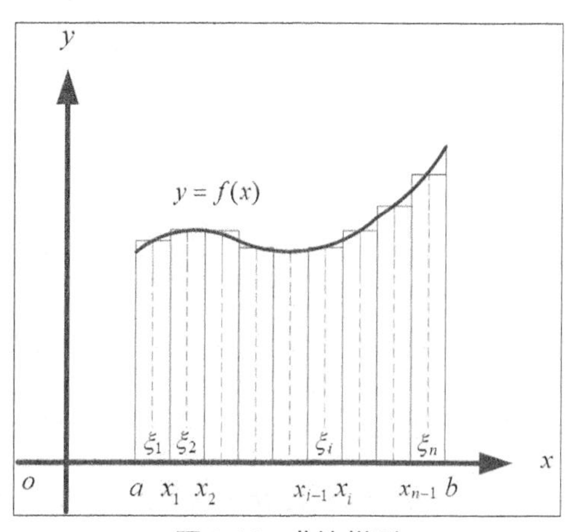

图 2-11　曲边梯形

求矩形面积的方法为底×高，如果把曲边梯形近似看成矩形，则会造成较大误差，可用如下的做法。

（1）**分割**。在曲边梯形的底边所在的区间 $[a,b]$ 内任意插入 $n-1$ 个分点 $x_1,x_2,\cdots,x_{n-1}$ ，并令 $x_0=a$ ， $x_n=b$ ，则有 $a=x_0<x_1<x_2<\cdots<x_{n-1}<x_n=b$ 。这些分点将区间 $[a,b]$ 分割成 n 个小区间 $[x_{i-1},x_i]$ $(i=1,2,\cdots,n)$ ，过这 n 个分点做 x 轴的垂线，将区间 $[a,b]$ 上的曲边梯形分为 n 个小曲边梯形，如图 2-11 所示。

（2）**近似替代**。在每个小区间 $[x_{i-1},x_i]$ 上任取一点 $\xi_i\in[x_{i-1},x_i]$ $(i=1,2,\cdots,n)$ ，区间长度记为 $\Delta x_i\in x_i-x_{i-1}$ $(i=1,2,\cdots,n)$ ，则当小曲边梯形很小时，可用以 Δx_i 和 $f(\xi_i)$ 为边长的小矩形的面积 $f(\xi_i)\Delta x_i$ 近似替代小曲边梯形的面积 ΔA_i ，即 $\Delta A_i\approx f(\xi_i)\Delta x_i$ $(i=1,2,\cdots,n)$ 。

（3）**作和**。所求曲边梯形的面积近似等于这些小曲边梯形的面积之和，即 $A=\sum\limits_{i=1}^{n}\Delta A_i\approx\sum\limits_{i=1}^{n}f(\xi_i)\Delta x_i$ 。

（4）**取极限**。将区间 $[a,b]$ 无限细分，使每个小区间的长度都趋于零。对于区间 $[a,b]$ 的任一个分割，令 $\lambda=\max\limits_{1\leqslant i\leqslant n}\{\Delta x_i\}$，则将 $[a,b]$ 细分的过程就是 $\lambda\to 0$ 的过程。当 $\lambda\to 0$ 时，$A\approx\sum\limits_{i=1}^{n}f(\xi_i)\Delta x_i$ 右端的极限若存在，则定义这个极限为曲边梯形的面积 A，即 $A=\lim\limits_{\lambda\to 0}\sum\limits_{i=1}^{n}f(\xi_i)\Delta x_i$，$\lambda\to 0\Rightarrow n\to\infty$。

经过分割、近似替代、作和、取极限这 4 个步骤后，即可将问题归结为求一种特定结构和式的极限。撇开问题的实际背景，提取出其数量关系的共同特征，就可引出下述定积分的概念。

2．定积分的定义

设 $f(x)$ 是定义在区间 $[a,b]$ 上的有界函数，在 $[a,b]$ 中任意插入 $n-1$ 个分点 $x_1,x_2,\cdots,x_{n-1}$，且 $a=x_0<x_1<x_2<\cdots<x_{n-1}<x_n=b$，将区间 $[a,b]$ 分成长度依次为 $\Delta x_i=x_i-x_{i-1}\ (i=1,2,\cdots,n)$ 的 n 个小区间：$[x_0,x_1],[x_1,x_2],\cdots,[x_{n-1},x_n]$。

定义 2-34 任取 $\xi_i\in[x_{i-1},x_i]\ (i=1,2,\cdots,n)$，计算函数值 $f(\xi_i)$ 与小区间长度 Δx_i 的乘积的和 $\sum\limits_{i=1}^{n}f(\xi_i)\Delta x_i$，记 $\lambda=\max\limits_{1\leqslant i\leqslant n}\{\Delta x_i\}$。如果无论对区间 $[a,b]$ 怎样划分，也无论在小区间 $[x_{i-1},x_i]$ 上对点 ξ_i 怎样选取，只要当 $\lambda\to 0$，和式 $\sum\limits_{i=1}^{n}f(\xi_i)\Delta x_i$ 总趋于确定的常数 J，则称函数 $f(x)$ 在区间 $[a,b]$ 上是可积的，称 J 为函数 $f(x)$ 在区间 $[a,b]$ 上的**定积分**（简称**积分**），记为 $\int_a^b f(x)\mathrm{d}x$，即 $\int_a^b f(x)\mathrm{d}x=J=\lim\limits_{\lambda\to 0}\sum\limits_{i=1}^{n}f(\xi_i)\Delta x_i$。这里，$f(x)$ 称为**被积函数**，$f(x)\mathrm{d}x$ 称为**被积表达式**，x 称为**积分变量**，$[a,b]$ 称为**积分区间**，a 和 b 分别称为**积分下限**和**积分上限**。

根据定义 2-34，$\int_a^b f(x)\mathrm{d}x$ 中的 a、b 应满足 $a<b$。为了计算和应用的方便，这里做如下规定。

（1）当 $a>b$ 时，$\int_a^b f(x)\mathrm{d}x=-\int_b^a f(x)\mathrm{d}x$。

（2）当 $a=b$ 时，$\int_a^b f(x)\mathrm{d}x=0$。

计算定积分的关键是求被积函数的一个原函数，这里只需计算不定积分，所以，也可以使用 SymPy 库中的 integrate 函数实现定积分的计算。

例 2-35 计算由曲线 $y=x^2+1$、直线 $x=a$ 和 $x=b\ (a<b)$ 及 x 轴围成的图形面积。

解 根据定积分的几何意义可知，图形的面积可表示为 $\int_a^b (x^2+1)\mathrm{d}x$，则

$$\int_a^b (x^2+1)\mathrm{d}x=\left(\frac{1}{3}x^3+x\right)\bigg|_a^b=\frac{1}{3}(b^3-a^3)+(b-a)$$

使用 Python 求本例围成的图形面积，如代码 2-32 所示。

代码 2-32 求围成的图形面积

```
In[16]:  x = Symbol('x')
         a = Symbol('a')
         b = Symbol('b')
         y = x**2+1
         integrate(y, (x,a,b))
Out[16]: -a³/3-a+b³/3+b
```

例 2-36 计算 $\int_0^{\pi}\sin x\mathrm{d}x$ 和 $\int_0^5 \ln x\mathrm{d}x$ 。

解

$$\int_0^{\pi}\sin x\mathrm{d}x=(-\cos x)|_0^{\pi}=-\cos\pi+\cos 0=1+1=2$$

$$\int_0^5 \ln x\mathrm{d}x=(x\ln x-x)|_0^5=5\ln 5-5$$

使用 Python 计算本例定积分，如代码 2-33 所示。

代码 2-33 计算定积分

```
In[17]:  x = Symbol('x')
         f = sin(x)
         integrate(f, (x,0,pi))
Out[17]: 2
In[18]:  x = Symbol('x')
         f = log(x)
         integrate(f, (x,0,5))
Out[18]: -5+5log(5)
```

3. 定积分的性质

在下述定积分的性质中，对于积分上下限的大小，若不特别指明均不加限制，且假定各性质中所列出来的定积分都是存在的。

（1）$\int_a^b[f(x)\pm g(x)]\mathrm{d}x=\int_a^b f(x)\mathrm{d}x\pm\int_a^b g(x)\mathrm{d}x$ ，对任意有限个函数都是成立的。

（2）$\int_a^b kf(x)\mathrm{d}x=k\int_a^b f(x)\mathrm{d}x$ （ k 是常数）。

（3）在区间 $[a,b]$ 上，若 $a<c<b$ ，则 $\int_a^b f(x)\mathrm{d}x=\int_a^c f(x)\mathrm{d}x+\int_c^b f(x)\mathrm{d}x$ 。

（4）在区间 $[a,b]$ 上，若 $f(x)=1$ ，则 $\int_a^b 1\mathrm{d}x=\int_a^b \mathrm{d}x=b-a$ 。

（5）在区间$[a,b]$上，若$f(x)\geqslant 0$，则$\int_a^b f(x)\mathrm{d}x\geqslant 0\ (a<b)$。

推论 1　在区间$[a,b]$上，若$f(x)\leqslant g(x)$，则$\int_a^b f(x)\mathrm{d}x\leqslant\int_a^b g(x)\mathrm{d}x\ (a<b)$。

推论 2　$\left|\int_a^b f(x)\mathrm{d}x\right|\leqslant\int_a^b |f(x)|\mathrm{d}x\ (a<b)$。

（6）设M和m分别是函数$f(x)$在区间$[a,b]$上的最大值和最小值，则$m(b-a)\leqslant\int_a^b f(x)\mathrm{d}x\leqslant M(b-a)\ (a<b)$。

（7）**定积分中值定理**：如果函数$f(x)$在积分区间$[a,b]$上连续，则在$[a,b]$上至少存在一个点ξ，使式（2-22）成立。式（2-22）称为定积分中值公式。

$$\int_a^b f(x)\mathrm{d}x=f(\xi)(b-a)(a\leqslant\xi\leqslant b) \tag{2-22}$$

定积分的性质是由不定积分的性质推导而得出的，其证明方法与不定积分的证明方法类似。读者可以利用 SymPy 库中的 integrate 函数自行验证。

2.4.4　定积分的换元积分法与分部积分法

1. 换元积分法

定理 2-14　设函数$f(x)$在区间$[a,b]$上连续，函数$x=\varphi(t)$有$\varphi(\alpha)=a$，$\varphi(\beta)=b$，且$\varphi(t)$在$[\alpha,\beta]$上具有连续导数，其值域为$R_\varphi=[a,b]$，则有式（2-23）成立。式（2-23）称为定积分的换元公式。

$$\int_a^b f(x)\mathrm{d}x=\int_\alpha^\beta f(\varphi(t))\varphi'(t)\mathrm{d}t \tag{2-23}$$

例 2-37　使用换元法计算$\int_1^{\mathrm{e}}\frac{(\ln x)^4}{x}\mathrm{d}x$。

解

方法一：$\int_1^{\mathrm{e}}\frac{(\ln x)^4}{x}\mathrm{d}x=\int_1^{\mathrm{e}}(\ln x)^4\mathrm{d}\ln x=\frac{1}{5}\left[(\ln x)^5\right]_1^{\mathrm{e}}=\frac{1}{5}$。

方法二：令$u=\ln x$，$\int_1^{\mathrm{e}}\frac{(\ln x)^4}{x}\mathrm{d}x=\int_0^1 u^4\mathrm{d}u=\frac{1}{5}\left[(u)^5\right]_0^1=\frac{1}{5}$。

需要注意的是，不换元则不变限，换元必变限。

使用 Python 计算本例定积分，如代码 2-34 所示。

代码 2-34　计算定积分

```
In[19]:   x = Symbol('x')
          f = (ln(x))**4/x
          integrate(f,(x,1,exp(1)))
Out[19]:  1
          -
          5
```

2. 分部积分法

根据不定积分的分部积分法，可得定积分的分部积分法公式，如式（2-24）所示。

$$\int_a^b uv'\mathrm{d}x=[uv]_a^b-\int_a^b u'v\mathrm{d}x \tag{2-24}$$

为了简便，也可以把式（2-24）写作式（2-25）的形式。

$$\int_a^b u\mathrm{d}v=[uv]_a^b-\int_a^b v\mathrm{d}u \tag{2-25}$$

例 2-38　使用分部积分法计算 $\int_0^1 \mathrm{e}^{2x}(4x+3)\mathrm{d}x$。

解

$$\begin{aligned}\int_0^1 \mathrm{e}^{2x}(4x+3)\mathrm{d}x&=\frac{1}{2}\int_0^1(4x+3)\mathrm{d}\mathrm{e}^{2x}\\&=\frac{1}{2}\left[(4x+3)\mathrm{e}^{2x}|_0^1-\int_0^1\mathrm{e}^{2x}\mathrm{d}(4x+3)\right]\\&=\frac{1}{2}\left[(7\mathrm{e}^2-3)-4\int_0^1\mathrm{e}^{2x}\mathrm{d}x\right]\\&=\frac{1}{2}\left[(7\mathrm{e}^2+3)-2\mathrm{e}^{2x}|_0^1\right]\\&=\frac{1}{2}\left[(7\mathrm{e}^2-3)-(2\mathrm{e}^2-2)\right]\\&=\frac{1}{2}(5\mathrm{e}^2-1)\end{aligned}$$

使用 Python 计算本例定积分，如代码 2-35 所示。

代码 2-35　计算定积分

```
In[20]:   x = Symbol('x')
          f = exp(2*x)*(4*x+3)
          integrate(f,(x,0,1))
```

Out[20]: $-\frac{1}{2}+5e^2/2$

小结

微积分学知识博大精深，本章只介绍了最常用的部分，包括常见的函数及其性质、极限的基本概念和结论、导数的概念及各种求导法则、微分及其应用、微积分学基本定理等内容。

课后习题

1. 利用 Python 的 SymPy 库中的函数求下列极限。

（1）$\lim\limits_{x\to\infty}\left[\left(x^3-x^2+\frac{x}{2}\right)\mathrm{e}^{\frac{1}{x}}-\sqrt{x^6+1}\right]$

（2）$\lim\limits_{x\to\left(\frac{\pi}{2}\right)^-}(\sin x)^{\tan x}$

（3）$\lim\limits_{x\to\infty}\left(\frac{4x+3}{4x+1}\right)^{2x+5}$

（4）$\lim\limits_{x\to 0}\dfrac{\left(1-\frac{1}{2}x^2\right)^{2/3}-1}{x\ln(1+x)}$

2．利用 Python 的 SymPy 库中的函数求下列函数关于 x 的导数。

（1）$y=\sqrt{x+\sqrt{x+\sqrt{x}}}$

（2）$y=\sqrt{\dfrac{x-2}{x-3}}$

（3）$y=\left(\dfrac{x}{1+x}\right)^x$

（4）$y=\arcsin\sqrt{1-x^2}$

3．设曲线 $y=5x^3+2x^2-3x$ 。

（1）求曲线的单调区间及极值点。

（2）求曲线的凹凸区间及拐点。

4．将一个球垂直上抛，它的高度 h 与时间 t 的关系式为 $h=5t(4-t)$ ，则球达到的最大高度是多少?

5．利用 Python 的 SymPy 库中的函数计算下列不定积分。

（1）$\int\dfrac{\sin x}{1+\sin x+\cos x}\mathrm{d}x$

（2）$\int\dfrac{1}{x}\sqrt{\dfrac{1+x}{x}}\mathrm{d}x$

（3）$\int\dfrac{x^{\frac{2}{3}}\sqrt{x}+\sqrt[5]{x}}{\sqrt{x}}\mathrm{d}x$

（4）$\int\mathrm{e}^{2x}\sin 3x\mathrm{d}x$

6．利用 Python 的 SymPy 库中的函数计算下列定积分。

（1）$\int_0^{\pi}(1-\sin^3 x)\mathrm{d}x$

（2）$\int_{-2}^{0}\dfrac{x+2}{x^2+2x+2}\mathrm{d}x$

（3）$\int_1^{\mathrm{e}}\sin(\ln x)\mathrm{d}x$

（4）$\int_0^1\mathrm{e}^{\sqrt{x}}\mathrm{d}x$

第3章 概率论与数理统计基础

概率论与数理统计是一门研究和揭示随机现象统计规律的数学学科。目前，各领域的研究者普遍采用概率统计方法来分析和处理带有随机干扰的数据，直至做出科学决策。在大数据的背景下，概率论与数理统计不仅是大数据的基础，而且是大数据的底层理论之一，因此掌握概率论与数理统计的知识显得越来越重要。本章主要讲述了数据分布特征、概率与概率分布、参数估计及假设检验等概率论与数理统计基础知识。

3.1 数据分布特征的统计描述

对统计数据进行排序、分组、整理是对数据分布特征进行描述的一个基本方面。为进一步掌握数据分布特征及其变化规律，以进行深入的分析，研究者还需找出反映数据分布特征的各个代表值。在统计学中，常用集中趋势、离散趋势、偏度与峰度来描述数据分布的特征。

3.1.1 集中趋势度量

集中趋势是指一组数据向某一中心值靠拢的程度，测度集中趋势也就是寻找数据一般水平的代表值或中心值。目前，研究者通常用平均指标来反映总体的一般水平或分布的集中趋势。测度集中趋势的平均指标有位置平均数和数值平均数两类。位置平均数是根据变量值位置来确定的代表值，常用的有众数和中位数；数值平均数就是均值，它是对总体中的所有数据进行计算而得到的平均值，用于反映所有数据的一般水平。

1. 位置平均数

位置平均数先将总体各变量的值按一定顺序排列，然后取某一位置的变量值来反映总体各单位的一般水平，有众数、中位数等形式。

（1）众数

定义 3-1 **众数**是一组数据中出现次数最多的变量值，是集中趋势的测度值之一，一般用 M_0 表示。

众数是一个位置代表值，不受数据中极端值的影响。它可能不存在，也可能存在多个。一般情况下，只有在数据量较大的情况下，众数才有意义，而当数据量较小时不宜使用众数。

使用众数能够快速地寻求一组数据的代表值，粗略地估计次数分布形态，既可以应用于定量数据，也可以应用于定性数据。

虽然众数不受极端数值的影响，但其不够稳定，受分组和样本变动的影响较大，反应也不够灵敏，且不能做进一步的代数运算，因此，众数不能算是一个优良的指标，应用并不广泛。

使用 SciPy 库中 stats 模块的 mode 函数可以求数据的众数，其语法格式如下。

```
scipy.stats.mode(a, axis=0, nan_policy='propagate')
```

mode 函数常用的参数及说明如表 3-1 所示。

表 3-1 mode 函数常用的参数及说明

参数名称	说　明
a	接收 array，表示需要求众数的数据。无默认值
axis	接收 int，表示计算的轴向。默认为 0

例 3-1 某大学生就业指导办公室对一个商学院的毕业生进行问卷调查，以获取大学毕业生起始月薪的有关信息，表 3-2 给出了搜集到的数据。请根据表 3-2 求该组数据的众数。

表 3-2 12 名商学院毕业生样本的起始月薪数据

序　号	起始月薪（元）	序　号	起始月薪（元）
1	3 850	7	3 890
2	3 950	8	4 130
3	4 050	9	3 940
4	3 880	10	4 225
5	3 755	11	3 920
6	3 710	12	3 880

解 由表 3-2 中的数据可以看出，出现次数最多的是 3 880，所以众数为 3 880。

使用 Python 求本例众数，如代码 3-1 所示。

代码 3-1 求众数

```
In[1]:  from scipy import stats as sts
        import numpy as np
        # 读取数据
        data = np.loadtxt('../data/salary.csv ',delimiter=',')
        print('众数为：',sts.mode(data,axis=None))

Out[1]: 众数为： ModeResult(mode=array([3880.]), count=array([2]))
```

（2）中位数

定义 3-2 中位数又称中数、中值，是一组按大小顺序排列在一起的数据中位于中间位置的数，一般用 M_e 表示，即在全部数据中，一半小于或等于中位数，另一半大于或等于中位数，如图 3-1 所示。中位数主要用于定序数据与定量数据，但不能用于定类数据。

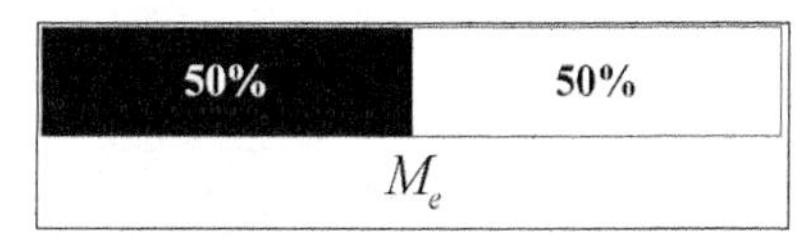

图 3-1　中位数示意图

要计算中位数，首先要将某一数据集$\{x_1,x_2,\cdots,x_n\}$的元素从小到大排序为$\{x_{(1)},x_{(2)},\cdots,x_{(n)}\}$，然后找出中位数的位置，进而确定中位数的数值。中位数位置的确定公式如式（3-1）所示，其中n为数据的个数。

$$\text{中位数位置}=\frac{n+1}{2} \tag{3-1}$$

当数据的个数为奇数时，中间位置的标志值即为中位数，如式（3-2）所示。

$$M_e=x_{\left(\frac{n+1}{2}\right)} \tag{3-2}$$

当数据的个数为偶数时，中间位置的两个标志值的平均值为中位数，如式（3-3）所示。

$$M_e=\frac{1}{2}\left[x_{\left(\frac{n}{2}\right)}+x_{\left(\frac{n}{2}+1\right)}\right] \tag{3-3}$$

中位数的特点是：计算简单，容易理解，不受极端值的影响，能代表一组数据的典型情况。但因为中位数的大小受制于全体数据，反应不够灵敏，且不能做进一步的代数运算，所以应用也不广泛。

使用 NumPy 库中的 median 函数可以求数据的中位数，其语法格式如下。

```
numpy.median(a, axis=None, out=None, overwrite_input=False, keepdims=False)
```

median 函数常用的参数及说明如表 3-3 所示。

表 3-3　median 函数常用的参数及说明

参数名称	说　明
a	接收 array，表示需要求中位数的数据。无默认值
axis	接收 int，表示计算的轴向。默认为 None

例 3-2　根据表 3-2 的数据，求该组数据的中位数。

解　将表 3-2 的数据按从小到大的顺序进行排列，即 3 710，3 755，3 850，3 880，3 880，3 890，3 920，3 940，3 950，4 050，4 130，4 225。因为数据的个数为 12，所以使用式（3-3）求中位数。由式（3-1）可知

$$\text{中位数位置}=\frac{n+1}{2}=\frac{12+1}{2}=6.5$$

故取排序后使用第 6、7 位的数据计算中位数，即

$$M_e=\frac{1}{2}\left[x_{\left(\frac{n}{2}\right)}+x_{\left(\frac{n}{2}+1\right)}\right]=\frac{1}{2}(x_6+x_7)=\frac{1}{2}(3\,890+3\,920)=3\,905$$

使用 Python 求本例中位数，如代码 3-2 所示。

代码 3-2 求中位数

```
In[2]:    print('中位数为：',np.median(data))
Out[2]:   中位数为： 3905.0
```

（3）四分位数

中位数其实是分位数的一种。分位数根据将数据等分的形式不同，可以分为中位数、四分位数、十分位数、百分位数等。四分位数作为分位数的一种形式，在统计中有着十分重要的意义和作用。

定义 3-3 四分位数又称**四分位点**，将数据等分成 4 个部分。一组数据中有 3 个四分位数，分别位于这组数据排序后的 25%、50%和 75%的位置上，等分后的每个部分包含 25%的数据。位于 25%位置上的四分位数称为下四分位数，用 Q_L 表示，如式（3-4）所示；位于 50%位置上的四分位数就是中位数，用 Q_M 表示，如式（3-5）所示；位于 75%位置上的四分位数称为上四分位数，用 Q_U 表示，如式（3-6）所示。

$$Q_L\text{的位置}=\frac{n}{4} \tag{3-4}$$

$$Q_M\text{的位置}=\frac{2(n+1)}{4}=\frac{n+1}{2} \tag{3-5}$$

$$Q_U\text{的位置}=\frac{3n}{4} \tag{3-6}$$

如果算出来的位置是整数，四分位数就是对应该位置的值；如果算出来的位置是小数，且在 0.5 的位置上，那么取该位置两侧值的平均数；如果算出来的位置是小数，且在 0.25 的位置上，那么取该位置下侧值的 75%与该位置上侧值的 25%的和作为四分位数；如果算出来的位置是小数，且在 0.75 的位置上，那么取该位置下侧值的 25%与该位置上侧值的 75%的和作为四分位数。

使用 SciPy 库中 stats 模块的 scoreatpercentile 函数可以求数据的四分位数，其语法格式如下。

```
scipy.stats.scoreatpercentile(a, per, limit=(), interpolation_method=
  'fraction', axis=None)
```

scoreatpercentile 函数常用的参数及说明如表 3-4 所示。

表 3-4 scoreatpercentile 函数常用的参数及说明

参数名称	说明
a	接收 array，表示需要求分位数的数据。无默认值
per	接收数值型，表示指定提取的百分位数，范围为[0,100]。无默认值
interpolation_method	接收指定的 string，可选择不同的参数来返回不同的值：取值为 fraction 时，表示若存在多个值，则返回值的平均数；取值为 lower 时，表示若存在多个值，则返回它们中的最小值；取值为 higher 时，表示若存在多个值，则返回它们中的最大值。默认为 fraction
axis	接收 int。表示计算的轴向。默认为 None

使用 SciPy 库中 stats 模块的 percentileofscore 函数也可以求数据的四分位数，其语法格式如下。

```
scipy.stats.percentileofscore(a, score, kind='rank')
```

percentileofscore 函数常用的参数及其说明如表 3-5 所示。

表 3-5 percentileofscore 函数常用的参数及其说明

参数名称	说明
a	接收 array，表示需要求分位数的数据。无默认值
score	接收 int 或 float，表示指定 a 中需要求所处分位数的元素。无默认值
kind	接收指定的 string，可选择不同的参数来返回不同的值：取值为 rank 时，表示若存在多个值，返回它们所处分位数的平均数；取值为 weak 时，表示返回小于所选元素的分位数；取值为 strict 时，表示返回小于或等于所选元素的分位数；取值为 mean 时，表示返回 weak 与 strict 的平均数。默认为 rank

例 3-3 根据表 3-2 的数据，求该组数据的下四分位数与上四分位数。

解 首先，将表 3-2 的数据按从小到大的顺序进行排列，即 3 710，3 755，3 850，3 880，3 880，3 890，3 920，3 940，3 950，4 050，4 130，4 225。

根据式（3-4），可得

$$Q_L\text{的位置}=\frac{n}{4}=\frac{12}{4}=3$$

故该组数据的下四分位数为 3 850。

根据式（3-6），可得

$$Q_U\text{的位置}=\frac{3n}{4}=\frac{3\times 12}{4}=9$$

故该组数据的上四分位数为 3 950。

使用 Python 求本例的下四分位数与上四分位数，如代码 3-3 所示。

代码 3-3 求下四分位数与上四分位数

```
In[3]:   print('下四分位数为：',
               sts.scoreatpercentile(data,25,
                                     interpolation_method= 'lower'))
Out[3]:  下四分位数为： 3850.0
In[4]:   print('上四分位数为：',
               sts.scoreatpercentile(data,75,
                                     interpolation_method= 'lower'))
Out[4]:  上四分位数为： 3950.0
```

例 3-4 根据表 3-2 的数据，求该组数据中 3 850 所处的分位数。

解 首先，将表 3-2 的数据按从小到大的顺序进行排列，即 3 710，3 755，3 850，3 880，3 880，3 890，3 920，3 940，3 950，4 050，4 130，4 225。因为 3 850 在第 3 个位置上，所以 3 850 所处的分位数为 $\frac{3}{12}\times 100\% = 25\%$。

使用 Python 求本例中 3 850 所处的分位数，如代码 3-4 所示。

代码 3-4 求 3 850 所处的分位数

```
In[5]:  print('3 850 所处分位数为：',
              sts.percentileofscore(data,3850), '%')

Out[5]:  3 850 所处分位数为： 25.0%
```

2．数值平均数

数值平均数通常指采用一定的计算公式和计算方法进行数值计算得到的平均数，主要有算术平均数、调和平均数和几何平均数。

（1）算术平均数

定义 3-4 **算术平均数**也称为**平均值**，通常是一组数据相加后除以数据的个数得到的结果。算术平均数是集中趋势最主要的测度值。

根据未经分组数据计算的算术平均数称为简单算术平均数。设一组数据为 $\{x_1,x_2,\cdots,x_n\}$，数据个数为 n，用 $\bar{x}$ 表示简单算术平均数，其计算公式如式（3-7）所示。

$$\bar{x}=\frac{x_1+x_2+\cdots+x_n}{n}=\frac{\sum_{i=1}^{n}x_i}{n} \tag{3-7}$$

定义 3-5 根据分组数据计算的算术平均数称为**加权算术平均数**。设数据个数为 n，共分成 k 组，各组的组中值分别用 $\{M_1,M_2,\cdots,M_k\}$ 表示，$\{f_1,f_2,\cdots,f_k\}$ 表示各组的频数，用 $\bar{x}$ 表示加权算术平均数，其计算公式如式（3-8）所示。

$$\bar{x}=\frac{f_1M_1+f_2M_2+\cdots+f_kM_k}{f_1+f_2+\cdots+f_k}=\frac{\sum_{i=1}^{k}f_iM_i}{\sum_{i=1}^{k}f_i}=\frac{\sum_{i=1}^{k}f_iM_i}{n} \tag{3-8}$$

计算加权算术平均数时，用各组的组中值代表各组的实际数据，这时假定各组数据在组内是均匀分布的，若实际数据与这一假定相吻合，则计算的结果比较准确，否则误差会很大。当各组权数相等时，加权算术平均数等于简单算术平均数。

算术平均数的优点在于，反应灵敏，计算严密而简单，且可以进行代数运算。但是，作为一个统计量，算术平均数的缺点为对极端值很敏感。如果数据中存在极端值，或者数据是偏度分布的，那么均值就不能很好地度量数据的集中趋势。

使用 SciPy 库中的 stats 模块的 tmean 函数可以求数据的简单算术平均数，其语法格式如下。

```
scipy.stats.tmean(a, limits=None, inclusive=(True, True), axis=None)
```

tmean 函数常用的参数及说明如表 3-6 所示。

表 3-6　tmean 函数常用的参数及说明

参数名称	说　明
a	接收 array，表示需要求简单算术平均数的数据。无默认值
limits	接收 tuple，可指定需要求简单算术平均数的数据的范围。默认为 None
axis	接收 int，表示计算的轴向。默认为 None

使用 NumPy 库中的 mean 函数也可以求数据的简单算术平均数，其语法格式如下。

```
numpy.mean(a,axis=None,dtype=None, out=None,
keepdims=<class numpy._globals._NoValue>)
```

mean 函数常用的参数及说明如表 3-7 所示。

表 3-7　mean 函数常用的参数及说明

参数名称	说　明
a	接收 array，表示需要求简单算术平均数的数据。无默认值
axis	接收 int 或 tuple，表示计算的轴向。默认为 None

例 3-5　根据表 3-2 的数据，求该组数据的简单算术平均数。

解　由式（3-7）可知

$$\bar{x}=\frac{x_1+x_2+\cdots+x_n}{n}=\frac{\sum_{i=1}^{n}x_i}{n}=\frac{3\,850+\cdots+3\,880}{12}\approx 3\,931.67$$

使用 Python 求本例的简单算术平均数，如代码 3-5 所示。

代码 3-5　求简单算术平均数

```
In[6]:    print('简单算术平均数为：',sts.tmean(data))  # 方法一
Out[6]:   简单算术平均数为： 3931.66666667
In[7]:    print('简单算术平均数为：',np.mean(data))  # 方法二
Out[7]:   简单算术平均数为： 3931.66666667
```

（2）调和平均数

定义 3-6　**调和平均数**也称为**倒数平均数**，是总体内各个变量值倒数（$\frac{1}{x_i}$）的算术平均数的倒数。

根据未经分组数据计算的调和平均数称为简单调和平均数。设一组数据为$\{x_1,x_2,\cdots,x_n\}$，数据个数为n，用$\bar{x}_H$表示简单调和平均数，其计算公式如式（3-9）所示。

$$\bar{x}_H=\frac{1}{\frac{\frac{1}{x_1}+\frac{1}{x_2}+\cdots+\frac{1}{x_n}}{n}}=\frac{n}{\frac{1}{x_1}+\frac{1}{x_2}+\cdots+\frac{1}{x_n}}=\frac{n}{\sum_{i=1}^{n}\frac{1}{x_i}} \tag{3-9}$$

根据分组数据计算的调和平均数称为加权调和平均数。设数据共分成 n 组，各组的组中值用 $\{x_1, x_2, \cdots, x_n\}$ 表示，$\{m_1, m_2, \cdots, m_n\}$ 表示各组的总量，用 $\bar{x}_H$ 表示加权调和平均数，其计算公式如式（3-10）所示。

$$\bar{x}_H = \frac{1}{\dfrac{\dfrac{1}{x_1}m_1 + \dfrac{1}{x_2}m_2 + \cdots + \dfrac{1}{x_n}m_n}{m_1 + m_2 + \cdots + m_n}} = \frac{m_1 + m_2 + \cdots + m_n}{\dfrac{m_1}{x_1} + \dfrac{m_2}{x_2} + \cdots + \dfrac{m_n}{x_n}} = \frac{\sum_{i=1}^{n} m_i}{\sum_{i=1}^{n} \dfrac{m_i}{x_i}} \tag{3-10}$$

对于未分组数据，或已分组且各组次数相同的数据，采用简单算术平均数；对于已分组的数据，当已知各组频数，却未知各组总量时，应采用加权算术平均数；对于已分组的数据，当已知各组总量，却未知各组频数时，应采用加权调和平均数。

使用 SciPy 库中的 stats 模块的 hmean 函数可以求数据的调和平均数，其语法格式如下。

```
scipy.stats.hmean(a, axis=0, dtype=None)
```

hmean 函数常用的参数及其说明如表 3-8 所示。

表 3-8　hmean 函数常用的参数及其说明

参数名称	说　明
a	接收 array，表示需要求调和平均数的数据。无默认值
axis	接收 int，表示计算的轴向。默认为 0

例 3-6　根据表 3-2 的数据，求该组数据的调和平均数。

解　由式（3-9）可知

$$\bar{x}_H = \frac{n}{\dfrac{1}{x_1} + \dfrac{1}{x_2} + \cdots + \dfrac{1}{x_n}} = \frac{12}{\dfrac{1}{3\,850} + \cdots + \dfrac{1}{3\,880}} \approx 3\,926.79$$

使用 Python 求本例的调和平均数，如代码 3-6 所示。

代码 3-6　求调和平均数

```
In[8]:    print('调和平均数为：',sts.hmean(data))

Out[8]:   调和平均数为： 3926.7897496
```

（3）几何平均数

定义 3-7　**几何平均数**是 n 个变量值乘积的 n 次方根。设一组数据为 $\{x_1, x_2, \cdots, x_n\}$，数据个数为 n，此时计算的几何平均数称为简单几何平均数，用 $\bar{x}_G$ 表示，其计算公式如式（3-11）所示，式中 $\prod$ 为连乘符号。

$$\bar{x}_G = \sqrt[n]{x_1 \times x_2 \times \cdots \times x_n} = \sqrt[n]{\prod_{i=1}^{n} x_i} \tag{3-11}$$

几何平均数是适用于特殊数据的一种平均数，主要用于计算平均比率。当变量值本身是比率的形式时，采用几何平均值计算平均比率更为合理。在实际应用中，几何平均数主要用于计算某种现象的平均增长率。

使用SciPy库中的stats模块的gmean函数可以求数据的几何平均数,其语法格式如下。

```
scipy.stats.gmean(a, axis=0, dtype=None)
```

gmean函数常用的参数及说明如表3-9所示。

表3-9　gmean函数常用的参数及说明

参数名称	说　明
a	接收array，表示需要求几何平均数的数据。无默认值
axis	接收int，表示计算的轴向。默认为0

例3-7　根据表3-2的数据，求该组数据的几何平均数。

解　由式（3-11）可知

$$\bar{x}_G=\sqrt[n]{x_1\times x_2\times\cdots\times x_n}=\sqrt[12]{3\ 850\times\cdots\times 3\ 880}\approx 3\ 929.21$$

使用Python求本例的几何平均数，如代码3-7所示。

代码3-7　求几何平均数

```
In[9]:   print('几何平均数为: ',sts.gmean(data))
Out[9]:  几何平均数为:  3929.21446149
```

数值平均数和位置平均数各有特点：数值平均数根据数据的值计算所得，精确性较强，但抗干扰性较弱，容易受到极端值的影响；位置平均数根据数据位置而定，抗干扰性强，但数据信息量少，精确性较弱。实际运用中具体采用哪一种应根据实际情况而定。

3.1.2　离散趋势度量

离散趋势又称为离中趋势，是指一组数据中各数据值以不同程度的距离偏离该数据中心（平均数）的趋势。数据的离散程度是数据分布的一个重要特征，离散程度越大，集中趋势的测度值对该组数据的代表性就越差；离散程度越小，集中趋势的测度值对该组数据的代表性就越好。常用的离散趋势测度值有极差、四分位数间距、方差、标准差和变异系数。

1. 极差

定义3-8　**极差又称范围误差或全距**，是指一组数据中最大值与最小值的差，通常用R表示，其计算公式如式（3-12）所示。

$$R=x_{\max}-x_{\min} \tag{3-12}$$

式（3-12）中，$x_{\max}$表示一组数据中的最大值，$x_{\min}$表示一组数据中的最小值。

极差是描述数据离散程度最简单的测度值，计算简单，易于理解。极差能体现一组数据波动的范围。极差越大，离散程度越大；极差越小，离散程度越小。极差容易受极端值的影响，且不能反映数据的中间分布情况。

使用NumPy库中的ptp函数可以求数据的极差，其语法格式如下。

```
numpy.ptp(a, axis=None, out=None)
```

ptp 函数常用的参数及说明如表 3-10 所示。

表 3-10　ptp 函数常用的参数及说明

参数名称	说　明
a	接收 array，表示需要求极差的数据。无默认值
axis	接收 int，表示计算的轴向。默认为 0

例 3-8　根据表 3-2 的数据，求该组数据的极差。

解　由式（3-12）可知

$$R = x_{\max} - x_{\min} = 4\ 225 - 3\ 710 = 515$$

使用 Python 求本例极差，如代码 3-8 所示。

代码 3-8　求极差

```
In[10]:    print('极差为：',np.ptp(data))

Out[10]:   极差为： 515.0
```

2．四分位数间距

定义 3-9　**四分位数间距**又称为**四分位差**或**内距**，是上四分位数与下四分位数之差，一般用 Q_d 表示，计算公式如式（3-13）所示。

$$Q_d = Q_U - Q_L \tag{3-13}$$

四分位数间距反映了一组数据中间 50%数据的离散程度，其数值越大，说明数据的离散程度越大；其数值越小，说明离散程度越小。此外，四分位数间距在一定程度上也反映了中位数对一组数据的代表程度。四分位数间距的计算公式说明其不受极端值的影响。

例 3-9　根据表 3-2 的数据，求该组数据的四分位数间距。

解　根据例 3-3 的结果，由式（3-13）可知

$$Q_d = Q_U - Q_L = 3\ 950 - 3\ 850 = 100$$

使用 Python 求本例四分位数间距，如代码 3-9 所示。

代码 3-9　求四分位数间距

```
In[11]:    print('四分位数间距为：',sts.scoreatpercentile(data, 75,
                                       interpolation_method = 'lower')-\
           sts.scoreatpercentile(data, 25, interpolation_method = 'lower'))

Out[11]:   四分位数间距为： 100.0
```

3．方差和标准差

定义 3-10　方差是一组数据中的各数据值与该组数据算术平均数之差的平方的算术平均数。

总体方差常用 σ^2 表示。总体是指所要考察对象的全体，如例 3-1 中的全体商学院毕业生就是总体。根据未分组数据和分组数据的不同，计算公式分别如式（3-14）和式（3-15）

所示。

$$\text{未分组数据的方差：}\quad \sigma^2=\frac{\sum_{i=1}^{N}(X_i-\bar{X})^2}{N} \qquad (3\text{-}14)$$

其中，X_i 为未分组数据的第 i 个数，$\bar{X}$ 为该组数据的算术平均数。

$$\text{分组数据的方差：}\quad \sigma^2=\frac{\sum_{i=1}^{k}(M_i-\bar{X})^2F_i}{\sum_{i=1}^{k}F_i} \qquad (3\text{-}15)$$

其中，k 为数据分成的组数，F_i 为第 i 组数据的频数，M_i 为分组数据的第 i 组的组中值，$\bar{X}$ 为数据的算术平均数。

样本方差常用 S^2 表示。样本是指从总体中抽取的一部分个体，如例 3-1 中所抽取的 12 名毕业生就是样本。根据未分组数据和分组数据的不同，计算公式分别如式（3-16）和式（3-17）所示。

$$\text{未分组数据的样本方差：}\quad S^2=\frac{\sum_{i=1}^{n}(x_i-\bar{x})^2}{n-1} \qquad (3\text{-}16)$$

其中，x_i 为未分组数据的第 i 个数，$\bar{x}$ 为该组数据的算术平均数。

$$\text{分组数据样本方差：}\quad S^2=\frac{\sum_{i=1}^{k}(m_i-\bar{x})^2f_i}{\sum_{i=1}^{k}f_i-1} \qquad (3\text{-}17)$$

其中，k 为数据分成的组数，f_i 为第 i 组数据的频数，m_i 为分组数据的第 i 组的组中值，$\bar{x}$ 为该组数据的算术平均数。

标准差为方差的开方，与方差类似，可分为总体标准差与样本标准差，也可分为未分组数据标准差与分组数据标准差。

总体标准差常用 σ 表示，根据未分组数据和分组数据的不同，计算公式分别如式（3-18）和式（3-19）所示。

$$\text{未分组数据的总体标准差：}\quad \sigma=\sqrt{\frac{1}{N}\sum_{i=1}^{N}(X_i-\bar{X})^2} \qquad (3\text{-}18)$$

$$\text{分组数据的总体标准差：}\quad \sigma=\sqrt{\frac{1}{\sum_{i=1}^{k}F_i}\sum_{i=1}^{k}(M_i-\bar{X})^2F_i} \qquad (3\text{-}19)$$

样本标准差常用 S 表示，根据未分组数据和分组数据的不同，计算公式分别如式（3-20）和式（3-21）所示。

$$\text{未分组数据的样本标准差：}\quad S=\sqrt{\frac{1}{n-1}\sum_{i=1}^{n}(x_i-\bar{x})^2} \qquad (3\text{-}20)$$

$$分组数据样本标准差：\quad S=\sqrt{\frac{1}{\sum_{i=1}^{k}f_i-1}\sum_{i=1}^{k}(m_i-\overline{x})^2 f_i} \tag{3-21}$$

方差和标准差是最常用的离散趋势测度值，方差和标准差越大，数值分布越广，数值之间的相互差异越大。两者的不同点在于，方差的单位以平方的方式存在，标准差的单位与数据本身的单位相同，实际意义比方差更清楚。故在实际运用中更多地使用标准差来进行分析。

使用 SciPy 库中的 stats 模块的 tvar 函数可以求数据的样本方差，其语法格式如下。

```
scipy.stats.tvar(a, limits=None, inclusive=(True, True), axis=0, ddof=1)
```

tvar 函数常用的参数及说明如表 3-11 所示。

表 3-11　tvar 函数常用的参数及说明

参数名称	说　明
a	接收 array，表示需要求样本方差的数据。无默认值
axis	接收 int，表示计算的轴向。默认为 None

使用 NumPy 库中的 var 函数可以求数据的总体方差，其语法格式如下。

```
numpy.var(a, axis=None, dtype=None, out=None, ddof=0,
keepdims=<class numpy._ globals._NoValue>)
```

var 函数常用的参数及说明如表 3-12 所示。

表 3-12　var 函数常用的参数及说明

参数名称	说　明
a	接收 array，表示需要求总体方差的数据。无默认值
axis	接收 int 或 tuple，表示计算的轴向。默认为 None

例 3-10　根据表 3-2 的数据，求该组数据的样本方差。

解　由式（3-16）可知

$$S^2=\frac{\sum_{i=1}^{n}(x_i-\overline{x})^2}{n-1}=\frac{\sum_{i=1}^{12}(x_i-3\,931.67)^2}{12-1}\approx 21\,274.24$$

使用 Python 求本例的样本方差，如代码 3-10 所示。

代码 3-10　求样本方差

```
In[12]:   print('样本方差为：',sts.tvar(data))
Out[12]:  样本方差为： 21274.2424242
```

使用 SciPy 库中的 stats 模块的 tstd 函数可以求数据的样本标准差，其语法格式如下。

```
scipy.stats.tstd(a, limits=None, inclusive=(True, True), axis=0, ddof=1)
```

tstd 函数常用的参数及说明如表 3-13 所示。

表 3-13　tstd 函数常用的参数及说明

参数名称	说　明
a	接收 array，表示需要求样本标准差的数据。无默认值
axis	接收 int，表示计算的轴向。默认为 None

使用 NumPy 库中的 std 函数可以求数据的总体标准差，其语法格式如下。

```
numpy.std(a, axis=None, dtype=None, out=None, ddof=0,
keepdims=<class numpy._ globals._NoValue>)
```

std 函数常用的参数及说明如表 3-14 所示。

表 3-14　std 函数常用的参数及说明

参数名称	说　明
a	接收 array，表示需要求总体标准差的数据。无默认值
axis	接收 int 或 tuple，表示计算的轴向。默认为 None

例 3-11　根据表 3-2 的数据，求该组数据的样本标准差。

解　由式（3-20）可知

$$S=\sqrt{\frac{1}{n-1}\sum_{i=1}^{n}(x_i-\overline{x})^2}=\sqrt{\frac{1}{12-1}\sum_{i=1}^{12}(x_i-3\ 931.67)^2}\approx 145.86$$

使用 Python 求本例的样本标准差，如代码 3-11 所示。

代码 3-11　求样本标准差

```
In[13]:   print('样本标准差为：',sts.tstd(data))
Out[13]:  样本标准差为： 145.856924499
```

4. 变异系数

上述各离散指标都是有计量单位的，它们的数值大小不仅取决于数据的离散程度，而且受到数据本身水平高低和计量单位的影响。对不同变量或不同数组的离散程度进行比较时，如果它们的平均水平和计量单位都相同，才能利用上述指标进行分析，否则需利用变异系数来比较它们的离散程度。

定义 3-11　**变异系数**又称为**离散系数**，是一组数据中的极差、四分位差或标准差等离散指标与算术平均数的比率。

最常用的变异系数使用标准差来计算，称为标准差系数。总体标准差系数的计算公式如式（3-22）所示。

$$V_\sigma=\frac{\sigma}{\overline{X}}\tag{3-22}$$

样本标准差系数的计算公式如式（3-23）所示。

$$V_S = \frac{S}{\overline{x}} \tag{3-23}$$

变异系数消除了数据水平高低和计量单位的影响，主要用来比较两个或两个以上不同单位、不同波动幅度的数据集的离散趋势。变异系数越大，说明数据的离散程度越大，其平均数的代表性就越差；变异系数越小，说明数据的离散程度越小，其平均数的代表性就越好。

例 3-12 根据表 3-2 的数据，求该组数据的标准差变异系数。

解 由式（3-23）可知

$$V_S = \frac{S}{\overline{x}} = \frac{145.86}{3\,931.67} \approx 0.037$$

使用 Python 求本例的标准差变异系数，如代码 3-12 所示。

代码 3-12 求标准差变异系数

```
In[14]:   print('变异系数为：',sts.tstd(data)/sts.tmean(data))

Out[14]:  变异系数为： 0.037097988427
```

3.1.3 偏度与峰度的度量

集中趋势和离散趋势是数据分布的两个重要特征，要全面了解数据分布的特点，还需要知道数据分布的形状是否对称、偏斜的程度及分布的扁平程度等。偏度和峰度就是对这些数据分布特征的进一步描述。

1. 偏度及其测度

偏度是对分布偏斜方向及程度的测度。显然，判别偏度的方向并不困难，利用众数、中位数和均值之间的关系可以判断分布是左偏还是右偏。但是，若要测度偏斜的程度，需要计算偏度系数。偏度系数的计算方法很多，这里仅介绍其中比较常用的一种。

定义 3-12 **偏度系数**是对分布偏斜程度的测度，通常用 SK 表示，计算公式如式（3-24）所示。

$$SK = \frac{\frac{1}{n}\sum_{i=1}^{n}(x_i - \overline{x})^3}{\left[\frac{1}{n}\sum_{i=1}^{n}(x_i - \overline{x})^2\right]^{\frac{3}{2}}} \tag{3-24}$$

其中，x_i 为未分组数据的第 i 个数，$\overline{x}$ 为数据的算术平均数。

当偏度系数为正值时，表示正偏离差数值较大，可以判断为正偏态或右偏态；反之，当偏度系数为负值时，表示负偏离差数值较大，可以判断为负偏态或左偏态。偏度系数的绝对值越大，表示偏斜的程度就越大，如图 3-2 所示。

使用 SciPy 库中的 stats 模块的 skew 函数可以求数据的偏度，其语法格式如下。

```
scipy.stats.skew(a, axis=0, bias=True, nan_policy='propagate')
```

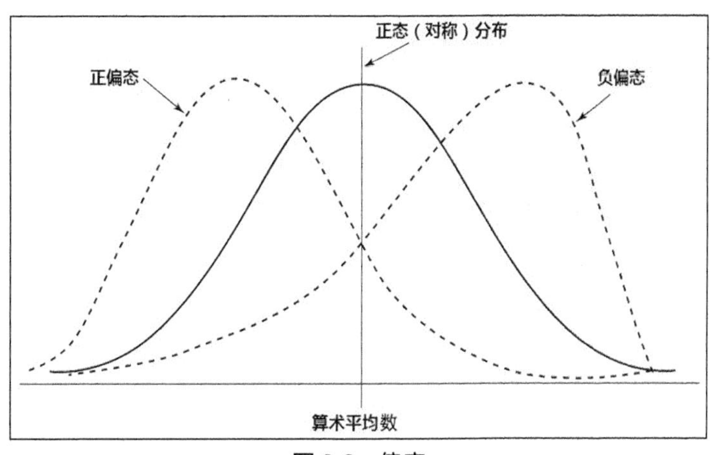

图 3-2　偏度

skew 函数常用的参数及说明如表 3-15 所示。

表 3-15　skew 函数常用的参数及说明

参数名称	说　明
a	接收 array，表示需要求偏度的数据。无默认值
axis	接收 int，表示计算的轴向。默认为 0

例 3-13　根据表 3-2 的数据，求该组数据的偏度。

解　由式（3-24）可知

$$SK=\frac{\frac{1}{n}\sum_{i=1}^{n}(x_i-\overline{x})^3}{\left[\frac{1}{n}\sum_{i=1}^{n}(x_i-\overline{x})^2\right]^{\frac{3}{2}}}=\frac{\frac{1}{12}\sum_{i=1}^{12}(x_i-3\ 931.67)^3}{\left[\frac{1}{12}\sum_{i=1}^{n}(x_i-3\ 931.67)^2\right]^{\frac{3}{2}}}\approx 0.53$$

使用 Python 求本例偏度，如代码 3-13 所示。

代码 3-13　求偏度

```
In[15]:   print('偏度为：',sts.skew(data))
Out[15]:  偏度为： 0.5325875397307566
```

2. 峰度及其测度

峰度描述的是分布集中趋势高峰的形态，通常与标准正态分布相比较。在归化到同一方差时，若分布的形状比标准正态分布更“瘦”、更“高”，则称为尖峰分布；若比标准正态分布更“矮”、更“胖”，则称为平峰分布。

定义 3-13　**峰度系数**是对分布峰度的测度，通常用 K 表示，计算公式如式（3-25）所示。

$$K=\frac{\frac{1}{n}\sum_{i=1}^{n}(x_i-\overline{x})^4}{\left[\frac{1}{n}\sum_{i=1}^{n}(x_i-\overline{x})^2\right]^2}-3 \tag{3-25}$$

其中，x_i 为未分组数据的第 i 个数，$\overline{x}$ 为数据的算术平均数。

由于标准正态分布的峰度系数为 0，所以当峰度系数大于 0 时为尖峰分布，当峰度系数小于 0 时为平峰分布，如图 3-3 所示。

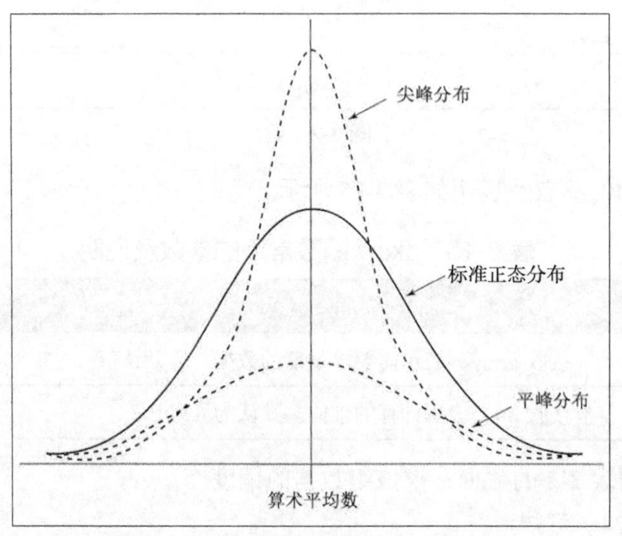

图 3-3 峰度

使用 SciPy 库中的 stats 模块的 kurtosis 函数可以求数据的峰度，其语法格式如下。

```
scipy.stats.kurtosis(a, axis=0, fisher=True, bias=True, nan_policy='propagate')
```

kurtosis 函数常用的参数及说明如表 3-16 所示。

表 3-16 kurtosis 函数常用的参数及说明

参数名称	说明
a	接收 array，表示需要求峰度的数据。无默认值
axis	接收 int，表示计算的轴向。默认为 0

例 3-14 根据表 3-2 的数据，求该组数据的峰度。

解 由式（3-25）可知

$$K=\frac{\frac{1}{n}\sum_{i=1}^{n}(x_i-\overline{x})^4}{\left[\frac{1}{n}\sum_{i=1}^{n}(x_i-\overline{x})^2\right]^2}-3\approx-0.24$$

使用 Python 求本例的峰度，如代码 3-14 所示。

代码 3-14 求峰度

```
In[16]:  print('峰度为：',sts.kurtosis(data))
Out[16]: 峰度为： -0.2396155690457311
```

3.2 概率与概率分布

现实世界中遇到的许多现象都存在着不确定性。要描述不确定性现象的规律性，需要用到概率论所提供的理论和方法。当不能获得总体数据而只有样本数据时，就只能根据样本信息来推断总体数据的特征。显然这种推断所依据的信息是不完全的，推断结果具有不确定性，因此推断统计是建立在概率论基础之上的。本节将着重介绍概率及其相关概念、常见的几种概率分布及其主要特征。

3.2.1 随机事件及其概率

1. 从赌博中发展起来的概率理论

概率问题的历史可以追溯到遥远的过去，很早以前，人们就用抽签、抓阄的方法解决彼此间的争端，这可能就是概率最早的应用了。

真正研究随机现象的概率论出现在 15 世纪之后。1654 年，有一个法国赌徒梅勒遇到了一个难解的问题。梅勒和他的一个朋友每人出 30 个金币，两人谁先赢满 3 局谁就得到全部赌注。在游戏进行了一会儿后，梅勒赢了 2 局，他的朋友赢了 1 局。这时候，梅勒由于一件紧急事情必须离开，游戏不得不停止。他们该如何分配赌桌上的 60 个金币的赌注呢？

后来，梅勒把这个问题告诉了当时法国著名的数学家帕斯卡。这也难住了帕斯卡，因为当时并没有相关知识来解决此类问题。帕斯卡又写信告诉另一位著名的数学家费马，于是这两位伟大的法国数学家开始了具有划时代意义的通信，在通信中，他们最终解决了这个问题。

帕斯卡和费马设想：如果继续赌下去，梅勒（设为甲）和他朋友（设为乙）最终获胜的机会如何呢？他们俩最多再赌两局即可分出胜负，这两局有 4 种可能的结果：甲甲、甲乙、乙甲、乙乙。前 3 种情况都是甲最后取胜，只有最后一种情况才是乙取胜，所以赌注应按 3：1 的比例分配，即甲获得 45 个金币，乙获得 15 个金币。

3 年后，也就是 1657 年，荷兰著名的天文学家、物理学家兼数学家惠更斯把这一问题置于更复杂的情形下，总结出更一般的规律，最终写成了《论掷骰子游戏中的计算》一书，这就是最早的概率论著作。

正是他们把这一类问题提高到了理论的高度，并总结出了其中的一般规律。同时，他们的研究还吸引了许多学者，并把赌博的数理讨论推向了一个新的高度，逐渐建立起一些重要概念及运算法则，从而使这类研究从对机会性游戏的分析上升为一个新的数学分支。

2. 确定现象与随机现象

在自然界和人类社会中有着各种各样的现象，从概率论的角度出发可分为两类，一类是确定现象，另一类是随机现象。

确定现象指在一定条件下必然发生或必然不发生的现象。例如，在标准大气压下，水加热到 100℃就会沸腾；任意大小的圆，其周长都等于其直径乘以 π；在匀速运动的条件下，物体移动的距离与时间成正比。以上这些现象有一个共同特点：它们的变化规律是确定的，一定的条件必然导致某一结果。这类现象称为确定现象，也称为必然现象。

随机现象指在一定条件下可能发生也可能不发生的现象。例如，抛出一枚硬币得到的可能是正面也可能是反面，我国的运动员在下届奥运会上获得金牌的数量是多少，商场每天的顾客数和销售额是多少，某城市每天交通事故的件数是多少等。这些现象的一个共同特点是它们的不确定性或偶然性，即一定条件下可能出现这种结果，也可能出现另一种结果，出现哪种结果“纯属偶然”，完全是“随机而定”的，人们事先不能确切地知道哪种结果会出现，这种现象称为随机现象或偶然现象。

3. 随机事件与概率的定义

定义 3-14 随机现象的结果及这些结果的集合称为**随机事件**，简称**事件**，通常用 A、B、C 等表示。随机事件的每一个可能的结果都称为基本事件（即不能再分的事件），也称为样本点。所有样本点的集合称为样本空间，用 Ω 表示。比如在抛一枚硬币的试验中，$\Omega=\{\text{正},\text{反}\}$；在抛一颗骰子的试验中，$\Omega=\{1,2,3,4,5,6\}$。随机事件如果仅包含一个样本点，则称为**简单事件**；如果包含样本空间中的两个及两个以上的样本点，则称为**复合事件**。比如抛一颗骰子，得到 2，这个随机事件为简单事件；抛一颗骰子，得到的点数为偶数，这样描述的随机事件包含 3 个样本点$\{2,4,6\}$，称该随机事件为复合事件。

随机事件有两种极端的情况。在一定条件下必然出现的现象称为必然事件，用 Ω 表示。在一定条件下不可能发生的事件称为不可能事件，用 Φ 表示。

研究随机试验，需了解各种随机事件发生的可能性大小，以揭示这些事件内在的统计规律性。能够描述事件发生可能性大小的数量指标称为概率，事件 A 的概率记为 $P(A)$。基于对概率的不同解释，概率的定义也有所不同，主要有古典定义、统计定义和主观概率定义。

（1）概率的古典定义

定义 3-15 具有以下特征的随机试验模型，称为**古典概率模型**，简称为古典概型。

① 试验的所有可能结果只有有限个，即样本空间中的基本事件只有有限个。

② 各试验结果出现的可能性相等，即所有基本事件的发生是等可能的。

③ 试验所有可能出现的结果两两互不相容。

定义 3-16 如果某一随机试验的结果有限，而且各个结果出现的可能性相等，那么某一事件 A 发生的**概率**为该事件所包含的基本事件个数 m 与样本空间中所包含的基本事件个数 n 的比值，记为 $P(A)$，如式（3-26）所示。

$$P(A)=\frac{\text{事件}A\text{ 所包含的基本事件个数}}{\text{样本空间所包含的基本事件个数}}=\frac{m}{n} \tag{3-26}$$

例如，掷一枚硬币时，用 A 表示正面朝上，因为事件 A 只包含一个基本事件，所以 m 为 1；样本空间包含了两个基本事件，所以 n 为 2，故 $P(A)=\frac{m}{n}=\frac{1}{2}$。

又如，掷一颗骰子时，用A表示掷出奇数，用B表示掷出点数5，因为事件A包含3个基本事件，事件B包含一个基本事件，样本空间包含了6个基本事件，所以$P(A)=\frac{3}{6}=\frac{1}{2}$，$P(B)=\frac{1}{6}$。

在古典概型中，只要通过逻辑分析，就可以求得事件的概率，不必进行真实的随机试验。但在许多情况下，古典概型的3个假定条件并不能完全满足，甚至人们对事件出现的可能性一无所知。例如，一个射击选手命中0环、1环、2环……10环的可能性是不相等的，如何得知他在30次射击中命中10环的概率？又如，推出某种新药来治疗肺病，治愈的概率是多大？这些概率就需要其他方法来估计。

（2）概率的统计定义

定义3-17 在相同条件下进行n次重复试验，如果随机事件A发生的次数为m，那么$\frac{m}{n}$称为随机事件A发生的频率。随着n逐渐增大，随机事件A发生的频率越来越稳定地接近某一数值p，那么就把p称为随机事件A的**概率**，记为$P(A)=\frac{m}{n}=p$。

（3）概率的主观概率定义

有些随机事件发生的可能性既不能通过等可能事件个数来计算，也不能根据大量重复试验中该事件发生的频率来获得，但决策者又必须对其进行估计，从而做出相应的决策，这就需要应用主观概率。例如，航天飞机发射是否成功、某公司开发新产品能否盈利、我国明年的通货膨胀率会有多高等，这些随机事件发生的可能性大小只能依据人们的主观估计，称为主观概率。

古典概率和统计概率属于客观概率，它们的确定完全取决于对客观条件进行的理论分析，或者是大量重复试验的结果，不以个人的意志为转移。而主观概率的确定则很灵活，它依赖于个人的主观判断，不同的人对同一事件给出的概率值往往有一定差异。当然，主观概率也并非个人随意猜想和编造的，利用人们的经验、专业知识对事件发生的众多条件或影响因素进行的分析等都是确定主观概率的依据。

（4）概率的公理化定义

从对概率论有关问题的研究算起，经过近三个世纪的漫长探索，人们才真正完整地给出了概率的严格数学定义。1933年，前苏联著名数学家柯尔莫哥洛夫在他的《概率论的基本概念》一书中给出了现在已被广泛接受的概率的公理化体系，第一次将概率论建立在了严密的逻辑基础上。

容易发现，概率有如下几个基本性质。

① 非负性：对任意随机事件A，都有$P(A)\geqslant 0$。

② 规范性：必然事件的概率为1，即$P(\Omega)=1$。

③ 可列可加性：设随机事件$A_1,A_2,\cdots,A_n,\cdots$两两互不相容，则$P(A_1\cup A_2\cup\cdots\cup A_n\cup\cdots)=P(A_1)+P(A_2)+\cdots+P(A_n)+\cdots$。

以上3个性质是概率的最基本性质，它们是概率运算的基础，常称满足以上3个性质的事件发生可能性大小的度量为概率的公理化定义。

由以上基本性质还可推得概率的其他一些重要性质，如不可能事件的概率为 0，即 $P(\Phi)=0$ 等。

4．概率的加法法则

法则 1 两个互斥事件之和的概率等于两个事件概率之和。

如果事件 A 和事件 B 不可能同时存在（或发生），即 A 与 B 的交集为不可能事件，那么称事件 A 和事件 B 是互斥事件。

设事件 A 和事件 B 为两个互斥事件，则 $P(A\cup B)=P(A)+P(B)$。

例 3-15 掷一颗骰子，计算掷出奇数或者点数 6 的概率。

解 用 A 表示“掷出奇数”这一事件，用 B 表示“掷出点数 6”这一事件，因为事件 A 和事件 B 不可能同时发生，所以两者为互斥事件，故发生的概率为

$$P(A\cup B)=P(A)+P(B)=\frac{3}{6}+\frac{1}{6}=\frac{2}{3}$$

法则 2 对于任意两个随机事件，它们之和的概率为两个事件的概率之和减去两事件相交的概率，即 $P(A\cup B)=P(A)+P(B)-P(A\cap B)$。

例 3-16 某地有甲、乙两种儿童读物。据统计，该地儿童中有 30%的儿童读甲儿童读物，18%的儿童读乙儿童读物，其中 10%的儿童兼读甲、乙两种儿童读物。求该地儿童至少读一种儿童读物的概率。

解 用 A 表示“读甲儿童读物”这一事件，用 B 表示“读乙儿童读物”这一事件，用 C 表示“至少读一种儿童读物”这一事件。由题意可知，$P(A)=0.3$，$P(B)=0.18$，$P(A\cap B)=0.1$，所以

$$P(C)=P(A\cup B)=P(A)+P(B)-P(A\cap B)=0.3+0.18-0.1=0.38$$

上述两个法则统称为概率的加法法则，在实际应用中要特别注意法则成立的条件，否则容易出错。

5．条件概率与乘法公式

（1）条件概率

定义 3-18 设 A、B 是事件，数学上用 $P(B|A)$ 表示已知 A 发生的条件下 B 发生的概率，简称为**条件概率**，其计算公式如式（3-27）所示。

$$P(B|A)=\frac{P(AB)}{P(A)},\ P(A)>0 \tag{3-27}$$

（2）概率的乘法公式

将式（3-27）用另一种形式写出，如式（3-28）所示，式（3-28）称为概率的乘法公式。

$$P(AB)=P(A)P(B|A) \tag{3-28}$$

对于式（3-28），可将 A 和 B 的位置互换，如式（3-29）所示。

$$P(BA)=P(B)P(A|B) \tag{3-29}$$

又因为 $P(AB)=P(BA)$，所以 $P(AB)=P(A)P(B|A)=P(B)P(A|B)$。

式（3-28）与式（3-29）统称为概率的乘法公式，具体应用时可根据实际情况进行选择。

例 3-17 设一批产品中有 10 个元件，其中，6 个是正品，4 个是次品，从中连续取两

次，每次任取一个，取后不再放回。求两次都取到正品元件的概率。

解 用A表示“第一次取到正品”这一事件，用B表示“第二次取到正品”这一事件，则AB表示“两次都取到正品”这一事件，则

$$P(AB)=P(A)P(B|A)=\frac{6}{10}\times\frac{5}{9}=\frac{1}{3}$$

（3）事件的独立性

设事件A是试验S_1下的事件，事件B是试验S_2下的事件，且A发生与否不影响B的发生，即$P(B|A)=P(B)$，再由乘法公式可得到$P(AB)=P(A)P(B|A)=P(A)P(B)$，此时表示事件$A$与$B$相互独立。

定义 3-19 如果事件A、B满足$P(AB)=P(A)P(B)$，就称A和B**相互独立**，简称为A和B**独立**。

事件之间的独立性在统计分析中有着重要的意义。例如，在宏观经济研究中，需要分析居民收入与银行存款之间是否独立；在企业的产品质量管理中，经常要了解各个班组与产品质量之间是否独立等。

例 3-18 甲、乙两人各进行一次射击，如果两人击中目标的概率都是 0.6，求两人都击中目标的概率。

解 用A表示“甲击中目标”事件，用B表示“乙击中目标”事件，则AB表示“甲、乙都击中目标”事件。由于甲（或乙）是否击中目标，对乙（或甲）是否击中目标是没有影响的，因此A与B是相互独立的事件，则

$$P(AB)=P(A)P(B)=0.6\times0.6=0.36$$

3.2.2 随机变量与概率分布

随机事件及其概率解决的是随机现象某一局部结果出现的概率问题。要知道试验的全部可能结果发生的概率，必须先知道随机试验的概率分布。需要注意的是，概率分布是对随机现象呈现的宏观结果而言的。所谓宏观结果是指可以在宏观层次加以识别的与特定排列次序无关的样本空间的子集。随机现象的某个宏观结果如果是简单事件，将只对应于一个微观结果（基本事件）；如果是复合事件，将对应于多个微观结果。因此宏观结果包含的基本事件越多，其概率就越大。概率分布实际上要解决的是随机现象有多少种宏观结果及每一种宏观结果出现的概率有多大的问题。为了研究概率分布，首先要引入随机变量。

1. 随机变量的定义

如果随机试验的每个结果（事件）都用数量表示，一个可能的结果对应一个数值，那么所有的可能结果就可以用一个变量来描述，这种变量的取值是随机的，试验前不能事先确定取哪一个值，这种变量称为随机变量。例如，从一批产品中随机抽取 3 件进行检验，出现次品的次数有可能是 0、1、2、3。在此项试验中，“出现次品的件数”就是一个随机变量，它有 4 种可能取值，分别对应着试验的 4 个事件。

定义 3-20 设$X=X(\omega)$是定义在样本空间Ω上的实值单值函数，即若对样本空间Ω中任意的样本点ω，都有唯一确定的实数$X(\omega)$与之对应，则称$X=X(\omega)$为**一维随机变量**。

随机变量通常用大写字母表示，如X、Y、Z等，而它们的具体取值通常使用相应的小

写字母表示，如 x、y、z 等。随机变量 X 取值为 x 的概率用 $P(X=x)$ 表示；随机变量 X 当 $X \leqslant x$ 时的概率则表示为 $P(X \leqslant x)$。

如上述抽检产品的试验中，用 X 表示“出现次品的件数”，它的 4 个具体取值分别记为 $x_1=0$，$x_2=1$，$x_3=2$，$x_4=3$。

通常可把随机变量分为两类：一类是离散型随机变量；另一类是连续型随机变量。

2. 离散型随机变量的概率分布

定义 3-21 如果随机变量 X 只取有限个值或可逐个列举的值 $x_1, x_2, \cdots, x_n, \cdots$，就称 X 为**离散型随机变量**。

定义 3-22 设 X 是离散型随机变量，则称 $P(X=x_k)=p_k(k=1,2,\cdots)$ 为 X 的**概率分布**，称 $\{p_k\}$ 为**概率分布列**，简称为**分布列**。

当分布列 $\{p_k\}$ 的规律性不够明显时，概率分布也常用表 3-17 所示的方式表示。

表 3-17 概率分布

X	x_1	x_2	x_3	…
P	p_1	p_2	p_3	…

显然，分布列 $\{p_k\}$ 具有如下性质，不具备下述性质的数据就不是分布列。

① 非负性：$p_k \geqslant 0$。

② 归一性：$\sum_{k=1}^{\infty} p_k = 1$。

常用的几种随机变量及其概率分布如下所述。

（1）二项分布 $B(n,p)$

定义 3-23 如果随机变量 X 的概率分布为 $P(X=k)=\mathrm{C}_n^k p^k q^{n-k}\ (k=0,1,\cdots,n)$，则称 X 服从**二项分布**，其中，$pq>0$，$p+q=1$，记为 $X \sim B(n,p)$。之所以称 X 服从二项分布，原因是 $\mathrm{C}_n^k p^k q^{n-k}$ 为二项展开式 $(p+q)^n=\sum_{k=0}^{n} \mathrm{C}_n^k p^k q^{n-k}$ 的第 $k+1$ 项。

使用 SciPy 库中的 stats 模块的 binom 类下的 pmf 方法可以求得服从二项分布的随机变量的概率，其语法格式如下。

```
scipy.stats.binom.pmf(x, n, p, loc=0)
```

binom 类的 pmf 方法常用的参数及说明如表 3-18 所示。

表 3-18 binom 类的 pmf 方法常用的参数及说明

参数名称	说　明
x	接收 array，表示需要进行求解的数据。无默认值
n	接收 int，表示试验次数。无默认值
p	接收数值型，表示每次试验发生的概率。无默认值

例 3-19 掷 10 次硬币，求恰好两次正面朝上的概率。

解 由题意可知，$n=10$，$k=2$，$p=0.5$，$q=0.5$，则

$$P(X)=C_{10}^{2}0.5^{2}0.5^{10-2}\approx 0.043\,9$$

使用 Python 求本例中恰好两次正面朝上的概率，如代码 3-15 所示。

代码 3-15 求恰好两次正面朝上的概率

```
In[1]:  import numpy as np
        from scipy import stats as sts
        n = 10  # 独立试验次数
        p = 0.5  # 每次正面朝上的概率
        k = np.arange(0,11)  # 总共有 0 ~ 10 次正面朝上的可能
        binomial = sts.binom.pmf(k,n,p)
        # 0 ~ 10 次正面朝上的概率
        print('0 ~ 10 次正面朝上的概率分别为：\n ',binomial)
Out[1]: 0 ~ 10 次正面朝上的概率分别为：
         [ 0.00097656  0.00976563  0.04394531  0.1171875   0.20507813
        0.24609375  0.20507813  0.1171875   0.04394531  0.00976563
        0.00097656]
In[2]:  print('概率总和为：',sum(binomial))  # 概率总和为 1.0
Out[2]: 概率总和为： 1.0
In[3]:  print('两次正面朝上的概率为：',binomial[2])
Out[3]: 两次正面朝上的概率为： 0.0439453125
```

（2）泊松分布 $\mathcal{P}(\lambda)$

定义 3-24 如果随机变量 X 的概率分布为 $P(X=k)=\frac{\lambda^k}{k!}e^{-\lambda}(k=0,1,\cdots)$，则称 X 服从参数是 λ 的**泊松分布**，记为 $X\sim\mathcal{P}(\lambda)$。这里的 λ 是正常数。

使用 SciPy 库中的 stats 模块的 poisson 类下的 pmf 方法可以求得服从泊松分布的随机变量的概率，其语法格式如下。

```
scipy.stats.poisson.pmf(k, mu, loc=0)
```

poisson 类的 pmf 方法常用的参数及说明如表 3-19 所示。

表 3-19 poisson 类的 pmf 方法常用的参数及说明

参数名称	说明
k	接收 array，表示需要进行求解的数据。无默认值
mu	接收数值型，表示 λ 的值。无默认值

例 3-20 已知某路口发生事故的频率是平均每天 2 次，求此处一天内发生 4 次事故的

概率。

解 由题意可知，$k=4$，$\lambda=2$，则

$$P(X)=\frac{2^4}{4!}\mathrm{e}^{-2}\approx 0.090\ 22$$

使用 Python 求本例中此处一天内发生 4 次事故的概率，如代码 3-16 所示。

代码 3-16 求此处一天内发生 4 次事故的概率

```
In[4]:   rate = 2  # λ的值
         n = np.arange(0,11)  # 假设总共有 0～10 次发生事故的可能
         poisson = sts.poisson.pmf(n,rate)
         # 0～10 次发生事故的概率
         print('0～10 次发生事故的概率分别为：\n',poisson)
Out[4]:  0～10 次发生事故的概率分别为：
          [     1.35335283e-01        2.70670566e-01        2.70670566e-01
        1.80447044e-01  9.02235222e-02   3.60894089e-02   1.20298030e-02
        3.43708656e-03 8.59271640e-04   1.90949253e-04   3.81898506e-05]
In[5]:   print('发生 4 次事故的概率为：',poisson[4])
Out[5]:  发生 4 次事故的概率为： 0.0902235221577
```

3. 连续型随机变量的概率分布

如果随机变量 X 的所有取值无法逐个列举出来，而是取数轴上某一区间内的任一点，则称 X 为连续型随机变量。

定义 3-25 设 X 是随机变量，如果存在非负函数 $f(x)$，使得对任何 $a<b$ 都有 $P(a<X\leqslant b)=\int_a^b f(x)\mathrm{d}x$，就称 X 是**连续型随机变量**，称 $f(x)$ 是 X 的**概率密度函数**，简称为**概率密度或密度**。

设 $f(x)$ 是 X 的概率密度，则 $f(x)$ 有如下基本性质。

① $\int_{-\infty}^{\infty} f(x)\mathrm{d}x=1$。

② $P(X=a)=0$，于是 $P(a<X\leqslant b)=P(a\leqslant X\leqslant b)$。

常见的连续型随机变量的概率分布如下所述。

（1）均匀分布 $\mathcal{U}(a,b)$

定义 3-26 对 $a<b$，如果 X 的密度是 $f(x)=\begin{cases}\dfrac{1}{b-a},x\in(a,b)\\ 0,x\notin(a,b)\end{cases}$，就称 X 在区间 (a,b) 上服从**均匀分布**，记为 $X\sim\mathcal{U}(a,b)$。

使用 SciPy 库中的 stats 模块的 randint 类下的 pmf 方法可以求得服从均匀分布的随机变量的概率，其语法格式如下。

```
sicpy.stats. randint.pmf(k, low, high, loc=0)
```

randint 类的 pmf 方法常用的参数及说明如表 3-20 所示。

表 3-20　randint 类的 pmf 方法常用的参数及说明

参数名称	说　明
k	接收 array，表示需要进行求解的数据。无默认值
low	接收数值型，表示均匀分布的区间下限，即 a。无默认值
high	接收数值型，表示均匀分布的区间上限，即 b。无默认值

例 3-21　设随机变量 X 表示飞机从芝加哥到纽约的飞行时间，X 可以是 120 ~ 140 min 之间的任意值。求飞机飞行时间为 135 min 的概率。

解　由题意可知，$a=120$，$b=140$，则

$$f(x)=\frac{1}{140-120}=\frac{1}{20}=0.05$$

使用 Python 求本例飞机飞行时间为 135 min 的概率，如代码 3-17 所示。

代码 3-17　求飞机飞行时间为 135 min 的概率

```
In[6]:   k = 135  # 目标值
         a = 120  # 最低值
         b = 140  # 最高值
         uniform = sts.randint.pmf(k,a,b)
         print('飞行 135 min 的概率为：',uniform)
Out[6]:  飞行 135 min 的概率为： 0.05
```

（2）指数分布 $\mathcal{E}(\lambda)$

定义 3-27　对于正常数 λ，如果 X 的密度是 $f(x)=\begin{cases}\lambda e^{-\lambda x} & (x\geqslant 0)\\ 0 & (x<0)\end{cases}$，就称 X 服从参数为 λ 的**指数分布**，记为 $X\sim\mathcal{E}(\lambda)$。

使用 SciPy 库中的 stats 模块的 expon 类下的 pdf 方法可以求得服从指数分布的随机变量的概率，其语法格式如下。

```
scipy.stats.expon.pdf(x, loc=0, scale=1)
```

expon 类的 pdf 方法常用的参数及说明如表 3-21 所示。

表 3-21　expon 类的 pdf 方法常用的参数及说明

参数名称	说　明
x	接收 array，表示需要进行求解的数据。无默认值
scale	接收数值型，表示 λ 的倒数，即 $\frac{1}{\lambda}$。默认为 1

例 3-22 设某电子元件的寿命 X（年）服从 $\lambda=3$ 的指数分布，求该电子元件寿命为两年的概率。

解 由题意可知，$\lambda=3$，$x=2$，则

$$f(x)=3\times \mathrm{e}^{-3\times 2}\approx 0.007\ 436$$

使用 Python 求本例中该电子元件寿命为两年的概率，如代码 3-18 所示。

代码 3-18 求该电子元件寿命为两年的概率

```
In[7]:   x = np.arange(0,11)  # 假设元件寿命有 0 ~ 10 年 11 种可能
         expon = sts.expon.pdf(x,scale=1/3)
         print('0 ~ 10 年的概率分别为：\n', expon)

Out[7]:  0~10 年的概率分别为：
          [    3.00000000e+00       1.49361205e-01        7.43625653e-03
         3.70229412e-04  1.84326371e-05  9.17706962e-07  4.56899392e-08
         2.27476813e-09 1.13254036e-10  5.63858645e-12  2.80728689e-13]

In[8]:   print('寿命为两年的概率为：', expon [2])

Out[8]:  寿命为两年的概率为： 0.00743625653
```

（3）正态分布 $N(\mu,\sigma^2)$

定义 3-28 设 μ 是常数，σ 是正常数。如果 X 的密度是 $f(x)=\frac{1}{\sqrt{2\pi\sigma^2}}\exp\left[-\frac{(x-\mu)^2}{2\sigma^2}\right]$ $(x\in\mathbf{R})$，则称 X 服从参数为 (μ,σ^2) 的正态分布，记为 $X\sim N(\mu,\sigma^2)$。特别的是，当 $X\sim N(0,1)$ 时，称 X 服从标准正态分布。标准正态分布的密度函数有特殊的地位，所以用一个特定的符号 φ 表示，如式（3-30）所示。

$$\varphi(x)=\frac{1}{\sqrt{2\pi}}\exp\left(-\frac{x^2}{2}\right)(x\in\mathbf{R}) \tag{3-30}$$

使用 SciPy 库中的 stats 模块的 norm 类下的 pdf 方法可以求得服从正态分布的随机变量的概率，其语法格式如下。

```
scipy.stats.norm.pdf(x, loc=0, scale=1)
```

norm 类的 pdf 方法常用的参数及说明如表 3-22 所示。

表 3-22 norm 类的 pdf 方法常用的参数及说明

参数名称	说明
x	接收 array，表示需要进行求解的数据。无默认值
loc	接收数值型，表示 μ 的值。默认为 0
scale	接收数值型，表示 σ 的值。默认为 1

例 3-23 某地区的月降水量服从 $\mu=40$，$\sigma=4$（单位：mm）的正态分布，求某月的

月降水量为 50mm 的概率。

解 由题意知，$\mu=40$，$\sigma=4$，$x=50$，则

$$f(x)=\frac{1}{\sqrt{2\pi\times 4^2}}\exp\left[-\frac{(50-40)^2}{2\times 4^2}\right]\approx 0.004\ 382\ 08$$

使用 Python 求本例中某月的月降水量为 50mm 的概率，如代码 3-19 所示。

代码 3-19 求某月的月降水量为 50mm 的概率

```
In[9]:    print('降雨量为 50mm 的概率为：',sts.norm.pdf(50,40,4))
Out[9]:   降雨量为 50mm 的概率为： 0.00438207512339
```

3.2.3 随机变量的数字特征

3.2.2 小节中已经讨论了随机变量及其概率分布，但在实际应用中，分布函数的确定并不是一件容易的事，而且通常并不需要知道随机变量的一切概率性质，只需知道它的某些数字特征即可。例如，评价粮食产量时，只需关注平均产量即可；评价某班成绩时，只需关注平均分数、偏离程度即可。通常把描述随机变量某些方面特征的数值称为随机变量的数字特征，本小节将讨论随机变量的常用数字特征，包括数学期望和方差。

1. 随机变量的数学期望

随机变量的分布函数或密度函数描述了随机变量的统计性质，人们从中可以了解随机变量落入某个区间的概率，但是还不能给人留下更直接的总体印象。例如，用 X 表示某计算机软件的使用寿命时，当知道 X 服从指数分布 $\mathcal{E}(\lambda)$ 后，仍不知道该软件的平均使用寿命是多少，这里的平均使用寿命应当是一个实数，这个数就是数学期望，它可以反映随机变量的平均取值。

定义 3-29 对于离散型随机变量，设 X 的概率分布为 $p_j=P(X=x_j)(j=0,1,\cdots)$，只要级数 $\sum_{j=0}^{\infty}|x_j|p_j$ 收敛，就称式（3-31）为 X 的**数学期望或均值**。

$$E(X)=\sum_{j=0}^{\infty}x_j p_j \tag{3-31}$$

不难看出，只取有限个值的随机变量的数学期望总是存在的。

定义 3-30 对于连续型随机变量，设 X 是概率密度为 $f(x)$ 的随机变量，如果 $\int_{-\infty}^{\infty}|x|f(x)\mathrm{d}x<\infty$ 成立，就称式（3-32）为 X 的**数学期望或均值**。

$$E(X)=\int_{-\infty}^{\infty}xf(x)\mathrm{d}x \tag{3-32}$$

数学期望有以下几个基本性质。

① 常数的数学期望等于该常数。

② 常数与随机变量之积的数学期望等于该随机变量的数学期望与常数之积。

③ 两个随机变量之和的数学期望等于它们的数学期望之和。

④ 两个独立随机变量乘积的数学期望等于它们的数学期望之积。

由于随机变量的数学期望由随机变量的概率分布唯一决定，所以也可以对概率分布定义数学期望。概率分布的数学期望就是以它为概率分布的随机变量的数学期望，有相同分布的随机变量必有相同的数学期望。常见分布的数学期望如下所述。

（1）二项分布 $B(n,p)$

设 $q=1-p$，由 $p_j=P\left(X=j\right)=\mathrm{C}_n^j p^j q^{n-j}\ (0\leqslant j\leqslant n)$ 可以得到式（3-33），说明在 n 次独立重复试验中，p 越大，平均成功的次数越多。

$$E\left(X\right)=\sum_{j=0}^{n} j\mathrm{C}_n^j p^j q^{n-j}=np \tag{3-33}$$

使用 SciPy 库中的 stats 模块的 binom 类下的 mean 方法可以求得服从二项分布的随机变量的数学期望，其语法格式如下。

```
scipy.stats.binom.mean(n, p, loc=0)
```

binom 类的 mean 方法常用的参数及说明如表 3-23 所示。

表 3-23 binom 类的 mean 方法常用的参数及说明

参数名称	说　明
n	接收 int，表示试验次数。无默认值
p	接收数值型，表示每次发生的概率。无默认值

例 3-24 根据例 3-19，求该二项分布的数学期望。

解 因为 $n=10$，$p=0.5$，则

$$E\left(X\right)=10\times0.5=5$$

使用 Python 求该二项分布的数学期望，如代码 3-20 所示。

代码 3-20 求二项分布的数学期望

```
In[10]:   n = 10  # 独立试验次数
          p = 0.5  # 每次正面朝上的概率
          binomial_mean = sts.binom.mean(n,p)
          print('数学期望为：',binomial_mean)

Out[10]:  数学期望为： 5.0
```

（2）泊松分布 $\mathcal{P}(\lambda)$

由 $P\left(X=k\right)=\dfrac{\lambda^k}{k!}\mathrm{e}^{-\lambda}\,(k=0,1,\cdots)$ 可以得到式（3-34），说明参数 λ 是泊松分布 $\mathcal{P}(\lambda)$ 的数学期望。

$$E\left(X\right)=\sum_{k=0}^{\infty}k\frac{\lambda^k}{k!}\mathrm{e}^{-\lambda}=\lambda\sum_{k=1}^{\infty}\frac{\lambda^{k-1}}{(k-1)!}\mathrm{e}^{-\lambda}=\lambda \tag{3-34}$$

使用 SciPy 库中的 stats 模块的 poisson 类下的 mean 方法可以求得服从泊松分布的随机变量的数学期望，其语法格式如下。

```
scipy.stats.poisson.mean(mu, loc=0)
```

poisson 类的 mean 方法常用的参数及说明如表 3-24 所示。

表 3-24　poisson 类的 mean 方法常用的参数及说明

参数名称	说　明
mu	接收数值型，表示λ的值。无默认值

例 3-25　根据例 3-20，求该泊松分布的数学期望。

解　由题意可知，$\lambda = 2$，则

$$E(X) = 2$$

使用 Python 求该泊松分布的数学期望，如代码 3-21 所示。

代码 3-21　求泊松分布的数学期望

```
In[11]:  rate = 2  # λ 的值
         poisson_mean = sts.poisson.mean(rate)
         print('数学期望为：',poisson_mean)

Out[11]:  数学期望为： 2.0
```

（3）均匀分布 $\mathcal{U}(a,b)$

由 X 的概率密度 $f(x)=\dfrac{1}{b-a}, x\in(a,b)$ 可以得到式（3-35）。

$$E(X)=\int_{-\infty}^{\infty} xf(x)\mathrm{d}x=\int_a^b \frac{x}{b-a}\mathrm{d}x=\frac{a+b}{2} \tag{3-35}$$

使用 SciPy 库中的 stats 模块的 randint 类下的 mean 方法可以求得服从均匀分布的随机变量的数学期望，其语法格式如下。

```
scipy.stats.randint.mean(low, high, loc=0)
```

randint 类的 mean 方法常用的参数及说明如表 3-25 所示。

表 3-25　randint 类的 mean 方法常用的参数及说明

参数名称	说　明
low	接收数值型，表示均匀分布的区间下限，即 a。无默认值
high	接收数值型，表示均匀分布的区间上限，即 b。无默认值

例 3-26　根据例 3-21，求该均匀分布的数学期望。

解　由题意可知，$a=120$，$b=140$，则

$$E(X)=\frac{120+140}{2}=130$$

使用 Python 求本例中均匀分布的数学期望，如代码 3-22 所示。

代码 3-22　求均匀分布的数学期望

```
In[12]:   a = 120  # 最低值
          b = 140  # 最高值
          uniform_mean = sts.randint.mean(a,b,loc = 0.5)
          print('数学期望为：',uniform_mean)
Out[12]:  数学期望为： 130.0
```

（4）指数分布 $\mathcal{E}(\lambda)$

由 X 的概率密度 $f(x)=\lambda e^{-\lambda x}(x>0)$ 可以得到式（3-36）。

$$E(X)=\int_{-\infty}^{\infty}xf(x)dx=\int_{0}^{\infty}x\lambda e^{-\lambda x}dx=\frac{1}{\lambda} \tag{3-36}$$

使用 SciPy 库中的 stats 模块的 expon 类下的 mean 方法可以求得服从指数分布的随机变量的数学期望，其语法格式如下。

```
scipy.stats.expon.mean( loc=0, scale=1)
```

expon 类的 mean 方法常用的参数及说明如表 3-26 所示。

表 3-26　expon 类的 mean 方法常用的参数及说明

参数名称	说　明
scale	接收数值型，表示 λ 的倒数。默认为 1

例 3-27　根据例 3-22，求该指数分布的数学期望。

解　由题意可知，$\lambda=3$，则

$$E(X)=\frac{1}{3}$$

使用 Python 求本例中指数分布的数学期望，如代码 3-23 所示。

代码 3-23　求指数分布的数学期望

```
In[13]:   expon_mean = sts.expon.mean(scale=1/3)
          print('数学期望为：',expon_mean)
Out[13]:  数学期望为： 0.333333333333
```

（5）正态分布 $N(\mu,\sigma^2)$

由 X 的概率密度 $f(x)=\frac{1}{\sqrt{2\pi\sigma^2}}\exp\left[-\frac{(x-\mu)^2}{2\sigma^2}\right]$ 可以得到式（3-37）。

$$E(X)=\int_{-\infty}^{\infty}xf(x)dx=\int_{-\infty}^{\infty}\mu f(x)dx+\int_{-\infty}^{\infty}(x-\mu)f(x)dx=\mu \tag{3-37}$$

使用 SciPy 库中的 stats 模块的 norm 类下的 mean 方法可以求得服从正态分布的随机变

量的数学期望，其语法格式如下。

```
scipy.stats.norm.mean(loc=0, scale=1)
```

norm 类的 mean 方法常用的参数及说明如表 3-27 所示。

表 3-27　norm 类的 mean 方法常用的参数及说明

参数名称	说　明
loc	接收数值型，表示μ的值。默认为 0

例 3-28　根据例 3-23，求该正态分布的数学期望。

解　由题意知，$\mu=40$，则

$$E(X)=40$$

使用 Python 求本例中正态分布的数学期望，如代码 3-24 所示。

代码 3-24　求正态分布的数学期望

```
In[14]:    print('数学期望为：',sts.norm.mean(40))
Out[14]:   数学期望为： 40.0
```

2. 随机变量的方差

对于随机变量，仅考虑数学期望这一个特征还不够，还需要了解它对于期望值的偏离程度。用方差可以反映这个偏离程度，方差越大，表示随机变量取值的分散程度越大，期望值的代表性越差；方差越小，表示随机变量的取值比较集中，期望值的代表性越好。

定义 3-31　对于随机变量X，如果数学期望$E(X)$存在，且$\left[X-E(X)\right]^2$的数学期望也存在，则称$\mathrm{var}(X)=E\left[X-E(X)\right]^2$的值为随机变量$X$的**方差**。

方差运算有一个常用公式，如式（3-38）所示。

$$\mathrm{var}(X)=E\left(X^2\right)-\left[E(X)\right]^2 \tag{3-38}$$

常见分布的方差如下所述。

（1）二项分布$B(n,p)$

设$q=1-p$，由$p_j=P(X=j)=\mathrm{C}_n^j p^j q^{n-j}(0\leqslant j\leqslant n)$，$E(X)=np$可得到式（3-39）。根据式（3-38），可得到式（3-40）。

$$E\left(X^2\right)=\sum_{j=0}^{n}\mathrm{C}_n^j j(j-1)p^j q^{n-j}+np=n(n-1)p^2+np \tag{3-39}$$

$$\mathrm{var}(X)=n(n-1)p^2+np-(np)^2=npq \tag{3-40}$$

使用 SciPy 库中的 stats 模块的 binom 类下的 var 方法可以求得服从二项分布的随机变量的方差，其语法格式如下。

```
scipy.stats.binom.var(n, p, loc=0)
```

binom 类的 var 方法常用的参数及说明如表 3-28 所示。

表 3-28　binom 类的 var 方法常用的参数及说明

参数名称	说　明
n	接收 int，表示试验次数。无默认值
p	接收数值型，表示每次发生的概率。无默认值

例 3-29　根据例 3-19，求该二项分布的方差。

解　因为 $n=10$，$p=0.5$，则

$$\mathrm{var}\left(X\right)=10\times0.5\times0.5=2.5$$

使用 Python 求本例中二项分布的方差，如代码 3-25 所示。

代码 3-25　求二项分布的方差

```
In[15]:   n = 10  # 独立试验次数
          p = 0.5  # 每次正面朝上的概率
          binomial_var = sts.binom.var(n,p)
          print('方差为：',binomial_var)
Out[15]:  方差为： 2.5
```

（2）泊松分布 $\mathcal{P}(\lambda)$

由 $P\left(X=k\right)=\dfrac{\lambda^k}{k!}\mathrm{e}^{-\lambda}(k=0,1,\cdots)$，$E\left(X\right)=\lambda$ 可得到式（3-41）；根据式（3-38），可得到式（3-42）。

$$E\left(X^2\right)=\sum_{k=0}^{\infty}k(k-1)\frac{\lambda^k}{k!}\mathrm{e}^{-\lambda}+\lambda=\lambda^2\sum_{k=2}^{\infty}\frac{\lambda^{k-2}}{(k-2)!}\mathrm{e}^{-\lambda}+\lambda=\lambda^2+\lambda \tag{3-41}$$

$$\mathrm{var}\left(X\right)=\lambda^2+\lambda-\lambda^2=\lambda \tag{3-42}$$

使用 SciPy 库中的 stats 模块的 poisson 类下的 var 方法可以求得服从泊松分布的随机变量的方差，其语法格式如下。

```
scipy.stats.poisson.var(mu, loc=0)
```

poisson 类的 var 方法常用的参数及说明如表 3-29 所示。

表 3-29　poisson 类的 var 方法常用的参数及说明

参数名称	说　明
mu	接收数值型，表示 λ 的值。无默认值

例 3-30　根据例 3-20，求该泊松分布的方差。

解　由题意可知，$\lambda=2$，则

$$\mathrm{var}\left(X\right)=2$$

使用 Python 求本例中泊松分布的方差，如代码 3-26 所示。

代码 3-26　求泊松分布的方差

```
In[16]:  rate = 2  # λ的值
         poisson_var = sts.poisson.var(rate)
         print('方差为: ',poisson_var)

Out[16]: 方差为: 2.0
```

（3）均匀分布 $\mathcal{U}(a,b)$

由 X 的概率密度 $f(x)=\dfrac{1}{b-a},x\in(a,b)$，$E(X)=\dfrac{a+b}{2}$ 可得到式（3-43）；根据式（3-38），可得到式（3-44）。

$$E\left(X^2\right)=\int_a^b \frac{x^2}{b-a}\mathrm{d}x=\frac{b^3-a^3}{3(b-a)} \tag{3-43}$$

$$\operatorname{var}\left(X\right)=\frac{b^3-a^3}{3(b-a)}-\left(\frac{a+b}{2}\right)^2=\frac{(b-a)^2}{12} \tag{3-44}$$

使用 SciPy 库中 stats 模块的 randint 类下的 var 方法可以求得服从均匀分布的随机变量的方差，其语法格式如下。

```
scipy.stats.randint.var(low, high, loc=0)
```

randint 类的 var 方法常用的参数及说明如表 3-30 所示。

表 3-30　randint 类的 var 方法常用的参数及说明

参数名称	说　明
low	接收数值型，表示均匀分布的区间下限，即 a。无默认值
high	接收数值型，表示均匀分布的区间上限，即 b。无默认值

例 3-31　根据例 3-21，求该均匀分布的方差。

解　由题意可知，$a=120$，$b=140$，则

$$\operatorname{var}\left(X\right)=\frac{\left(140-120\right)^2}{12}\approx 33.3$$

使用 Python 求本例均匀分布的方差，如代码 3-27 所示。

代码 3-27　求均匀分布的方差

```
In[17]:  a = 120  # 最低值
         b = 140  # 最高值
         uniform_var = sts.randint.var(a,b)
         print('方差为: ',uniform_var)

Out[17]: 方差为: 33.25
```

注：由于源代码中根据式（3-44）求方差时，分母减去 1，所以该函数的计算结果与实际计算结果存在误差。

（4）指数分布 $\mathcal{E}(\lambda)$

由 X 的概率密度 $f(x)=\lambda \mathrm{e}^{-\lambda x}$，$x>0$，$E(X)=\frac{1}{\lambda}$ 可得到式（3-45）；根据式（3-38），可得到式（3-46）。

$$E\left(X^2\right)=\int_0^{\infty} x^2 \lambda \mathrm{e}^{-\lambda x} \mathrm{d}x=\frac{2}{\lambda^2} \tag{3-45}$$

$$\operatorname{var}(X)=\frac{2}{\lambda^2}-\frac{1}{\lambda^2}=\frac{1}{\lambda^2} \tag{3-46}$$

使用 SciPy 库中 stats 模块的 expon 类下的 var 方法可以求得服从指数分布的随机变量的方差，其语法格式如下。

```
scipy.stats.expon.var(loc=0, scale=1)
```

expon 类的 var 方法常用的参数及说明如表 3-31 所示。

表 3-31　expon 类的 var 方法常用的参数及说明

参数名称	说　明
scale	接收数值型，表示 λ 的倒数。默认为 1

例 3-32　根据例 3-22，求该指数分布的方差。

解　由题意可知，$\lambda=3$，则

$$\operatorname{var}(X)=\frac{1}{3^2}=\frac{1}{9}$$

使用 Python 求本例中指数分布的方差，如代码 3-28 所示。

代码 3-28　求指数分布的方差

```
In[18]:   expon_var = sts.expon.var(scale=1/3)
          print('方差为: ',expon_var)

Out[18]:  方差为:  0.111111111111
```

（5）正态分布 $N(\mu,\sigma^2)$

由 X 的概率密度 $f(x)=\frac{1}{\sqrt{2\pi\sigma^2}}\exp\left[-\frac{(x-\mu)^2}{2\sigma^2}\right]$，$E(X)=\mu$ 可得到式（3-47），所以正态分布 $N(\mu,\sigma^2)$ 中的 μ、σ^2 就是该正态分布的数学期望和方差。

$$\operatorname{var}(X)=\int_{-\infty}^{\infty}(x-\mu)^2 f(x)\mathrm{d}x=\sigma^2 \tag{3-47}$$

使用 SciPy 库中 stats 模块的 norm 类下的 var 方法可以求得服从正态分布的随机变量的方差，其语法格式如下。

```
scipy.stats.norm.var(loc=0, scale=1)
```

norm 类的 var 方法常用的参数及说明如表 3-32 所示。

表 3-32　norm 类的 var 方法常用的参数及说明

参数名称	说　明
scale	接收数值型，表示 σ 的值。默认为 1

例 3-33　根据例 3-23，求该正态分布的方差。

解　由题意知，$\sigma=4$，则

$$\mathrm{var}\left(X\right)=4^2=16$$

使用 Python 求本例正态分布的方差，如代码 3-29 所示。

代码 3-29　求正态分布的方差

```
In[19]:   print('方差为：',sts.norm.var(scale = 4))
Out[19]:  方差为： 16.0
```

3.3 参数估计与假设检验

根据随机样本的实际数据，对总体的数量特征做出具有一定可靠程度的估计和判断，称为统计推断。统计推断的基本内容有参数估计和假设检验两方面。概括地说，研究一个随机变量，推断它具有什么样的数量特征、按什么样的模式变动，属于估计理论的内容；而推测这些随机变量的数量特征和变动模式是否符合事先所做的假设，就属于检验理论的内容。参数估计和假设检验的共同点是它们都对总体并不了解，都是利用样本观测值所提供的信息对总体的数量特征做出估计和判断，但两者解决问题的着重点和所用方法有所不同。

3.3.1 参数估计

所谓参数估计，就是以样本统计量来估计未知的总体参数的。例如，利用样本均值 $\bar{x}$ 来估计总体均值 μ，利用样本方差 S^2 来估计总体方差 σ^2 等。实际情况中，一般首先进行概率抽样得到随机样本，然后通过对样本单位的实际观测取得样本数据，最后计算样本统计量的取值并对未知的总体参数进行估计。

定义 3-32　在参数估计中，用于估计总体参数的统计量称为**估计量**，用 $\hat{\theta}$ 表示。如样本均值 $\bar{x}$、样本方差 S^2 等，都可以看作一个估计量。根据一个具体的样本计算出的估计量的数值称为**估计值**。

例如，要计算一批零件的平均寿命，这批零件的寿命是不知道的，称为参数，用 θ 表示；从中抽取一个随机样本，根据此样本计算得到的平均寿命就是一个估计量 $\hat{\theta}$；假设计算出来的样本平均寿命为 1 000 小时，则这个 1 000 小时就是估计量的具体数值，即估计值。

参数估计问题通常分为点估计和区间估计两类。点估计就是利用样本估计量 $\hat{\theta}$ 的某个数值直接作为总体参数的估计值，如用样本均值 $\bar{x}$ 直接作为总体均值 μ 的估计值，用样本方差 S^2 作为总体方差 σ^2 的估计值等。区间估计就是利用样本估计量 $\hat{\theta}$ 的某两个估计值构成的区间去估计总体参数 θ 的取值范围。例如，在某市居民年人均收入的调查中，估计该

市居民的年人均收入为 15 000 元，这是点估计；若估计年人均收入在 14 000 ~ 16 000 元之间，这是区间估计。点估计与区间估计是两种互为补充的参数估计形式。

1．点估计

定义 3-33 设总体 X 的分布函数 $F(x,\theta)$ 的形式已知，其中 θ 是待估计的参数。点估计问题就是利用总体 X 中的样本 $(X_1,X_2,\cdots,X_n)$ 构造一个统计量 $\hat{\theta}=\hat{\theta}(X_1,X_2,\cdots,X_n)$ 来估计 θ，$\hat{\theta}(X_1,X_2,\cdots,X_n)$ 为 θ 的**点估计量**，它是一个随机变量，将样本观测值 $(x_1,x_2,\cdots,x_n)$ 代入估计量 $\hat{\theta}(X_1,X_2,\cdots,X_n)$，就得到样本观测值的一个具体数值 $\hat{\theta}(x_1,x_2,\cdots,x_n)$，这个数值称为 θ 的**点估计值**。

点估计的方法有矩估计法、顺序统计量法、极大似然法等，这里主要介绍极大似然法。

极大似然法是在总体的分布类型已知但含有未知参数 θ 的情况下常用的参数估计方法。设总体为 X，令 $(X_1,X_2,\cdots,X_n)$ 为从总体 X 中抽取的随机样本，$f(x,\theta)=f(x_1,x_2,\cdots,x_n,\theta)$ 为样本的概率函数，即当总体分布为离散型时，$f(x,\theta)$ 为样本 $(X_1,X_2,\cdots,X_n)$ 的概率分布；当总体分布为连续型时，$f(x,\theta)$ 为样本 $(X_1,X_2,\cdots,X_n)$ 的密度函数。下面首先引入似然函数的概念。

定义 3-34 设 $f(x,\theta)=f(x_1,x_2,\cdots,x_n,\theta)$ 为样本 $(X_1,X_2,\cdots,X_n)$ 的概率函数，当 x 固定时，把 $f(x,\theta)$ 看成 θ 的函数，称为**似然函数**，记为 $L(\theta,x)=f(x,\theta)$。

需要注意的是，虽然似然函数和概率函数的表达式相同，但表示的是两种不同的含义。当把 θ 固定，将其看成定义在总体 X 上的函数时，称为概率函数；当把 x 固定，将其看成定义在参数 θ 上的函数时，称为似然函数。

定义 3-35 设 $(x_1,x_2,\cdots,x_n)$ 为总体 X 的一个样本观测值，若似然函数 $L(\theta,x)$ 在 $\hat{\theta}=\hat{\theta}(x_1,x_2,\cdots,x_n)$ 处取到最大值，则称 $\hat{\theta}(x_1,x_2,\cdots,x_n)$ 为参数 θ 的**极大似然估计值**。

定义 3-36 设 $(X_1,X_2,\cdots,X_n)$ 为总体 X 的一个样本，若 $\hat{\theta}(x_1,x_2,\cdots,x_n)$ 为 θ 的极大似然估计值，则称 $\hat{\theta}(X_1,X_2,\cdots,X_n)$ 为参数 θ 的**极大似然估计量**。

2．区间估计

对应总体的某一个样本观测值，可以得到点估计量 $\hat{\theta}$ 的一个观测值，但是它仅仅是参数 θ 的一个近似值。因为 $\hat{\theta}$ 是一个随机变量，所以它会随着样本的抽取而随机变化，不会总是与 θ 相等，可能存在或大、或小、或正、或负的误差。即便点估计量具备了很好的性质，但是它本身无法反映这种近似的精确度，且无法给出误差的范围。

为了弥补这些不足，需要估计出一个范围，并指出该范围包含真实值的可靠程度。这样的范围通常以区间的形式给出，同时还要给出该区间包含参数 θ 真实值的可靠程度。这种形式的估计称为区间估计。

定义 3-37 设 $\left[\hat{\theta}_1,\hat{\theta}_2\right]$ 为参数 θ 的一个区间估计，因为 θ 是未知的，且样本是随机的，所以不能保证在任何情况下（即对任何具体的样本值）区间 $\left[\hat{\theta}_1,\hat{\theta}_2\right]$ 必定包含 θ，而只能以一定的概率保证它。随机区间 $\left[\hat{\theta}_1,\hat{\theta}_2\right]$ 包含 θ 的概率 $P\left\{\hat{\theta}_1<\theta<\hat{\theta}_2\right\}$ 越大越好，这个概率称为**置信度**

或置信水平。若对给定的 $\alpha(0<\alpha<1)$ ，有 $P\left\{\hat{\theta}_1(X_1,X_2,\cdots,X_n)<\theta<\hat{\theta}_2(X_1,X_2,\cdots,X_n)\right\}\geqslant 1-\alpha$ ，则称 $\left[\hat{\theta}_1,\hat{\theta}_2\right]$ 是 θ 的置信水平为 $1-\alpha$ 的置信区间。通常 α 取值 0.05 或 0.01。

使用 SciPy 库中的 stats 模块的 norm 类下的 interval 方法可以求正态分布的总体均值的置信区间，其语法格式如下。

```
scipy.stats.norm.interval(alpha, loc=0, scale=1)
```

norm 类的 interval 方法常用的参数及说明如表 3-33 所示。

表 3-33　norm 类的 interval 方法常用的参数及说明

参数名称	说　明
alpha	接收数值型，表示指定置信度，范围为[0,1]。无默认值
loc	接收数值型，表示平均值。默认为 0
scale	接收数值型，表示标准差。默认为 1

例 3-34　为测得某种溶液中的甲醇浓度，取样得 4 个独立测定值的平均值 $\bar{X}=8.34\%$ ，样本标准差 $S=0.03\%$ ，并设测量值近似服从正态分布，求总体均值 μ 的 95%的置信区间。

使用 Python 求解，如代码 3-30 所示。

代码 3-30　求解置信区间

```
In[1]:   from scipy import stats as sts
         CI = sts.norm.interval(0.95, loc = 8.34, scale = 0.03)
         print('置信区间为：', CI)

Out[1]:  置信区间为： (8.2812010804637985, 8.3987989195362012)
```

通过代码 3-30 的结果可知，总体均值 μ 的 95%的置信区间约为[8.28,8.40]。

3.3.2　假设检验

1. 假设检验的基本思想

在假设检验问题中，需要检验的假设称为原假设，记为 H_0 ；原假设 H_0 的对立面称为备择假设，记为 H_1 。

假设检验的一般方法：提出原假设 H_0 和备择假设 H_1 ，利用样本对原假设 H_0 做出判断，若拒绝原假设 H_0 ，那就意味着接受备择假设 H_1 ，否则就不拒绝原假设 H_0 。换句话说，假设检验其实是在找是否有足够证据拒绝原假设。对一个统计假设检验进行判断的依据是小概率原理，即概率很小的事件在一次试验中几乎不可能发生。为了检验原假设 H_0 是否成立，需要先假定原假设 H_0 成立，如果样本观测值导致了小概率事件出现，表明原假设 H_0 不成立，应该拒绝原假设 H_0 ；如果样本观测值未导致小概率事件发生，则认为没有理由拒绝原假设 H_0 。

显然，“小概率事件”的概率越小，拒绝原假设 H_0 就越有说服力，这个概率值记为

α $(0<\alpha<1)$，称为检验的显著性水平。显著性水平 α 的取值要视实际情况而定，一般取 0.1、0.05 或 0.01。

例 3-35 袋中有红、白两种颜色的球共 200 个，甲说里面有 190 个红球，乙从袋中任取一个，发现是白球，请问甲的说法是否正确？

解 先设原假设 H_0：袋中有 190 个红球。如果 H_0 正确，那么从袋中任取一个球是白球的概率只有 0.05，概率很小。通常认为，在一次试验中，概率小的事件不发生，但现在乙做了一个实验，抽到了白球，即小概率事件发生了，这是不合理现象。因此，有理由怀疑原假设 H_0 的正确性，也就是可以拒绝原假设 H_0，即认为甲的说法不正确。如果乙从袋中任取一球，发现是红球，那么说明在这一次试验中小概率事件未发生，即没有发生不合理现象，因此，没有理由怀疑原假设 H_0 的正确性，也就是说不能拒绝原假设 H_0，应认为甲的说法正确。

2. 假设检验的一般步骤

求解假设检验问题一般需要以下步骤。

第一步：根据问题的要求提出原假设 H_0 和备择假设 H_1。

第二步：构造检验统计量 $T(X)$，并在假定原假设 H_0 成立的前提下确定 $T(X)$ 的概率分布。

第三步：根据给定的显著性水平 α，确定拒绝域。

第四步：由样本值计算出检验统计量 $T(X)$ 的值。

第五步：做判断。若检验统计量 $T(X)$ 的值落在拒绝域内，则拒绝原假设 H_0，否则就不拒绝原假设 H_0。

3. 单个正态总体均值的假设检验

正态分布是最常见的分布，其参数的假设检验是实际中常遇到的问题，因此也是最重要的一类检验问题。这里重点介绍单个正态总体均值的检验。

设 $X=(X_1,X_2,\cdots,X_n)$ 为从正态总体 $N(\mu,\sigma^2)$ 中抽取的随机样本，$\bar{X}$ 和 S^2 分别为样本均值和样本方差，求式（3-48）所示的检验问题。其中，μ_0 和显著性水平 α 为已知数，方差 σ^2 为未知数。

$$H_0:\mu=\mu_0,\ H_1:\mu\neq\mu_0 \tag{3-48}$$

当 σ^2 未知时，在原假设 H_0 成立的条件下，$T=\dfrac{\sqrt{n}(\bar{X}-\mu_0)}{S}\sim t(n-1)$。因此取 $T=\dfrac{\sqrt{n}(\bar{X}-\mu_0)}{S}$ 作为检验统计量，则拒绝域为 $|T|>c$，c 待定。对于给定的显著性水平 α，查 t 分布表确定 $c=t_{\frac{\alpha}{2}}(n-1)$ 的值，使 $P\left\{|T|>t_{\frac{\alpha}{2}}(n-1)\right\}=\alpha$，即拒绝域为 $|T|=\left|\dfrac{\sqrt{n}(\bar{X}-\mu_0)}{S}\right|>t_{\frac{\alpha}{2}}(n-1)$。由样本 $X=(X_1,X_2,\cdots,X_n)$ 计算出 T 的观测值，若 $|T|=\left|\dfrac{\sqrt{n}(\bar{X}-\mu_0)}{S}\right|>t_{\frac{\alpha}{2}}(n-1)$，

则拒绝原假设 H_0。

使用 SciPy 库中的 stats 模块的 ttest_1samp 函数可以进行单个正态总体均值的检验，其语法格式如下。

```
scipy.stats.ttest_1samp(a, popmean, axis=0, nan_policy='propagate')
```

ttest_1samp 函数常用的参数及说明如表 3-34 所示。

表 3-34　ttest_1samp 函数常用的参数及说明

参数名称	说　明
a	接收 array，表示需要计算的数据。无默认值
popmean	接收 float 或 array，表示 μ_0 的值。无默认值

例 3-36　设 X 为高尔夫球杆的球杆复原系数，通常假定 $X \sim N(\mu,\sigma^2)$，根据历史资料可知，球杆的平均复原系数为 $\mu_0 = 0.8$。现抽取某家球杆制造商所造的 9 根球杆，并测得其球杆复原系数分别为 0.851 1、0.889 1、0.898 2、0.762 5、0.845、0.838、0.823 2、0.888 3 及 0.825 6。给定显著性水平 $\alpha = 0.05$，这批新球杆与老球杆相比，其复原系数是否发生了变化，请检验。

解　建立假设

$$H_0: \mu_0 = 0.8，H_1: \mu_0 \neq 0.8$$

取 $T = \dfrac{\sqrt{n}(\bar{X}-\mu_0)}{S}$ 作为检验统计量，对于给定的显著性水平 α，确定 c，使 $P\{|T|>c\} = \alpha$。

查 t 分布表得 $c = t_{\frac{\alpha}{2}}(n-1) = t_{0.025}(8) = 2.306$，可算得 $\bar{X} = 0.846\ 8$，$S = 0.039\ 95$，所以

$$|T| = \left|\frac{\sqrt{n}(\bar{X}-\mu_0)}{S}\right| \approx 3.311\ 7 > 2.306$$

故应拒绝原假设 H_0，即认为新球杆与老球杆相比，其复原系数存在显著变化。

使用 Python 检验新球杆与老球杆相比其复原系数是否发生了变化，如代码 3-31 所示。

代码 3-31　单个正态总体均值的假设检验

```
In[2]:  from scipy import stats as sts
        data = [0.8511,0.8891,0.8982,0.7625,0.8450,0.8380,0.8232,
                0.8883,0.8256]
        print('复原系数为: \n',sts.ttest_1samp(a=data,popmean=0.80))

Out[2]: 复原系数为:
         Ttest_1sampResult(statistic=3.3116514531113528,
        pvalue=0.010671924137571766)
```

通过代码 3-31 的结果可知，新球杆与老球杆相比，其复原系数存在显著变化。

小结

本章主要从集中趋势度量、离散趋势度量、偏度与峰度讲述了数据分布特征的统计描述，介绍了离散型随机变量和连续型随机变量的概率分布及其对应的数学期望与方差，还介绍了参数估计中的点估计、区间估计及假设检验等概率统计基础知识，并给出使用 Python 进行实现的示例，相关内容将理论与实际操作相结合，方便读者进行学习。

课后习题

1．某电视剧前 22 集的收视人数如表 3-35 所示。请根据该组数据计算集中趋势度量、离散趋势度量，以及偏度与峰度各指标的值。

表 3-35　电视剧前 22 集的收视人数

集数	收视人数（万）	集数	收视人数（万）
1	1 410	12	1 610
2	1 470	13	1 580
3	1 460	14	1 610
4	1 360	15	1 650
5	1 360	16	1 620
6	1 490	17	1 570
7	1 450	18	1 620
8	1 600	19	1 500
9	1 590	20	1 400
10	1 510	21	1 310
11	1 400	22	1 370

2．已知 100 件产品中有 8 件正品，现从中任取一件，有放回地取 5 次，求在所取的 5 件中恰有 4 件正品的概率，并求数学期望和方差。

3．某网站平均每分钟被访问的次数 x 服从参数 $\lambda = 5$ 的泊松分布，求每分钟访问次数不超过 3 次的概率，并求数学期望和方差。

4．在 90 min 的某综艺节目中，平均有 80 min 是节目时长，剩下的时间为商业广告或其他非节目内容插播时间。假定节目的时长近似服从 76 ~ 84 min 的均匀分布，求该综艺节目时长达到 82 min 的概率，并求数学期望和方差。

5．某地区的网络信号遭遇中断，维修公司告知预计 2 h 内能恢复。假设平均修理时间为 2 h，并且修理时间服从指数分布，求网络信号能用 1 h 修好的概率，并求数学期望和方差。

6．某报告指出，年轻人每周用于听音乐的平均时间达到 8.35 h。假设年轻人每周用于听音乐的时间服从正态分布，标准差为 2.5 h，求年轻人每周用于听音乐的时间为 8 h 的概率，并求数学期望和方差。

7．设某种电子管的使用寿命近似服从正态分布，从中随机抽取 15 个进行试验，得到的样本均值为 1 950 h，样本标准差为 300 h，以 95%的置信度求整批电子管平均使用寿命的置信区间。

8．全国某品牌汽车的二手平均价格为 101 920 元。由某市二手车市场最近售出的 50 辆该品牌二手车组成一个样本，价格如表 3-36 所示。请提出假设，确定某市二手车市场售出的该品牌二手车的平均价格与全国的平均价格是否存在差异。

表 3-36 某市二手车市场某品牌二手车价格

124 000	104 000	121 000	100 000	110 000	88 950	76 750	99 750	63 500	104 700
98 950	112 500	87 950	125 000	93 400	101 500	92 000	93 950	110 000	106 400
100 000	75 000	80 000	104 400	102 000	103 000	97 400	92 800	109 300	80 000
90 000	76 800	94 000	107 300	73 500	122 400	119 700	82 400	99 100	100 800
94 400	89 700	95 000	100 500	101 300	114 000	85 000	75 000	90 900	105 000

第4章 线性代数基础

线性代数是一门应用性很强但理论非常抽象的数学学科，是与数据分析紧密相关的数学科目，其中的很多定理、性质和方法在数据分析中起到了关键性的作用。计算机图形学、计算机辅助设计、密码学、网络技术、经济学等无不以线性代数为基础。我国深入实施科教兴国战略、人才强国战略、创新驱动发展战略，随着计算机硬件的创新，计算机性能不断提升，计算机并行处理和大规模计算迅猛发展，使得计算机技术和线性代数之间的联系更加紧密。

4.1 行列式

行列式的概念最初是伴随着线性方程组的求解而发展起来的。17 世纪晚期，日本数学家关孝和与德国数学家莱布尼茨的著作中已经使用行列式来确定线性方程组解的个数；18 世纪，行列式开始作为独立的数学概念被研究；19 世纪以后，行列式理论得到进一步发展和完善。

在数学中，行列式不仅能够运用在线性方程组的求解问题上，还可以应用于解析几何、向量空间等高等数学的各个领域。

4.1.1 行列式与全排列

1. 行列式定义

（1）二阶行列式

设二元线性方程组如式（4-1）所示。

$$\begin{cases} a_{11}x_1 + a_{12}x_2 = b_1 \\ a_{21}x_1 + a_{22}x_2 = b_2 \end{cases} \tag{4-1}$$

用消元法求解式（4-1）的步骤如下。

第一步：消去未知数 x_2，用 a_{22} 与 a_{12} 分别乘式（4-1）中的两个方程，并对这两个方程进行相减运算，可得式（4-2）。

$$(a_{11}a_{22} - a_{12}a_{21})x_1 = b_1a_{22} - b_2a_{12} \tag{4-2}$$

第二步：当 $a_{11}a_{22} - a_{12}a_{21} \neq 0$ 时，求得方程组式（4-1）的解为式（4-3）。

$$x_1 = \frac{b_1a_{22} - b_2a_{12}}{a_{11}a_{22} - a_{12}a_{21}},\ x_2 = \frac{a_{11}b_2 - b_1a_{21}}{a_{11}a_{22} - a_{12}a_{21}} \tag{4-3}$$

其中，分母 $a_{11}a_{22} - a_{12}a_{21}$ 是由方程组式（4-1）中的 4 个系数确定的。把这 4 个系数按它们在方程组式（4-1）中的位置排列，排成两行两列（横排称为行，竖排称为列），可得到数表 $\begin{matrix} a_{11} & a_{12} \\ a_{21} & a_{22} \end{matrix}$。

定义 4-1 代数式 $a_{11}a_{22}-a_{12}a_{21}$ 称为数表 $\begin{matrix} a_{11} & a_{12} \\ a_{21} & a_{22} \end{matrix}$ 所确定的二阶行列式，并记为 $\begin{vmatrix} a_{11} & a_{12} \\ a_{21} & a_{22} \end{vmatrix}$。

数 $a_{ij}(i=1,2;j=1,2)$ 称为行列式 $\begin{vmatrix} a_{11} & a_{12} \\ a_{21} & a_{22} \end{vmatrix}$ 的元素或元。i 称为元素 a_{ij} 的行标，表明元素 a_{ij} 位于第 i 行；j 称为元素 a_{ij} 的列标，表明元素 a_{ij} 位于第 j 列。

上述二阶行列式的定义可以通过对角线法则来记忆，如图 4-1 所示，把 a_{11} 到 a_{22} 的实线称为主对角线，把 a_{12} 到 a_{21} 的虚线称为副对角线，二阶行列式即主对角线上的两元素之积减去副对角线上两元素之积所得的差。

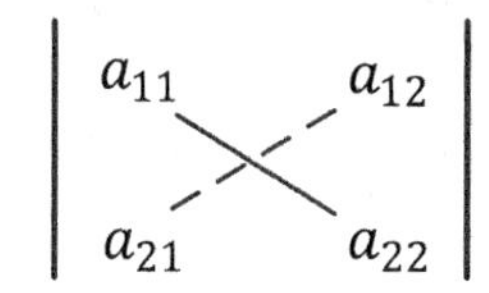

图 4-1　二阶行列式的对角线法则

利用二阶行列式的概念，式（4-3）中的分子也可写成二阶行列式，如式（4-4）所示。

$$b_1a_{22}-b_2a_{12}=\begin{vmatrix} b_1 & a_{12} \\ b_2 & a_{22} \end{vmatrix},\quad a_{11}b_2-b_1a_{21}=\begin{vmatrix} a_{11} & b_1 \\ a_{21} & b_2 \end{vmatrix} \tag{4-4}$$

若记 $D=\begin{vmatrix} a_{11} & a_{12} \\ a_{21} & a_{22} \end{vmatrix}$，$D_1=\begin{vmatrix} b_1 & a_{12} \\ b_2 & a_{22} \end{vmatrix}$，$D_2=\begin{vmatrix} a_{11} & b_1 \\ a_{21} & b_2 \end{vmatrix}$，则式（4-3）可写成式（4-5）。

$$x_1=\frac{D_1}{D},\quad x_2=\frac{D_2}{D} \tag{4-5}$$

注意：行列式 D 是由式（4-1）所示的方程组的系数所确定的二阶行列式，称为系数行列式；行列式 D_1 是用常数项 b_1、b_2 替换 D 中的第 1 列元素所得的二阶行列式；行列式 D_2 是用常数项 b_1、b_2 替换 D 中的第 2 列元素所得的二阶行列式。

使用 NumPy 库中 linalg 模块的 det 函数可以求解行列式，其语法格式如下。

```
numpy.linalg.det(a)
```

det 函数常用的参数及说明如表 4-1 所示。

表 4-1　det 函数常用的参数及说明

参　数	说　明
a	接收 array，表示需要进行求解的行列式。无默认值

利用行列式求解线性方程组，可使用 NumPy 库中 linalg 模块的 solve 函数实现，其语法格式如下。

```
numpy.linalg.solve(a, b)
```

solve 函数常用的参数及说明如表 4-2 所示，返回的结果与参数 b 的形状相同，每一个值代表方程组的一个解。

表 4-2 solve 函数常用的参数及说明

参数	说明
a	接收 array，表示需要进行求解的方程组的系数行列式。无默认值
b	接收 array，表示需要进行求解的方程组的“因变量”值。无默认值

例 4-1 某企业为丰富职工的业余文化生活，组织职工去影院看电影，花了 2 050 元买了 80 张电影票，其中，单价为 30 元的甲级票有 x_1 张，单价为 20 元的乙级票有 x_2 张，求 x_1 和 x_2。

解 由题意可建立如下二元线性方程组。

$$\begin{cases} x_1 + x_2 = 80 \\ 30x_1 + 20x_2 = 2\ 050 \end{cases}$$

由于 $D = \begin{vmatrix} 1 & 1 \\ 30 & 20 \end{vmatrix} = -10$，$D_1 = \begin{vmatrix} 80 & 1 \\ 2\ 050 & 20 \end{vmatrix} = -450$，$D_2 = \begin{vmatrix} 1 & 80 \\ 30 & 2\ 050 \end{vmatrix} = -350$，所以 $x_1 = \dfrac{D_1}{D} = \dfrac{-450}{-10} = 45$，$x_2 = \dfrac{D_2}{D} = \dfrac{-350}{-10} = 35$。

在 Python 中可使用两种方法求解二元线性方程组，本例求解如代码 4-1 所示。

代码 4-1 求解二元线性方程组

```
In[1]:    import numpy as np
          # 方法一：使用 det 函数求行列式
          arr = np.array([[1, 1],[30, 20]])  # 创建分母的二维数组
          arr1 = np.array([[80, 1],[2050, 20]])  # 创建分子的二维数组
          arr2 = np.array([[1, 80],[30, 2050]])  # 创建分子的二维数组
          # 求解行列式
          D = np.linalg.det(arr)
          D1 = np.linalg.det(arr1)
          D2 = np.linalg.det(arr2)
          print('方程组的解 x1 为：', D1 / D)
          print('方程组的解 x2 为：', D2 / D)
Out[1]:   方程组的解 x1 为： 45.0
          方程组的解 x2 为： 35.0
In[2]:    # 方法二：使用 solve 函数解线性方程组
          D = np.array([[1, 1],[30, 20]])  # 创建系数行列式
          arr = np.array([80, 2050])
          x = np.linalg.solve(D, arr)
          print('方程组的解为：', x)
Out[2]:   方程组的解为： [ 45.  35.]
```

（2）三阶行列式

设有9个数排成3行3列的数表 $\begin{matrix} a_{11} & a_{12} & a_{13} \\ a_{21} & a_{22} & a_{23} \\ a_{31} & a_{32} & a_{33} \end{matrix}$，由其确定的行列式记为 $\begin{vmatrix} a_{11} & a_{12} & a_{13} \\ a_{21} & a_{22} & a_{23} \\ a_{31} & a_{32} & a_{33} \end{vmatrix}$。它表示的代数式为 $a_{11}a_{22}a_{33} + a_{12}a_{23}a_{31} + a_{13}a_{21}a_{32} - a_{11}a_{23}a_{32} - a_{12}a_{21}a_{33} - a_{13}a_{22}a_{31}$。

定义 4-2 $\begin{vmatrix} a_{11} & a_{12} & a_{13} \\ a_{21} & a_{22} & a_{23} \\ a_{31} & a_{32} & a_{33} \end{vmatrix}$ 称为数表 $\begin{matrix} a_{11} & a_{12} & a_{13} \\ a_{21} & a_{22} & a_{23} \\ a_{31} & a_{32} & a_{33} \end{matrix}$ 所确定的三阶行列式。

三阶行列式含有6项，每项均为赋予正负号的不同行不同列的3个元素的乘积之和，其规律遵循图4-2所示的对角线法则。图4-2中，3条实线是平行于主对角线的连线，3条虚线是平行于副对角线的连线，实线上3个元素的乘积赋予正号，虚线上3个元素的乘积赋予负号。

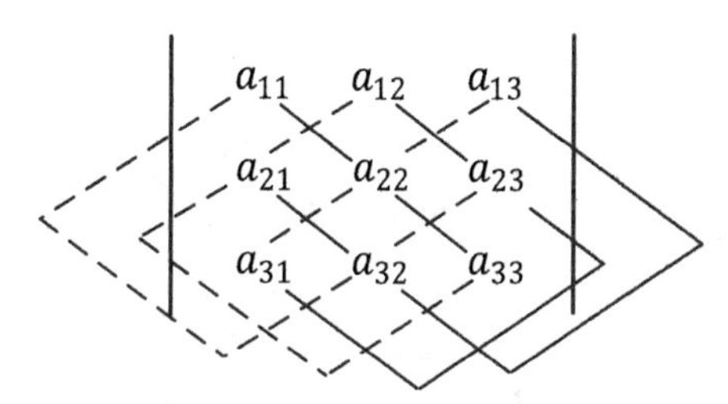

图4-2　三阶行列式的对角线法则

例 4-2　计算三阶行列式 $D = \begin{vmatrix} 4 & 6 & 8 \\ 4 & 6 & 9 \\ 5 & 6 & 8 \end{vmatrix}$。

解

$$\begin{aligned} D &= a_{11}a_{22}a_{33} + a_{12}a_{23}a_{31} + a_{13}a_{21}a_{32} - a_{11}a_{23}a_{32} - a_{12}a_{21}a_{33} - a_{13}a_{22}a_{31} \\ &= 4\times6\times8 + 6\times9\times5 + 8\times4\times6 - 4\times9\times6 - 6\times4\times8 - 8\times6\times5 \\ &= 6 \end{aligned}$$

使用Python求解本例的三阶行列式，如代码4-2所示。

代码 4-2　求解三阶行列式

```
In[3]:    arr = np.array([[4,6,8],[4,6,9],[5,6,8]]) # 创建三阶行列式
          print('行列式的值为：', np.linalg.det(arr))
Out[3]:   行列式的值为： 6.0
```

（3）克拉默法则

前面介绍了二阶行列式和三阶行列式的求解方法，推广至 n 阶行列式的情形，式（4-6）所示为 n 元线性方程组，该方程组中的方程个数与未知数个数相等。

$$\begin{cases} a_{11}x_1 + a_{12}x_2 + \cdots + a_{1n}x_n = b_1 \\ a_{21}x_1 + a_{22}x_2 + \cdots + a_{2n}x_n = b_2 \\ \cdots\cdots\cdots\cdots \\ a_{n1}x_1 + a_{n2}x_2 + \cdots + a_{nn}x_n = b_n \end{cases} \tag{4-6}$$

克拉默法则 如果式（4-6）所示的线性方程组的系数行列式不等于零，如式（4-7）所示，那么线性方程组式（4-6）有唯一解，如式（4-8）所示。

$$D = \begin{vmatrix} a_{11} & a_{12} & \cdots & a_{1n} \\ a_{21} & a_{22} & \cdots & a_{2n} \\ \vdots & \vdots & & \vdots \\ a_{n1} & a_{n2} & \cdots & a_{nn} \end{vmatrix} \neq 0 \tag{4-7}$$

$$x_1 = \frac{D_1}{D},\ x_2 = \frac{D_2}{D}, \cdots,\ x_n = \frac{D_n}{D} \tag{4-8}$$

式（4-8）中，$D_j\ (j = 1,2,\cdots,n)$ 是把系数行列式 D 中的第 j 列元素用方程组的常数项 $b_1, b_2, \cdots, b_n$ 代替后所得的 n 阶行列式，如式（4-9）所示。

$$D_j = \begin{vmatrix} a_{11} & \cdots & a_{1,j-1} & b_1 & a_{1,j+1} & \cdots & a_{1n} \\ a_{21} & \cdots & a_{2,j-1} & b_2 & a_{2,j+1} & \cdots & a_{2n} \\ \vdots & & \vdots & \vdots & \vdots & & \vdots \\ a_{n1} & \cdots & a_{n,j-1} & b_n & a_{n,j+1} & \cdots & a_{nn} \end{vmatrix} \neq 0 \tag{4-9}$$

例 4-3 某商场甲、乙、丙 3 种商品 3 个月的总利润（单位为万元）如表 4-3 所示，求出每种商品的利润率。

表 4-3 某商场甲、乙、丙 3 种商品利润表

月　次	甲销售额	乙销售额	丙销售额	总利润（万元）
1	4	6	8	2.74
2	4	6	9	2.76
3	5	6	8	2.89

解 设甲、乙、丙 3 种商品的利润率分别为 x_1、x_2、x_3，则有如下线性方程组。

$$\begin{cases} 4x_1 + 6x_2 + 8x_3 = 2.74 \\ 4x_1 + 6x_2 + 9x_3 = 2.76 \\ 5x_1 + 6x_2 + 8x_3 = 2.89 \end{cases}$$

可得三阶行列式

$$\begin{aligned} D &= \begin{vmatrix} 4 & 6 & 8 \\ 4 & 6 & 9 \\ 5 & 6 & 8 \end{vmatrix} \\ &= 4\times6\times8 + 6\times9\times5 + 8\times4\times6 - 4\times9\times6 - 6\times4\times8 - 8\times6\times5 \\ &= 6 \end{aligned}$$

$$D_1 = \begin{vmatrix} 2.74 & 6 & 8 \\ 2.76 & 6 & 9 \\ 2.89 & 6 & 8 \end{vmatrix}$$

$$= 2.74\times6\times8 + 6\times9\times2.89 + 8\times2.76\times6 - 2.74\times9\times6 - 6\times2.76\times8 - 8\times6\times2.89$$

$$= 0.9$$

$$D_2 = \begin{vmatrix} 4 & 2.74 & 8 \\ 4 & 2.76 & 9 \\ 5 & 2.89 & 8 \end{vmatrix}$$

$$= 4\times2.76\times8 + 2.74\times9\times5 + 8\times4\times2.89 - 4\times9\times2.89 - 2.74\times4\times8 - 8\times2.76\times5$$

$$= 1.98$$

$$D_3 = \begin{vmatrix} 4 & 6 & 2.74 \\ 4 & 6 & 2.76 \\ 5 & 6 & 2.89 \end{vmatrix}$$

$$= 4\times6\times2.89 + 6\times2.76\times5 + 2.74\times4\times6 - 4\times2.76\times6 - 6\times4\times2.89 - 2.74\times6\times5$$

$$= 0.12$$

所以 $x_1 = \frac{D_1}{D} = \frac{0.9}{6} = 0.15$， $x_2 = \frac{D_2}{D} = \frac{1.98}{6} = 0.33$， $x_3 = \frac{D_3}{D} = \frac{0.12}{6} = 0.02$。

在 Python 中可使用两种方法求解线性方程组，本例求解如代码 4-3 所示。

代码 4-3　求解线性方程组

```
In[4]:
# 方法一：使用 det 函数求行列式
# 创建分母的三维数组
arr = np.array([[4, 6, 8],[4, 6, 9],[5, 6, 8]])
# 创建分子的三维数组
arr1 = np.array([[2.74, 6, 8],[2.76, 6, 9],[2.89, 6, 8]])
# 创建分子的三维数组
arr2 = np.array([[4, 2.74, 8],[4, 2.76, 9],[5, 2.89, 8]])
# 创建分子的三维数组
arr3 = np.array([[4, 6, 2.74],[4, 6, 2.76],[5, 6, 2.89]])
# 求解行列式
D = np.linalg.det(arr)
D1 = np.linalg.det(arr1)
D2 = np.linalg.det(arr2)
D3 = np.linalg.det(arr3)
print('方程组的解 x1 为：', D1 / D)
print('方程组的解 x2 为：', D2 / D)
print('方程组的解 x3 为：', D3 / D)
Out[4]:
方程组的解 x1 为： 0.15
```

```
方程组的解 x2 为:  0.33
方程组的解 x3 为:  0.02
```

```
In[5]:   # 方法二：使用 solve 函数解线性方程组
         D = np.array([[4, 6, 8],[4, 6, 9],[5, 6, 8]])  # 创建系数行列式
         arr = np.array([2.74, 2.76, 2.89])
         x = np.linalg.solve(D, arr)
         print('方程组的解为：', x)

Out[5]:  方程组的解为： [ 0.15  0.33  0.02]
```

撇开式（4-8）所示的求解公式，克拉默法则可叙述为如下定理。

定理 4-1 如果式（4-6）所示的线性方程组的系数行列式 $D\neq 0$，则式（4-6）一定有解，且解是唯一的。

定理 4-1 的逆否定理：如果式（4-6）所示的线性方程组无解，或者有两个或两个以上不同的解，则它的系数行列式必为零。

定义 4-3 在式（4-6）所示的线性方程组中，如果等式右端的常数项 $b_1,b_2,\cdots,b_n$ 不全为零，那么式（4-6）所示的线性方程组称为**非齐次线性方程组**；当 $b_1,b_2,\cdots,b_n$ 全为零时，称式（4-10）所示的线性方程组为**齐次线性方程组**。

对于式（4-10）所示的齐次线性方程组，$x_1=x_2=\cdots=x_n=0$ 一定是它的解。这个解称为该齐次线性方程组的零解。如果一组不全为零的数是式（4-10）所示的齐次线性方程组的解，则称其为该齐次线性方程组的非零解。齐次线性方程组一定有零解，但不一定有非零解。

$$\begin{cases} a_{11}x_1+a_{12}x_2+\cdots+a_{1n}x_n=0 \\ a_{21}x_1+a_{22}x_2+\cdots+a_{2n}x_n=0 \\ \cdots \\ a_{n1}x_1+a_{n2}x_2+\cdots+a_{nn}x_n=0 \end{cases} \tag{4-10}$$

把定理 4-1 应用于式（4-10）所示的齐次线性方程组，可得如下定理。

定理 4-2 如果式（4-10）所示的齐次线性方程组的系数行列式 $D\neq 0$，那么该齐次线性方程组只有零解，而没有非零解。

定理 4-2 的逆否定理：如果式（4-10）所示的齐次线性方程组有非零解，那么它的系数行列式必为零。

定理 4-2 或定理 4-2 的逆否定理说明，系数行列式 $D=0$ 是齐次线性方程组有非零解的充分必要条件。

2. 全排列与逆序数

例 4-4 设有 1、2、3 这 3 个数，则这 3 个数可以组成多少个没有重复数字的三位数？

解 百位数上可以从 1、2、3 这 3 个数中任选一个，有 3 种方法；十位数上只能从剩下的两个数中任选一个，有两种方法；个位数上只能放剩下的一个数，有一种方法。因此，共有 $3\times2\times1=6$ 种方法。

在数学中，把考察的对象称为元素，比如例4-4中的数字1、2、3。例4-4的问题可以描述为“把3个不同的元素排成一列，共有几种不同的排法”。

定义4-4 把n个不同的元素排成一列，称为n个元素的**全排列**，简称为排列。n个不同元素的所有全排列的个数通常用P_n表示，如式（4-11）所示。

$$P_n = n\cdot(n-1)\cdot\cdots\cdot 3\cdot 2\cdot 1 = n! \tag{4-11}$$

定义4-5 在一个排列中，如果某两个元素的前后位置与自然顺序相反，即前面的数大于后面的数，那么称这两个元素构成一个逆序。一个排列中所有逆序的总个数称为这个排列的**逆序数**。

排列$j_1, j_2, \cdots, j_n$的逆序数记为$\tau(j_1, j_2, \cdots, j_n)$。

例4-5 求排列42531的逆序数。

解 对于排列42531，计算每一个元素左侧比其大的元素的个数，再求和，具体如下。

（1）4排在首位，其左边没有比4大的数，逆序数记0。

（2）2的左边比2大的数有一个（即4），逆序数记1。

（3）5是最大数，其左边没有比5大的数，逆序数记0。

（4）3的左边比3大的数有两个（即4、5），逆序数记2。

（5）1的左边比1大的数有4个（即4、2、5、3），逆序数记4。

所以，排列42531的逆序数为$\tau(42531) = 0+1+0+2+4 = 7$。

使用Python求本例的逆序数，如代码4-4所示。

代码4-4 求逆序数

```
In[6]:  def amount(b):
          # 计算b中大于第i个元素的总个数
            counts = [np.sum(b[:i] > bb) for i,bb in enumerate(b)]
            return np.sum(counts)
        a = np.array([4,2,5,3,1])
        print('逆序数为：', amount(a))
Out[6]: 逆序数为：7
```

4.1.2 行列式的性质

1. 性质1

设有n阶行列式D，将D中的行换成相同序号的列，得到一个新的行列式D^{T}，如式（4-12）所示，D^{T}称为D的转置行列式。

$$D = \begin{vmatrix} a_{11} & a_{12} & \cdots & a_{1n} \\ a_{21} & a_{22} & \cdots & a_{2n} \\ \vdots & \vdots & & \vdots \\ a_{n1} & a_{n2} & \cdots & a_{nn} \end{vmatrix},\quad D^{\mathrm{T}} = \begin{vmatrix} a_{11} & a_{21} & \cdots & a_{n1} \\ a_{12} & a_{22} & \cdots & a_{n2} \\ \vdots & \vdots & & \vdots \\ a_{1n} & a_{2n} & \cdots & a_{nn} \end{vmatrix} \tag{4-12}$$

性质1 行列式与它的转置行列式相等，即$D = D^{\mathrm{T}}$。

例 4-6 设有行列式 $D=\begin{vmatrix}4 & 6 & 8\\4 & 6 & 9\\5 & 6 & 8\end{vmatrix}$，求其转置行列式 D^{T}，并计算 D 和 D^{T}。

解

$$D=4\times6\times8+6\times9\times5+8\times4\times6-4\times9\times6-6\times4\times8-8\times6\times5=6$$

$$\begin{aligned}D^{\mathrm{T}}&=\begin{vmatrix}4 & 4 & 5\\6 & 6 & 6\\8 & 9 & 8\end{vmatrix}\\&=4\times6\times8+4\times6\times8+5\times6\times9-4\times6\times9-4\times6\times8-5\times6\times8\\&=6\end{aligned}$$

使用 Python 求本例的 D^{T}，并计算 D 和 D^{T}，如代码 4-5 所示。

代码 4-5　求 D^{T}，并计算 D 和 D^{T}

```
In[7]:   D = np.array([[4, 6, 8],[4, 6, 9],[5, 6, 8]])  # 创建行列式
         DT = D.T  # 创建行列式的转置行列式
         print('行列式 D 的值为：', np.linalg.det(D))
         print('行列式 D 的转置行列式的值为：', np.linalg.det(DT))

Out[7]:  行列式 D 的值为： 6.0
         行列式 D 的转置行列式的值为： 6.0
```

通过代码 4-5 可以看出，行列式 D 与其转置行列式 D^{T} 是相等的。

2. 性质 2

性质 2　互换行列式的两行（列），行列式变号。

例 4-7　设有行列式 $D=\begin{vmatrix}4 & 6 & 8\\4 & 6 & 9\\5 & 6 & 8\end{vmatrix}$，将其第 1 行与第 2 行的位置互换之后变成 $D_1=\begin{vmatrix}4 & 6 & 9\\4 & 6 & 8\\5 & 6 & 8\end{vmatrix}$，分别计算 D 和 D_1。

解

$$D=4\times6\times8+6\times9\times5+8\times4\times6-4\times9\times6-6\times4\times8-8\times6\times5=6$$

$$D_1=4\times6\times8+6\times8\times5+9\times4\times6-4\times8\times6-6\times4\times8-9\times6\times5=-6$$

使用 Python 计算本例的 D 和 D_1，如代码 4-6 所示。

代码 4-6　计算 D 和 D_1

```
In[8]:   D = np.array([[4, 6, 8],[4, 6, 9],[5, 6, 8]])
         D1 = np.array([[4, 6, 9],[4, 6, 8],[5, 6, 8]])
```

```
        print('行列式D的值为：', np.linalg.det(D))
        print('行列式D1的值为：', np.linalg.det(D1))
Out[8]: 行列式D的值为： 6.0
        行列式D1的值为： -6.0
```

通过代码4-6可以看出，第1行与第2行的位置互换后，行列式已经变号。

推论 如果行列式有两行（列）完全相同，则此行列式等于零。

例4-8 假设行列式为$D=\begin{vmatrix}4 & 6 & 8\\4 & 6 & 8\\5 & 6 & 8\end{vmatrix}$，其第1行和第2行完全相同，计算$D$。

解

$$D=4\times6\times8+6\times8\times5+8\times4\times6-4\times8\times6-6\times4\times8-8\times6\times5=0$$

使用Python计算本例的D，如代码4-7所示。

代码4-7 计算D

```
In[9]:  D = np.array([[4, 6, 8],[4, 6, 8],[5, 6, 8]])
        print('行列式D的值为：', np.linalg.det(D))
Out[9]: 行列式D的值为： 0.0
```

3. 性质3

性质3 行列式的某一行（列）中的所有元素都乘以数k，等于用数k乘以此行列式。

例4-9 设有行列式$D=\begin{vmatrix}4 & 6 & 8\\4 & 6 & 9\\5 & 6 & 8\end{vmatrix}$，当$k$取2时，分别求解$D_1=\begin{vmatrix}4k & 6k & 8k\\4 & 6 & 9\\5 & 6 & 8\end{vmatrix}$和$k\cdot D$。

解

$$\begin{aligned}D_1&=\begin{vmatrix}4k & 6k & 8k\\4 & 6 & 9\\5 & 6 & 8\end{vmatrix}=\begin{vmatrix}4\times2 & 6\times2 & 8\times2\\4 & 6 & 9\\5 & 6 & 8\end{vmatrix}\\&=4\times2\times6\times8+6\times2\times9\times5+8\times2\times4\times6-4\times2\times9\times6-6\times2\times4\times8-8\times2\times6\times5\\&=12\end{aligned}$$

$$\begin{aligned}k\cdot D&=2\times\begin{vmatrix}4 & 6 & 8\\4 & 6 & 9\\5 & 6 & 8\end{vmatrix}\\&=2\times\left(4\times6\times8+6\times9\times5+8\times4\times6-4\times9\times6-6\times4\times8-8\times6\times5\right)\\&=12\end{aligned}$$

使用Python求解本例的D_1和$k\cdot D$，如代码4-8所示。

代码 4-8 求 D_1 和 $k \cdot D$

```
In[10]:   D = np.array([[4, 6, 8],[4, 6, 9],[5, 6, 8]])  # 创建行列式
          k = 2
          D1 = np.array([[4*2, 6*2, 8*2],[4, 6, 9],[5, 6, 8]])
          print('行列式 D1 的值为：', np.linalg.det(D1))
          print('行列式 k * D 的值为：', k * np.linalg.det(D))
Out[10]:  行列式 D1 的值为： 12.0
          行列式 k * D 的值为： 12.0
```

通过代码 4-8 可以看出，行列式 D 的某一行元素分别乘以 k 与 k 乘以行列式 D 相等。

推论 1 行列式中某一行（列）所有元素的公因子可以提到行列式符号的外面。

推论 2 如果行列式中某一行（列）的所有元素全为 0，则此行列式等于零。

4. 性质 4

性质 4 行列式中，如果有两行（列）元素对应成比例，那么此行列式等于零。

例 4-10 设有行列式 $D=\begin{vmatrix}2 & 3 & 4\\4 & 6 & 8\\5 & 6 & 8\end{vmatrix}$，其第 1 行和第 2 行成比例，计算 D。

解

$D=2\times6\times8+3\times8\times5+4\times4\times6-2\times8\times6-3\times4\times8-4\times6\times5=0$

使用 Python 计算本例的 D，如代码 4-9 所示。

代码 4-9 计算 D

```
In[11]:   D = np.array([[2, 3, 4],[4, 6, 8],[5, 6, 8]])
          print('行列式 D 的值为：', np.linalg.det(D))
Out[11]:  行列式 D 的值为： 0.0
```

5. 性质 5

性质 5 若行列式某一列（行）的元素都是两数之和，如式（4-13）所示的行列式 D 中，第 i 列的元素都是两数之和，则 D 等于式（4-14）所示的行列式 D_1 与 D_2 之和。

$$D=\begin{vmatrix}a_{11} & a_{12} & \cdots & (a_{1i}+a'_{1i}) & \cdots & a_{1n}\\a_{21} & a_{22} & \cdots & (a_{2i}+a'_{2i}) & \cdots & a_{2n}\\\vdots & \vdots & & \vdots & & \vdots\\a_{n1} & a_{n2} & \cdots & (a_{ni}+a'_{ni}) & \cdots & a_{nn}\end{vmatrix} \tag{4-13}$$

$$D_1=\begin{vmatrix}a_{11} & a_{12} & \cdots & a_{1i} & \cdots & a_{1n}\\a_{21} & a_{22} & \cdots & a_{2i} & \cdots & a_{2n}\\\vdots & \vdots & & \vdots & & \vdots\\a_{n1} & a_{n2} & \cdots & a_{ni} & \cdots & a_{nn}\end{vmatrix},\ D_2=\begin{vmatrix}a_{11} & a_{12} & \cdots & a'_{1i} & \cdots & a_{1n}\\a_{21} & a_{22} & \cdots & a'_{2i} & \cdots & a_{2n}\\\vdots & \vdots & & \vdots & & \vdots\\a_{n1} & a_{n2} & \cdots & a'_{ni} & \cdots & a_{nn}\end{vmatrix} \tag{4-14}$$

例 4-11 假设例 4-3 中的乙销售额是两个地区的销售额之和，且每个月这两个地区的销售额是一样的，则可得到两个地区利润率的行列式，分别为 $D_1=\begin{vmatrix}4&3&8\\4&3&9\\5&3&8\end{vmatrix}$，$D_2=\begin{vmatrix}4&3&8\\4&3&9\\5&3&8\end{vmatrix}$。请分别计算 D_1 和 D_2，以及例 4-3 的系数行列式 D。

解

$D_1=D_2=4\times3\times8+3\times9\times5+8\times4\times3-4\times9\times3-3\times4\times8-8\times3\times5=3$

$D=4\times6\times8+6\times9\times5+8\times4\times6-4\times9\times6-6\times4\times8-8\times6\times5=6$

使用 Python 计算本例的 D_1、D_2 和 D，如代码 4-10 所示。

代码 4-10 计算 D_1、D_2 和 D

```
In[12]:  D1 = np.array([[4, 3, 8],[4, 3, 9],[5, 3, 8]])
         D2 = np.array([[4, 3, 8],[4, 3, 9],[5, 3, 8]])
         D = np.array([[4, 6, 8],[4, 6, 9],[5, 6, 8]])
         print('行列式 D1 的值为：', np.linalg.det(D1))
         print('行列式 D2 的值为：', np.linalg.det(D2))
         print('行列式 D 的值为：', np.linalg.det(D))

Out[12]: 行列式 D1 的值为： 3.0
         行列式 D2 的值为： 3.0
         行列式 D 的值为： 6.0
```

通过代码 4-10 可以看出，行列式 D 等于行列式 D_1 与 D_2 之和。

6. 性质 6

性质 6 把行列式的某一列（行）的各元素分别乘以同一数，然后加到另一列（行）对应的元素上，行列式不变。

例 4-12 设有行列式 $D=\begin{vmatrix}4&6&8\\4&6&9\\5&6&8\end{vmatrix}$，将第 1 行乘以 $\frac{1}{2}$ 后再加到第 3 行上，可得 $D_1=\begin{vmatrix}4&6&8\\4&6&9\\7&9&12\end{vmatrix}$，分别计算 D 和 D_1。

解

$D=4\times6\times8+6\times9\times5+8\times4\times6-4\times9\times6-6\times4\times8-8\times6\times5=6$

$D_1=4\times6\times12+6\times9\times7+8\times4\times9-4\times9\times9-6\times4\times12-8\times6\times7=6$

使用 Python 计算本例的 D 和 D_1，如代码 4-11 所示。

代码 4-11　计算 D 和 D_1

```
In[13]:   D = np.array([[4, 6, 8],[4, 6, 9],[5, 6, 8]])
          D1 = np.array([[4, 6, 8],[4, 6, 9],[7, 9, 12]])
          print('行列式 D 的值为：', np.linalg.det(D))
          print('行列式 D1 的值为：', np.linalg.det(D1))

Out[13]:  行列式 D 的值为： 6.0
          行列式 D1 的值为： 6.0
```

4.1.3　行列式按行（列）展开

1. 代数余子式定义

对三阶行列式的展开式进行观察，发现它可以用二阶行列式来表示，如式（4-15）所示。

$$\begin{vmatrix} a_{11} & a_{12} & a_{13} \\ a_{21} & a_{22} & a_{23} \\ a_{31} & a_{32} & a_{33} \end{vmatrix} = a_{11}a_{22}a_{33} + a_{12}a_{23}a_{31} + a_{13}a_{21}a_{32} - a_{11}a_{23}a_{32} - a_{12}a_{21}a_{33} - a_{13}a_{22}a_{31}$$

$$= a_{11}\begin{vmatrix} a_{22} & a_{23} \\ a_{32} & a_{33} \end{vmatrix} - a_{12}\begin{vmatrix} a_{21} & a_{23} \\ a_{31} & a_{33} \end{vmatrix} + a_{13}\begin{vmatrix} a_{21} & a_{22} \\ a_{31} & a_{32} \end{vmatrix} \tag{4-15}$$

一般来说，低阶行列式的计算比高阶行列式的计算简单。本小节将考虑利用低阶行列式来表示高阶行列式，即将式（4-15）推广到 n 阶行列式的情形。为此，先引入余子式和代数余子式的定义。

定义 4-6　在 n 阶行列式中，划去元素 a_{ij} 所在的第 i 行和第 j 列后所得到的 $n-1$ 阶行列式称为元素 a_{ij} 的**余子式**，记为 M_{ij}；称 $A_{ij} = (-1)^{i+j} M_{ij}$ 为元素 a_{ij} 的**代数余子式**。

例如，四阶行列式 $D = \begin{vmatrix} a_{11} & a_{12} & a_{13} & a_{14} \\ a_{21} & a_{22} & a_{23} & a_{24} \\ a_{31} & a_{32} & a_{33} & a_{34} \\ a_{41} & a_{42} & a_{43} & a_{44} \end{vmatrix}$ 中，元素 a_{23} 的余子式为 $M_{23} = \begin{vmatrix} a_{11} & a_{12} & a_{14} \\ a_{31} & a_{32} & a_{34} \\ a_{41} & a_{42} & a_{44} \end{vmatrix}$，代数余子式为 $A_{23} = (-1)^{2+3} M_{23} = -M_{23}$。

引理　一个 n 阶行列式，如果其中第 i 行的所有元素除元素 a_{ij} 外都为零，那么该行列式等于元素 a_{ij} 与它的代数余子式的乘积，即 $D = a_{ij} A_{ij}$。

例 4-13　设有行列式 $D = \begin{vmatrix} 4 & 0 & 0 \\ 4 & 6 & 9 \\ 5 & 6 & 8 \end{vmatrix}$，其第 1 行除了第 1 个元素外，其余元素都为 0，

其中元素 a_{11} 的代数余子式为 $A_{11}=(-1)^{1+1}M_{11}=\begin{vmatrix}6 & 9\\6 & 8\end{vmatrix}$，分别计算 D 和 A_{11}。

解

$D=4\times6\times8+0\times9\times5+0\times4\times6-4\times9\times6-0\times4\times8-0\times6\times5=-24$

$A_{11}=(-1)^{1+1}M_{11}=\begin{vmatrix}6 & 9\\6 & 8\end{vmatrix}=6\times8-9\times6=-6$

使用 Python 计算本例的 D 和 A_{11}，如代码 4-12 所示。

代码 4-12 计算 D 和 A_{11}

```
In[14]:  D = np.array([[4, 0, 0],[4, 6, 9],[5, 6, 8]])
         A11 = np.array([[6, 9],[6, 8]])
         print('行列式 D 的值为：', np.linalg.det(D))
         print('行列式 A11 的值为：', np.linalg.det(A11))

Out[14]: 行列式 D 的值为： -24.0
         行列式 A11 的值为： -6.0
```

通过代码 4-12 的结果可以看出，行列式 D 等于元素 a_{11} 与其代数余子式的乘积，即 $D=a_{11}A_{11}=4\times(-6)=-24$。

2. 定理

定理 4-3 行列式等于它的任意一行（列）的各元素与其对应的代数余子式乘积之和，如式（4-16）或式（4-17）所示。

$$D=a_{i1}A_{i1}+a_{i2}A_{i2}+\cdots+a_{in}A_{in}\ (i=1,2,\cdots,n) \tag{4-16}$$

$$D=a_{1j}A_{1j}+a_{2j}A_{2j}+\cdots+a_{nj}A_{nj}\ (j=1,2,\cdots,n) \tag{4-17}$$

定理 4-3 称为行列式按行（列）展开法则，结合行列式的性质，利用这一法则可以简化行列式的计算。

推论 行列式某一行（列）的元素与另一行（列）对应各元素的代数余子式乘积之和等于零，如式（4-18）或式（4-19）所示。

$$a_{i1}A_{j1}+a_{i2}A_{j2}+\cdots+a_{in}A_{jn}=0\ (i\neq j) \tag{4-18}$$

$$a_{1i}A_{1j}+a_{2i}A_{2j}+\cdots+a_{ni}A_{nj}=0\ (i\neq j) \tag{4-19}$$

例 4-14 设有行列式 $D=\begin{vmatrix}4 & 6 & 8\\4 & 6 & 9\\5 & 6 & 8\end{vmatrix}$，其第 1 行各元素的代数余子式分别为 $A_{11}=(-1)^{1+1}\begin{vmatrix}6 & 9\\6 & 8\end{vmatrix}$，$A_{12}=(-1)^{1+2}\begin{vmatrix}4 & 9\\5 & 8\end{vmatrix}$，$A_{13}=(-1)^{1+3}\begin{vmatrix}4 & 6\\5 & 6\end{vmatrix}$。求行列式 D 第 2 行各元素与第 1 行对应元素的代数余子式的乘积之和。

解

$$A_{11}=(-1)^{1+1}\begin{vmatrix}6 & 9\\ 6 & 8\end{vmatrix}=6\times8-9\times6=-6$$

$$A_{12}=(-1)^{1+2}\begin{vmatrix}4 & 9\\ 5 & 8\end{vmatrix}=-(4\times8-9\times5)=13$$

$$A_{13}=(-1)^{1+3}\begin{vmatrix}4 & 6\\ 5 & 6\end{vmatrix}=4\times6-6\times5=-6$$

$$a_{21}A_{11}+a_{22}A_{12}+a_{23}A_{13}=4\times(-6)+6\times13+9\times(-6)=0$$

使用 Python 计算本例中行列式 D 的第 2 行各元素与第 1 行对应元素的代数余子式的乘积之和，如代码 4-13 所示。

代码 4-13　计算行列式 D 的第 2 行各元素与第 1 行对应元素的代数余子式的乘积之和

```
In[15]:   D = np.array([[4, 6, 8],[4, 6, 9],[5, 6, 8]])
          # 求第 1 行元素的代数余子式
          M11 = np.array([[6, 9],[6, 8]])
          M12 = np.array([[4, 9],[5, 8]])
          M13 = np.array([[4, 6],[5, 6]])
          A11 = np.linalg.det(M11)
          A12 = np.linalg.det(M12)
          A13 = np.linalg.det(M13)
          A12 = A12 * (-1)
          print('第 2 行元素与第 1 行对应元素的代数余子式的乘积之和为：',
                D[1][0] * A11 + D[1][1] * A12 + D[1][2] * A13)

Out[15]:  第 2 行元素与第 1 行对应元素的代数余子式的乘积之和为：1.42108547152e-14
```

注：由于计算机解决该类问题的时候使用的是数值计算的方法，所求出的结果是一个无限接近精确解的近似解，所以在此处所求取的结果是一个非常接近 0 的数。

通过代码 4-13 的结果可以看出，行列式 D 的第 2 行各元素与第 1 行对应元素的代数余子式的乘积之和为 0，即 $a_{21}A_{11}+a_{22}A_{12}+a_{23}A_{13}=0$ 。

4.2 矩阵及其运算

矩阵作为求解线性方程组的工具，也有不短的发展历史。东汉前期的《九章算术》中已经出现过以矩阵形式表示线性方程组系数以解方程组的记录，可算作矩阵的雏形。进入 19 世纪后，行列式的研究进一步发展，矩阵的概念也应运而生。

矩阵在众多领域中都有广泛的应用。在物理学中，矩阵可应用于力学、电学、光学和量子物理领域；在化学中也有矩阵的应用，特别是在使用量子理论讨论分子键和光谱的时候；在计算机科学中，三维动画制作也需要用到矩阵。同时，矩阵的运算也是数值分析领域的重要问题。

4.2.1 矩阵的定义

定义 4-7 由 $m \times n$ 个数排成的 m 行 n 列数表称为 m 行 n 列矩阵，简称 $m \times n$ 矩阵，简记为式（4-20）所示的 $\boldsymbol{A}$ 或 $(a_{ij})_{mn}(i=1,2,\cdots,m;\ j=1,2,\cdots,n)$，其中，$a_{ij}$ 称为矩阵的第 i 行第 j 列元素。

$$\boldsymbol{A}=\begin{pmatrix} a_{11} & a_{12} & \cdots & a_{1n} \\ a_{21} & a_{22} & \cdots & a_{2n} \\ \vdots & \vdots & & \vdots \\ a_{m1} & a_{m2} & \cdots & a_{mn} \end{pmatrix} \tag{4-20}$$

当 $m=n$ 时，矩阵 $\boldsymbol{A}$ 称为 n 阶矩阵或 n 阶方阵。

当 $m=1$ 时，矩阵 $\boldsymbol{A}$ 只有一行，称为行矩阵，可记为 $\boldsymbol{A}=(a_{11},a_{12},\cdots,a_{1n})$。

当 $n=1$ 时，矩阵 $\boldsymbol{A}$ 只有一列，称为列矩阵，可记为 $\boldsymbol{A}=\begin{pmatrix} a_{11} \\ a_{21} \\ \vdots \\ a_{m1} \end{pmatrix}$。

若有矩阵 $\boldsymbol{A}=(a_{ij})_{mn}$ 和矩阵 $\boldsymbol{B}=(b_{ij})_{sk}$，且 $m=s$，$n=k$，则称 $\boldsymbol{A}$ 与 $\boldsymbol{B}$ 为同型矩阵。

例 4-15 设有矩阵 $\boldsymbol{A}=\begin{pmatrix} 1 & 2 & 3 & 4 \\ 3 & 4 & 5 & 6 \\ 5 & 6 & 7 & 8 \\ 7 & 8 & 9 & 0 \end{pmatrix}$，在 Python 中使用两种不同的方法创建矩阵 $\boldsymbol{A}$。

解 使用 Python 创建矩阵 $\boldsymbol{A}$，如代码 4-14 所示。

代码 4-14 创建矩阵 $\boldsymbol{A}$

```
In[1]:    import numpy as np
          # 方法一
          A1 = np.mat('1 2 3 4;3 4 5 6;5 6 7 8;7 8 9 0')
          print('使用mat函数创建的矩阵为：\n', A1)

Out[1]:   使用mat函数创建的矩阵为：
           [[1 2 3 4]
           [3 4 5 6]
           [5 6 7 8]
           [7 8 9 0]]

In[2]:    # 方法二
          A2 = np.matrix([[1, 2, 3, 4],[3, 4, 5, 6],[5, 6, 7, 8],
                          [7, 8, 9, 0]])
          print('使用matrix函数创建的矩阵为：\n', A2)

Out[2]:   使用matrix函数创建的矩阵为：
           [[1 2 3 4]
```

```
 [3 4 5 6]
 [5 6 7 8]
 [7 8 9 0]]
```

4.2.2 特殊矩阵

1. 零矩阵

定义 4-8 设有矩阵$\begin{pmatrix} 0 & 0 & \cdots & 0 \\ 0 & 0 & \cdots & 0 \\ \vdots & \vdots & & \vdots \\ 0 & 0 & \cdots & 0 \end{pmatrix}$，若其所有元素均为 0，则称其为**零矩阵**，记为$\boldsymbol{O}$。

使用 NumPy 库中的 zeros 函数可以创建零矩阵，其语法格式如下。

```
numpy.zeros(shape, dtype=float, order='C')
```

zeros 函数常用的参数及说明如表 4-4 所示。

表 4-4 zeros 函数常用的参数及说明

参　数	说　明
shape	接收 int 或 int 序列，表示数组的形状。无默认值

例 4-16 在 Python 中创建 3 行 3 列的零矩阵$\boldsymbol{O}$。

解 如代码 4-15 所示。

代码 4-15 创建零矩阵 $\boldsymbol{O}$

```
In[3]:   O = np.zeros((3, 3))
         print('零矩阵 O 为: \n', O)

Out[3]:  零矩阵 O 为:
          [[ 0.  0.  0.]
          [ 0.  0.  0.]
          [ 0.  0.  0.]]
```

2. 单位矩阵

定义 4-9 设有 n 阶方阵$\begin{pmatrix} 1 & 0 & \cdots & 0 \\ 0 & 1 & \cdots & 0 \\ \vdots & \vdots & & \vdots \\ 0 & 0 & \cdots & 1 \end{pmatrix}$，其主对角线上的元素均为 1，其余元素全为 0，则称其为 n 阶**单位矩阵**，记为$\boldsymbol{E}$或$\boldsymbol{I}$。

使用 NumPy 库中的 identity 函数或 eye 函数可以创建单位矩阵，其语法格式如下。

```
numpy.identity(n, dtype=None)
numpy.eye(N, M=None, k=0, dtype=<class 'float'>)
```

identity 函数和 eye 函数的常用参数及说明如表 4-5 所示。

表 4-5　identity 函数和 eye 函数的常用参数及说明

函数名	参　数	说　明
identity	n	接收 int，表示输出 n 行 n 列的矩阵。无默认值
eye	N	接收 int，表示输出的行数。无默认值
	k	接收 int，表示主对角线的索引。默认为 0

例 4-17　在 Python 中使用两种方法创建 3 行 3 列的单位矩阵。

解　如代码 4-16 所示。

代码 4-16　创建单位矩阵

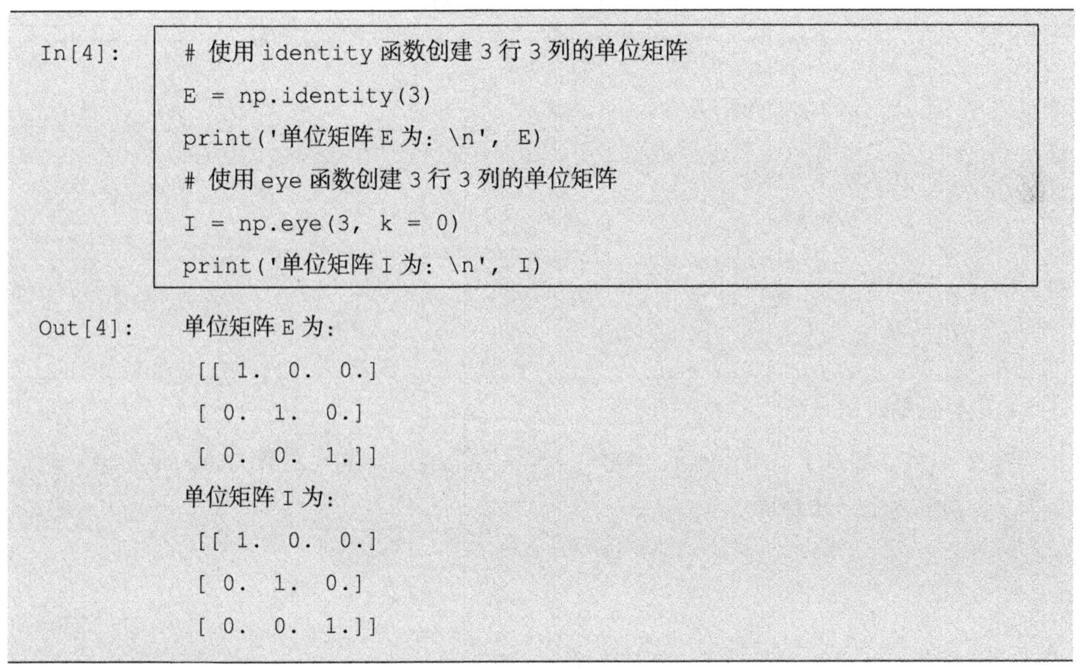

```
In[4]:  # 使用 identity 函数创建 3 行 3 列的单位矩阵
        E = np.identity(3)
        print('单位矩阵 E 为：\n', E)
        # 使用 eye 函数创建 3 行 3 列的单位矩阵
        I = np.eye(3, k = 0)
        print('单位矩阵 I 为：\n', I)

Out[4]: 单位矩阵 E 为：
         [[ 1.  0.  0.]
         [ 0.  1.  0.]
         [ 0.  0.  1.]]
        单位矩阵 I 为：
         [[ 1.  0.  0.]
         [ 0.  1.  0.]
         [ 0.  0.  1.]]
```

3. 对角矩阵

定义 4-10　如式（4-21）所示的矩阵 $\boldsymbol{A}$，其非主对角线上的元素均为 0，则称 $\boldsymbol{A}$ 为对角矩阵，记为 $\boldsymbol{A}=\mathrm{diag}(\lambda_1,\lambda_2,\cdots,\lambda_n)$。

$$\boldsymbol{A}=\begin{pmatrix} \lambda_1 & 0 & \cdots & 0 \\ 0 & \lambda_2 & \cdots & 0 \\ \vdots & \vdots & & \vdots \\ 0 & 0 & \cdots & \lambda_n \end{pmatrix} \tag{4-21}$$

使用 NumPy 库中的 diag 函数可以创建对角矩阵，其语法格式如下。

```
numpy.diag(v, k=0)
```

diag 函数常用的参数及说明如表 4-6 所示。

表 4-6　diag 函数常用的参数及说明

参　数	说　明
v	接收 array 或 list，表示输入的数据。无默认值
k	接收 int，表示主对角线的索引。默认为 0

例 4-18　在 Python 中创建 4 行 4 列的对角矩阵 $\boldsymbol{A}$，$\boldsymbol{A}=\begin{pmatrix}1&0&0&0\\0&2&0&0\\0&0&3&0\\0&0&0&4\end{pmatrix}$。

解　如代码 4-17 所示。

代码 4-17　创建对角矩阵 $\boldsymbol{A}$

```
In[5]:    A = np.diag([1, 2, 3, 4], k = 0)
          print('对角矩阵 A 为: \n', A)

Out[5]:   对角矩阵 A 为:
           [[1 0 0 0]
           [0 2 0 0]
           [0 0 3 0]
           [0 0 0 4]]
```

4. 上三角矩阵

定义 4-11　如式（4-22）所示的矩阵，其主对角线下方的元素都为 0，即当 $i>j$ 时，$a_{ij}=0$，其称为上三角矩阵。

$$\boldsymbol{A}=\begin{pmatrix}a_{11}&a_{12}&\cdots&a_{1n}\\0&a_{22}&\cdots&a_{2n}\\\vdots&\vdots&&\vdots\\0&0&\cdots&a_{nn}\end{pmatrix}\tag{4-22}$$

使用 NumPy 库中的 triu 函数可以提取矩阵的上三角矩阵，其语法格式如下。

```
numpy.triu(m, k=0)
```

triu 函数常用的参数及说明如表 4-7 所示。

表 4-7　triu 函数常用的参数及说明

参　数	说　明
m	接收 array 或 matrix，表示输入的数据。无默认值
k	接收 int，表示主对角线的索引，k 为 0 表示主对角线，k 小于 0 表示低于主对角线，k 大于 0 表示高于主对角线。默认为 0

例 4-19 在 Python 中提取矩阵 $\boldsymbol{A}=\begin{pmatrix}1 & 2 & 3 & 4\\3 & 4 & 5 & 6\\5 & 6 & 7 & 8\\7 & 8 & 9 & 0\end{pmatrix}$ 的上三角矩阵。

解 如代码 4-18 所示。

代码 4-18 提取矩阵 $\boldsymbol{A}$ 的上三角矩阵

```
In[6]:   A = np.matrix([[1, 2, 3, 4],[3, 4, 5, 6],[5, 6, 7, 8],
                    [7, 8, 9, 0]])
         B = np.triu(A, k = 0)
         print('矩阵A的上三角矩阵为: \n', B)
Out[6]:  矩阵A的上三角矩阵为:
          [[1 2 3 4]
          [0 4 5 6]
          [0 0 7 8]
          [0 0 0 0]]
```

5. 下三角矩阵

定义 4-12 如式（4-23）所示的矩阵，其主对角线以上的元素都为 0，即当 $i<j$ 时，$a_{ij}=0$，其称为下三角矩阵。

$$\boldsymbol{A}=\begin{pmatrix}a_{11} & 0 & \cdots & 0\\a_{21} & a_{22} & \cdots & 0\\\vdots & \vdots & & \vdots\\a_{n1} & a_{n2} & \cdots & a_{nn}\end{pmatrix} \tag{4-23}$$

使用 NumPy 库中的 tril 函数可以提取矩阵的下三角矩阵，其语法格式如下。

```
numpy.tril(m, k=0)
```

tril 函数常用的参数及说明如表 4-8 所示。

表 4-8 tril 函数常用的参数及说明

参数	说明
m	接收 array 或 matrix，表示输入的数据。无默认值
k	接收 int，表示主对角线的索引，k 为 0 表示主对角线，k 小于 0 表示低于主对角线，k 大于 0 表示高于主对角线。默认为 0

例 4-20 在 Python 中提取矩阵 $\boldsymbol{A}=\begin{pmatrix}1 & 2 & 3 & 4\\3 & 4 & 5 & 6\\5 & 6 & 7 & 8\\7 & 8 & 9 & 0\end{pmatrix}$ 的下三角矩阵。

解 如代码 4-19 所示。

代码 4-19　提取矩阵 A 的下三角矩阵

```
In[7]:    A = np.matrix([[1, 2, 3, 4],[3, 4, 5, 6],[5, 6, 7, 8],
                        [7, 8, 9, 0]])
          B = np.tril(A, k = 0)
          print('矩阵A的下三角矩阵为: \n', B)
Out[7]:   矩阵A的下三角矩阵为:
           [[1 0 0 0]
           [3 4 0 0]
           [5 6 7 0]
           [7 8 9 0]]
```

4.2.3　矩阵的运算

1．矩阵的加法和减法

设有矩阵 $\boldsymbol{A}=(a_{ij})_{mn}$ 和矩阵 $\boldsymbol{B}=(b_{ij})_{mn}$，那么矩阵 $\boldsymbol{A}$ 与 $\boldsymbol{B}$ 的和记为 $\boldsymbol{A}+\boldsymbol{B}$，如式（4-24）所示。

$$\boldsymbol{A}+\boldsymbol{B}=\begin{pmatrix} a_{11}+b_{11} & a_{12}+b_{12} & \cdots & a_{1n}+b_{1n} \\ a_{21}+b_{21} & a_{22}+b_{22} & \cdots & a_{2n}+b_{2n} \\ \vdots & \vdots & & \vdots \\ a_{m1}+b_{m1} & a_{m2}+b_{m2} & \cdots & a_{mn}+b_{mn} \end{pmatrix} \tag{4-24}$$

注意：相加的两个矩阵必须具有相同的行数和列数，即两个矩阵必须为同型矩阵。

设 $\boldsymbol{A}$、$\boldsymbol{B}$、$\boldsymbol{C}$ 为同型矩阵，则矩阵的加法满足下列运算律。

（1）交换律：$\boldsymbol{A}+\boldsymbol{B}=\boldsymbol{B}+\boldsymbol{A}$。

（2）结合律：$(\boldsymbol{A}+\boldsymbol{B})+\boldsymbol{C}=\boldsymbol{A}+(\boldsymbol{B}+\boldsymbol{C})$。

设矩阵 $\boldsymbol{A}=(a_{ij})_{mn}$，则记 $-\boldsymbol{A}=-(a_{ij})_{mn}$ 为 $\boldsymbol{A}$ 的负矩阵，且有 $\boldsymbol{A}+(-\boldsymbol{A})=\boldsymbol{O}$。由此可规定矩阵的减法为 $\boldsymbol{A}-\boldsymbol{B}=\boldsymbol{A}+(-\boldsymbol{B})$。

例 4-21　某种物资（单位：千吨）从两个产地运往 3 个销售地。现有两次调运方案，分别用矩阵 $\boldsymbol{A}$ 和矩阵 $\boldsymbol{B}$ 表示，即 $\boldsymbol{A}=\begin{pmatrix} 2 & 1 & 4 \\ 0 & 3 & 3 \end{pmatrix}$ 和 $\boldsymbol{B}=\begin{pmatrix} 3 & 3 & 1 \\ 4 & 0 & 3 \end{pmatrix}$，计算两次从各产地运往各销售地的物资调运总量（$\boldsymbol{A}+\boldsymbol{B}$）。

解

$$\boldsymbol{A}+\boldsymbol{B}=\begin{pmatrix} 2 & 1 & 4 \\ 0 & 3 & 3 \end{pmatrix}+\begin{pmatrix} 3 & 3 & 1 \\ 4 & 0 & 3 \end{pmatrix}=\begin{pmatrix} 2+3 & 1+3 & 4+1 \\ 0+4 & 3+0 & 3+3 \end{pmatrix}=\begin{pmatrix} 5 & 4 & 5 \\ 4 & 3 & 6 \end{pmatrix}$$

使用 Python 计算本例的 $\boldsymbol{A}+\boldsymbol{B}$，如代码 4-20 所示。

代码 4-20　计算 $\boldsymbol{A}+\boldsymbol{B}$

```
In[8]:    A = np.matrix([[2, 1, 4],[0, 3, 3]])
```

```
B = np.matrix([[3, 3, 1],[4, 0, 3]])
print('矩阵A与矩阵B的和为：\n', A + B)
```

```
Out[8]:  矩阵A与矩阵B的和为：
 [[5 4 5]
 [4 3 6]]
```

2. 矩阵的数乘

设有矩阵 $\boldsymbol{A}=(a_{ij})_{mn}$ ，k 是一个数，那么数 k 与矩阵 $\boldsymbol{A}$ 的乘积称为矩阵的数乘，如式（4-25）所示。

$$kA = Ak = \begin{pmatrix} ka_{11} & ka_{12} & \cdots & ka_{1n} \\ ka_{21} & ka_{22} & \cdots & ka_{2n} \\ \vdots & \vdots & & \vdots \\ ka_{m1} & ka_{m2} & \cdots & ka_{mn} \end{pmatrix} \tag{4-25}$$

设 $\boldsymbol{A}$ 、$\boldsymbol{B}$ 为同型矩阵，k 和 l 是任意数，则矩阵的数乘运算满足下列运算律。

（1）分配律：$k(\boldsymbol{A}+\boldsymbol{B})=k\boldsymbol{A}+k\boldsymbol{B}$ ，$(k+l)\boldsymbol{A}=k\boldsymbol{A}+l\boldsymbol{A}$ 。

（2）数和矩阵相乘的结合律：$(kl)\boldsymbol{A}=k(l\boldsymbol{A})=l(k\boldsymbol{A})$ 。

例 4-22　设有矩阵 $\boldsymbol{A}=\begin{pmatrix} 2 & 1 & 4 \\ 0 & 3 & 3 \end{pmatrix}$，常数 $k=3$ ，计算 $\boldsymbol{A}\cdot k$ 。

解

$$\boldsymbol{A}\cdot k=\begin{pmatrix} 2 & 1 & 4 \\ 0 & 3 & 3 \end{pmatrix}\times 3=\begin{pmatrix} 6 & 3 & 12 \\ 0 & 9 & 9 \end{pmatrix}$$

使用 Python 计算本例的 $\boldsymbol{A}\cdot k$ ，如代码 4-21 所示。

代码 4-21　计算 $\boldsymbol{A}\cdot k$

```
In[9]:   A = np.matrix([[2, 1, 4],[0, 3, 3]])
         k = 3
         print('矩阵A与数k的乘积为：\n', A * k)
```

```
Out[9]:  矩阵A与数k的乘积为：
 [[ 6  3 12]
 [ 0  9  9]]
```

3. 矩阵的乘法

设有矩阵 $\boldsymbol{A}=(a_{ij})_{ms}$ 和矩阵 $\boldsymbol{B}=(b_{ij})_{sn}$（矩阵 $\boldsymbol{A}$ 的列数和矩阵 $\boldsymbol{B}$ 的行数相等），那么矩阵 $\boldsymbol{A}$ 和 $\boldsymbol{B}$ 的乘积是一个 $m\times n$ 矩阵，记为 $\boldsymbol{C}=\boldsymbol{AB}=(c_{ij})_{mn}$ 。矩阵 $\boldsymbol{C}$ 的元素 c_{ij} 是矩阵 $\boldsymbol{A}$ 第 i 行的 s 个元素与矩阵 $\boldsymbol{B}$ 第 j 列的 s 个对应元素两两乘积之和，如式（4-26）所示，其中 $i=1,2,\cdots,m$ ，$j=1,2,\cdots,n$ 。

$$c_{ij}=\sum_{k=1}^{s}a_{ik}b_{kj}=a_{i1}b_{1j}+a_{i2}b_{2j}+\cdots+a_{is}b_{sj} \tag{4-26}$$

矩阵乘法满足下列运算律。

（1）结合律：$(\boldsymbol{AB})\boldsymbol{C}=\boldsymbol{A}(\boldsymbol{BC})$。

（2）分配律：$(\boldsymbol{A}+\boldsymbol{B})\boldsymbol{C}=\boldsymbol{AC}+\boldsymbol{BC}$，$\boldsymbol{A}(\boldsymbol{B}+\boldsymbol{C})=\boldsymbol{AB}+\boldsymbol{AC}$。

（3）数与乘积的结合律：$(k\boldsymbol{A})\boldsymbol{B}=\boldsymbol{A}(k\boldsymbol{B})=k(\boldsymbol{AB})$。

此处需要注意：矩阵的乘法一般不满足交换律，即 $\boldsymbol{AB}\neq\boldsymbol{BA}$。

使用 NumPy 库中的 dot 函数可以实现矩阵的乘法计算，其语法格式如下。

```
numpy.dot(a, b, out=None)
```

dot 函数常用的参数及说明如表 4-9 所示。

表 4-9　dot 函数常用的参数及说明

参　数	说　明
a	接收 array 或 matrix，表示第 1 个乘数。无默认值
b	接收 array 或 matrix，表示第 2 个乘数。无默认值

例 4-23　矩阵可应用于加密技术。假设规定 26 个英文字母 a ~ z 分别用数字 1 ~ 26 表示，0 表示空格，加密采用矩阵乘法，即 $\boldsymbol{C}=\boldsymbol{AB}$，其中，$\boldsymbol{A}$ 为密钥矩阵且可逆，$\boldsymbol{B}$ 为要传递的信息矩阵，$\boldsymbol{C}$ 为消息的密文矩阵。现在需要发出“python”这个消息，并且消息按照 $\begin{pmatrix}p & y\\ t & h\\ o & n\end{pmatrix}$ 的顺序排列，密钥矩阵 $\boldsymbol{A}=\begin{pmatrix}1 & 2 & 3\\ 1 & 1 & 2\\ 0 & 1 & 2\end{pmatrix}$，求发出的密文矩阵 $\boldsymbol{C}$，即矩阵 $\boldsymbol{A}$ 乘以将要发出的消息（经过“加密”）后发出的矩阵。

解　由题意知，要发出的“python”这个消息的矩阵为 $\boldsymbol{B}=\begin{pmatrix}16 & 25\\ 20 & 8\\ 15 & 14\end{pmatrix}$，则经过加密后发出的矩阵 $\boldsymbol{C}$ 如下。

$$\boldsymbol{C}=\boldsymbol{AB}=\begin{pmatrix}1 & 2 & 3\\ 1 & 1 & 2\\ 0 & 1 & 2\end{pmatrix}\begin{pmatrix}16 & 25\\ 20 & 8\\ 15 & 14\end{pmatrix}=\begin{pmatrix}101 & 83\\ 66 & 61\\ 50 & 36\end{pmatrix}$$

使用 Python 求本例发出的密文矩阵 $\boldsymbol{C}$，即矩阵 $\boldsymbol{A}$ 与矩阵 $\boldsymbol{B}$ 的乘积，如代码 4-22 所示。

代码 4-22　求密文矩阵 $\boldsymbol{C}$

```
In[10]:   A = np.matrix([[1, 2, 3],[1, 1, 2],[0, 1, 2]])
          B = np.matrix([[16, 25],[20, 8],[15, 14]])
          print('密文矩阵为：\n',  A * B)  # 方法一

Out[10]:  密文矩阵为：
           [[101  83]
```

```
         [ 66  61]
         [ 50  36]]
In[11]:  print('密文矩阵为：\n', np.dot(A, B))  # 方法二
Out[11]: 密文矩阵为：
         [[101  83]
         [ 66  61]
         [ 50  36]]
```

4. 矩阵的转置

设有 $m\times n$ 矩阵 $\boldsymbol{A}$，将其行与列互换后得到 $n\times m$ 矩阵，称其为矩阵 $\boldsymbol{A}$ 的转置矩阵，记为 $\boldsymbol{A}^{\mathrm{T}}$，如式（4-27）所示。

$$\boldsymbol{A}=\begin{pmatrix} a_{11} & a_{12} & \cdots & a_{1n} \\ a_{21} & a_{22} & \cdots & a_{2n} \\ \vdots & \vdots & & \vdots \\ a_{m1} & a_{m2} & \cdots & a_{mn} \end{pmatrix},\quad \boldsymbol{A}^{\mathrm{T}}=\begin{pmatrix} a_{11} & a_{21} & \cdots & a_{m1} \\ a_{12} & a_{22} & \cdots & a_{m2} \\ \vdots & \vdots & & \vdots \\ a_{1n} & a_{2n} & \cdots & a_{mn} \end{pmatrix} \tag{4-27}$$

转置矩阵满足下列运算律。

（1）$(\boldsymbol{A}^{\mathrm{T}})^{\mathrm{T}}=\boldsymbol{A}$。

（2）$(\boldsymbol{A}+\boldsymbol{B})^{\mathrm{T}}=\boldsymbol{A}^{\mathrm{T}}+\boldsymbol{B}^{\mathrm{T}}$。

（3）$(k\boldsymbol{A})^{\mathrm{T}}=k\boldsymbol{A}^{\mathrm{T}}$。

（4）$(\boldsymbol{A}\boldsymbol{B})^{\mathrm{T}}=\boldsymbol{B}^{\mathrm{T}}\boldsymbol{A}^{\mathrm{T}}$。

例 4-24 设有矩阵 $\boldsymbol{A}=\begin{pmatrix} 16 & 25 \\ 20 & 8 \\ 30 & 14 \end{pmatrix}$，求 $\boldsymbol{A}$ 的转置矩阵。

解

$$\boldsymbol{A}^{\mathrm{T}}=\begin{pmatrix} 16 & 25 \\ 20 & 8 \\ 30 & 14 \end{pmatrix}^{\mathrm{T}}=\begin{pmatrix} 16 & 20 & 30 \\ 25 & 8 & 14 \end{pmatrix}$$

使用 Python 求本例中 $\boldsymbol{A}$ 的转置矩阵，如代码 4-23 所示。

代码 4-23 求 $\boldsymbol{A}$ 的转置矩阵

```
In[12]:  A = np.mat('16 25;20 8;30 14')
         print('矩阵 A 的转置矩阵为：\n', A.T)
Out[12]: 矩阵 A 的转置矩阵为：
         [[16 20 30]
         [25  8 14]]
```

4.2.4 矩阵的逆

定义 4-13 对于 n 阶矩阵 $\boldsymbol{A}$，如果存在一个 n 阶矩阵 $\boldsymbol{B}$，使得 $\boldsymbol{AB}=\boldsymbol{BA}=\boldsymbol{E}$，则称 $\boldsymbol{A}$ 为可逆矩阵，称 $\boldsymbol{B}$ 为 $\boldsymbol{A}$ 的**逆矩阵**，且逆矩阵是唯一的，记为 $\boldsymbol{B}=\boldsymbol{A}^{-1}$。

定义 4-14 将行列式 $|\boldsymbol{A}|$ 的 n^2 个元素的代数余子式按式（4-28）所示的形式排成的矩阵，称为矩阵 $\boldsymbol{A}$ 的**伴随矩阵**，记为 $\boldsymbol{A}^*$。

$$\boldsymbol{A}^*=\begin{pmatrix} A_{11} & A_{21} & \cdots & A_{n1} \\ A_{12} & A_{22} & \cdots & A_{n2} \\ \vdots & \vdots & & \vdots \\ A_{1n} & A_{2n} & \cdots & A_{nn} \end{pmatrix} \tag{4-28}$$

其中，元素 a_{ij} 的代数余子式 A_{ij} 位于 $\boldsymbol{A}^*$ 的第 j 行第 i 列，且 $\boldsymbol{A}^*$ 满足 $\boldsymbol{AA}^*=|\boldsymbol{A}|\boldsymbol{E}$。

定理 4-4 若矩阵 $\boldsymbol{A}$ 可逆，则 $|\boldsymbol{A}|\neq 0$。

定理 4-5 矩阵 $\boldsymbol{A}$ 可逆的充分必要条件是 $|\boldsymbol{A}|\neq 0$，当 $|\boldsymbol{A}|\neq 0$ 时，$\boldsymbol{A}$ 可逆，且满足式（4-29）。

$$\boldsymbol{A}^{-1}=\frac{1}{|\boldsymbol{A}|}\boldsymbol{A}^* \tag{4-29}$$

使用 NumPy 库中 linalg 模块的 inv 函数可以计算矩阵的逆，其语法格式如下。

```
numpy.linalg.inv(a)
```

inv 函数常用的参数及说明如表 4-10 所示。

表 4-10 inv 函数常用的参数及说明

参 数	说 明
a	接收 matrix，表示需要计算逆的矩阵。无默认值

例 4-25 解密是加密的逆过程，根据例 4-23 中的假设，已知密钥矩阵 $\boldsymbol{A}=\begin{pmatrix} 1 & 2 & 3 \\ 1 & 1 & 2 \\ 0 & 1 & 2 \end{pmatrix}$，现在接收到的密文矩阵 $\boldsymbol{C}=\begin{pmatrix} 101 & 83 \\ 66 & 61 \\ 50 & 36 \end{pmatrix}$，求传递的信息矩阵 $\boldsymbol{B}$，即接收到的消息内容。

解 由题意知 $\boldsymbol{C}=\boldsymbol{AB}$，即 $\begin{pmatrix} 101 & 83 \\ 66 & 61 \\ 50 & 36 \end{pmatrix}=\begin{pmatrix} 1 & 2 & 3 \\ 1 & 1 & 2 \\ 0 & 1 & 2 \end{pmatrix}\boldsymbol{B}$，则可得 $\boldsymbol{B}=\boldsymbol{A}^{-1}\boldsymbol{C}$。

因为 $|\boldsymbol{A}|=-1\neq 0$，所以存在 $\boldsymbol{A}^{-1}$，计算 $|\boldsymbol{A}|$ 的代数余子式可得

$$\boldsymbol{A}^*=\begin{pmatrix} A_{11} & A_{21} & A_{31} \\ A_{12} & A_{22} & A_{32} \\ A_{13} & A_{23} & A_{33} \end{pmatrix}=\begin{pmatrix} 0 & -1 & 1 \\ -2 & 2 & 1 \\ 1 & -1 & -1 \end{pmatrix}$$

所以 $\boldsymbol{A}^{-1}=\frac{1}{|\boldsymbol{A}|}\boldsymbol{A}^*=\begin{pmatrix} 0 & 1 & -1 \\ 2 & -2 & -1 \\ -1 & 1 & 1 \end{pmatrix}$，则

$$B = A^{-1}C = \begin{pmatrix} 0 & 1 & -1 \\ 2 & -2 & -1 \\ -1 & 1 & 1 \end{pmatrix} \begin{pmatrix} 101 & 83 \\ 66 & 61 \\ 50 & 36 \end{pmatrix} = \begin{pmatrix} 16 & 25 \\ 20 & 8 \\ 15 & 14 \end{pmatrix}$$

由英文字母与整数间的对应关系可知，接收到的消息内容为“python”。

使用 Python 求本例传递的信息矩阵 $\boldsymbol{B}$，如代码 4-24 所示。

代码 4-24 求信息矩阵 $\boldsymbol{B}$

```
In[13]:  A = np.matrix([[1, 2, 3],[1, 1, 2],[0, 1, 2]])
         C = np.matrix([[101, 83],[66, 61],[50, 36]])
         print('传递的信息矩阵B为: \n', (A.I) * C)  # 方法一
         print('传递的信息矩阵B为: \n', np.linalg.inv(A) * C)  # 方法二
Out[13]: 传递的信息矩阵B为:
          [[ 16.  25.]
          [ 20.   8.]
          [ 15.  14.]]
         传递的信息矩阵B为:
          [[ 16.  25.]
          [ 20.   8.]
          [ 15.  14.]]
```

4.2.5 向量组与矩阵的秩

1. 向量组的秩

在了解向量组的秩之前，需要先了解以下几个概念。

（1）向量

向量是指具有大小和方向的量。

定义 4-15 n 个数 $\alpha_1,\alpha_2,\cdots,\alpha_n$ 所组成的有序数组称为 n 维**向量**，记为 $\boldsymbol{\alpha}=[\alpha_1,\alpha_2,\cdots,\alpha_n]$，$\boldsymbol{\alpha}$ 称为 n 维**行向量**，$\boldsymbol{\alpha}^{\mathrm{T}}=[\alpha_1,\alpha_2,\cdots,\alpha_n]^{\mathrm{T}}$ 称为 n 维**列向量**，其中 α_i 称为 $\boldsymbol{\alpha}$（或 $\boldsymbol{\alpha}^{\mathrm{T}}$）的第 i 个分量。

（2）线性组合

定义 4-16 设有 m 个 n 维向量 $\boldsymbol{\alpha}_1,\boldsymbol{\alpha}_2,\cdots,\boldsymbol{\alpha}_m$ 及 m 个数 $k_1,k_2,\cdots,k_m$，则向量 $k_1\boldsymbol{\alpha}_1+k_2\boldsymbol{\alpha}_2+\cdots+k_m\boldsymbol{\alpha}_m$ 称为向量组 $\boldsymbol{\alpha}_1,\boldsymbol{\alpha}_2,\cdots,\boldsymbol{\alpha}_m$ 的**线性组合**。

（3）线性表出

定义 4-17 若向量 $\boldsymbol{\beta}$ 能表示成向量组 $\boldsymbol{\alpha}_1,\boldsymbol{\alpha}_2,\cdots,\boldsymbol{\alpha}_m$ 的线性组合，即存在 m 个数 $k_1,k_2,\cdots,k_m$，使得 $\boldsymbol{\beta}=k_1\boldsymbol{\alpha}_1+k_2\boldsymbol{\alpha}_2+\cdots+k_m\boldsymbol{\alpha}_m$，则称向量 $\boldsymbol{\beta}$ 能被向量组 $\boldsymbol{\alpha}_1,\boldsymbol{\alpha}_2,\cdots,\boldsymbol{\alpha}_m$ **线性表出**。

（4）线性相关

定义 4-18 对 m 个 n 维向量 $\boldsymbol{\alpha}_1,\boldsymbol{\alpha}_2,\cdots,\boldsymbol{\alpha}_m$，若存在 m 个不全为零的数 $k_1,k_2,\cdots,k_m$，使得线性组合 $k_1\boldsymbol{\alpha}_1+k_2\boldsymbol{\alpha}_2+\cdots+k_m\boldsymbol{\alpha}_m=0$，则称向量组 $\boldsymbol{\alpha}_1,\boldsymbol{\alpha}_2,\cdots,\boldsymbol{\alpha}_m$ **线性相关**。

（5）线性无关

定义 4-19 向量组 $\boldsymbol{\alpha}_1,\boldsymbol{\alpha}_2,\cdots,\boldsymbol{\alpha}_m$ 不线性相关，则称为**线性无关**，即若不存在不全为零的数 $k_1,k_2,\cdots,k_m$ 使得线性组合 $k_1\boldsymbol{\alpha}_1+k_2\boldsymbol{\alpha}_2+\cdots+k_m\boldsymbol{\alpha}_m=\mathbf{0}$，或等价于当且仅当 $k_1=k_2=\cdots=k_m=0$ 时，才有 $k_1\boldsymbol{\alpha}_1+k_2\boldsymbol{\alpha}_2+\cdots+k_m\boldsymbol{\alpha}_m=\mathbf{0}$ 成立。

（6）极大线性无关组

定义 4-20 在向量组 $\boldsymbol{\alpha}_1,\boldsymbol{\alpha}_2,\cdots,\boldsymbol{\alpha}_m$ 中，若存在部分向量组 $\boldsymbol{\alpha}_1,\boldsymbol{\alpha}_2,\cdots,\boldsymbol{\alpha}_i$ 满足下面两个条件，则称向量组 $\boldsymbol{\alpha}_1,\boldsymbol{\alpha}_2,\cdots,\boldsymbol{\alpha}_i$ 是原向量组的**极大线性无关组**。

① $\boldsymbol{\alpha}_1,\boldsymbol{\alpha}_2,\cdots,\boldsymbol{\alpha}_i$ 线性无关。

② 向量组中的任一向量 $\boldsymbol{\alpha}_i$ $(i=1,2,\cdots,m)$ 均可由 $\boldsymbol{\alpha}_1,\boldsymbol{\alpha}_2,\cdots,\boldsymbol{\alpha}_i$ 线性表出。

（7）向量组的秩

定义 4-21 向量组 $\boldsymbol{\alpha}_1,\boldsymbol{\alpha}_2,\cdots,\boldsymbol{\alpha}_m$ 的极大线性无关组 $\boldsymbol{\alpha}_1,\boldsymbol{\alpha}_2,\cdots,\boldsymbol{\alpha}_r$ 中所含向量的个数 r 称为**向量组的秩**，记为 $\text{rank}(\boldsymbol{\alpha}_1,\boldsymbol{\alpha}_2,\cdots,\boldsymbol{\alpha}_m)=r$。

定理 4-6 向量组 $\boldsymbol{\alpha}_1,\boldsymbol{\alpha}_2,\cdots,\boldsymbol{\alpha}_m$ 线性相关的充分必要条件是该向量组的秩小于向量组的向量个数，即 $\text{rank}(\boldsymbol{\alpha}_1,\boldsymbol{\alpha}_2,\cdots,\boldsymbol{\alpha}_m)<m$；向量组线性无关的充分必要条件是 $\text{rank}(\boldsymbol{\alpha}_1,\boldsymbol{\alpha}_2,\cdots,\boldsymbol{\alpha}_m)=m$。

2. 矩阵的秩

在 $m\times n$ 矩阵 $\boldsymbol{A}$ 中任取 k 行 k 列（$k\leqslant m$，$k\leqslant n$），提取位于这些行列交叉处的 k^2 个元素，不改变它们在 $\boldsymbol{A}$ 中所处的相对位置，得到的 k 阶行列式称为矩阵 $\boldsymbol{A}$ 的 k 阶子式。

定义 4-22 设在矩阵 $\boldsymbol{A}$ 中有一个不等于 0 的 r 阶子式 D，且所有 $r+1$ 阶子式（如果存在）全等于 0，那么 D 称为 $\boldsymbol{A}$ 的最高阶非零子式，数 r 称为矩阵 $\boldsymbol{A}$ 的**秩**，记为 $\text{rank}(\boldsymbol{A})$，并规定零矩阵的秩为 0。

定义 4-23 若 p 阶方阵 $\boldsymbol{A}$ 的秩为 p，即 $\text{rank}(\boldsymbol{A})=p$，则称 $\boldsymbol{A}$ 是满秩的。

定理 4-7 矩阵的秩等于它的列向量组的秩，也等于它的行向量组的秩。

矩阵的秩具有以下几个基本的性质。

（1）$\text{rank}(\boldsymbol{A})=0$，当且仅当 $\boldsymbol{A}=0$。

（2）若 $\boldsymbol{A}$ 为 $p\times q$ 矩阵，且 $\boldsymbol{A}\neq 0$，则 $1\leqslant\text{rank}(\boldsymbol{A})\leqslant\min\{p,q\}$（若 $\text{rank}(\boldsymbol{A})=p$，则称 $\boldsymbol{A}$ 为行满秩的；若 $\text{rank}(\boldsymbol{A})=q$，则称 $\boldsymbol{A}$ 为列满秩的）。

（3）$\text{rank}(\boldsymbol{A}^{\mathrm{T}})=\text{rank}(\boldsymbol{A})$。

（4）$\text{rank}(\boldsymbol{AB})=\min\{\text{rank}(\boldsymbol{A}),\text{rank}(\boldsymbol{B})\}$。

（5）$\text{rank}(\boldsymbol{AA}^{\mathrm{T}})=\text{rank}(\boldsymbol{A}^{\mathrm{T}}\boldsymbol{A})=\text{rank}(\boldsymbol{A})$。

使用 NumPy 库中的 linalg 模块的 matrix_rank 函数可以求秩，其语法格式如下。

```
numpy.linalg.matrix_rank(M, tol=None)
```

matrix_rank 函数常用的参数及其说明如表 4-11 所示。

表 4-11　matrix_rank 函数常用的参数及其说明

参　数	说　明
M	接收 array 或 matrix。表示需要求秩的矩阵。无默认值

例 4-26 已知矩阵 $\boldsymbol{A}=\begin{pmatrix}1 & -1 & 5 & -1\\ 1 & 1 & -2 & 3\\ 3 & -1 & 8 & 1\\ 1 & 3 & -9 & 7\end{pmatrix}$，求矩阵 $\boldsymbol{A}$ 的秩。

解

$$\boldsymbol{A}=\begin{pmatrix}1 & -1 & 5 & -1\\ 1 & 1 & -2 & 3\\ 3 & -1 & 8 & 1\\ 1 & 3 & -9 & 7\end{pmatrix}\xrightarrow[r_4-r_1]{r_2-r_1,\ r_3-3r_1}\begin{pmatrix}1 & -1 & 5 & -1\\ 0 & 2 & -7 & 4\\ 0 & 2 & -7 & 4\\ 0 & 4 & -14 & 8\end{pmatrix}\xrightarrow[r_4-2r_2]{r_3-r_2}\begin{pmatrix}1 & -1 & 5 & -1\\ 0 & 2 & -7 & 4\\ 0 & 0 & 0 & 0\\ 0 & 0 & 0 & 0\end{pmatrix}$$

因为有两个非零行，所以 $\mathrm{rank}(\boldsymbol{A})=2$ 。

使用 Python 求本例矩阵 $\boldsymbol{A}$ 的秩，如代码 4-25 所示。

代码 4-25 求矩阵 *A* 的秩

```
In[15]:   A = np.matrix([[1, -1, 5, -1],[1, 1, -2, 3],[3, -1, 8, 1],
                         [1, 3, -9, 7]])
          print('矩阵 A 的秩为: ', np.linalg.matrix_rank(A))

Out[15]:  矩阵 A 的秩为:  2
```

定理 4-8 对于 n 元线性方程组 $\boldsymbol{Ax}=\boldsymbol{b}$，有以下几条定理。

（1）无解的充分必要条件是 $\mathrm{rank}(\boldsymbol{A})<\mathrm{rank}(\boldsymbol{A},\boldsymbol{b})$ 。

（2）有唯一解的充分必要条件是 $\mathrm{rank}(\boldsymbol{A})=\mathrm{rank}(\boldsymbol{A},\boldsymbol{b})=n$ 。

（3）有无穷多解的充分必要条件是 $\mathrm{rank}(\boldsymbol{A})=\mathrm{rank}(\boldsymbol{A},\boldsymbol{b})<n$ 。

例 4-27 某城市有 4 条单行道，十字路口 A、B、C、D 构成 4 个节点，如图 4-3 所示，进出十字路口的汽车流量（每小时的车流数）标在图上，求每两个节点之间路段上的交通流量。

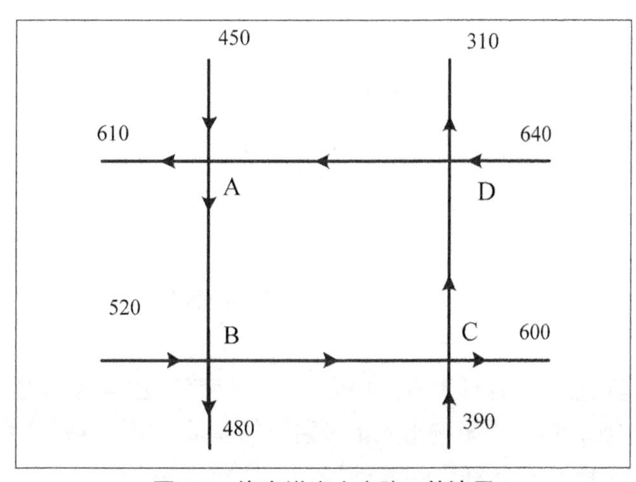

图 4-3 汽车进出十字路口的流量

解 设每两个节点之间路段上的交通流量：$D \to A$ 为 x_1；$A \to B$ 为 x_2；$B \to C$ 为 x_3；$C \to D$ 为 x_4。另外，假设每个节点，进入和离开的车数相等，则由题意可得方程组

$$\begin{cases} x_1 + 450 = x_2 + 610 \\ x_2 + 520 = x_3 + 480 \\ x_3 + 390 = x_4 + 600 \\ x_4 + 640 = x_1 + 310 \end{cases}$$

整理可得方程组

$$\begin{cases} x_1 - x_2 = 160 \\ x_2 - x_3 = -40 \\ x_3 - x_4 = 210 \\ -x_1 + x_4 = -330 \end{cases}$$

进而可得矩阵

$$\begin{aligned} \boldsymbol{B} &= (\boldsymbol{A}, \boldsymbol{b}) \\ &= \begin{pmatrix} 1 & -1 & 0 & 0 & 160 \\ 0 & 1 & -1 & 0 & -40 \\ 0 & 0 & 1 & -1 & 210 \\ -1 & 0 & 0 & 1 & -330 \end{pmatrix} \xrightarrow{r_4 + r_1} \begin{pmatrix} 1 & -1 & 0 & 0 & 160 \\ 0 & 1 & -1 & 0 & -40 \\ 0 & 0 & 1 & -1 & 210 \\ 0 & -1 & 0 & 1 & -170 \end{pmatrix} \\ &\xrightarrow{r_4 + r_2} \begin{pmatrix} 1 & -1 & 0 & 0 & 160 \\ 0 & 1 & -1 & 0 & -40 \\ 0 & 0 & 1 & -1 & 210 \\ 0 & 0 & -1 & 1 & -210 \end{pmatrix} \xrightarrow{r_4 + r_3} \begin{pmatrix} 1 & -1 & 0 & 0 & 160 \\ 0 & 1 & -1 & 0 & -40 \\ 0 & 0 & 1 & -1 & 210 \\ 0 & 0 & 0 & 0 & 0 \end{pmatrix} \end{aligned}$$

因为有 3 个非零行，所以 $\operatorname{rank}(\boldsymbol{B}) = 3$，由于矩阵 $\boldsymbol{A} = \begin{pmatrix} 1 & -1 & 0 & 0 \\ 0 & 1 & -1 & 0 \\ 0 & 0 & 1 & -1 \\ -1 & 0 & 0 & 1 \end{pmatrix}$ 的秩为 3，即 $\operatorname{rank}(\boldsymbol{B}) = \operatorname{rank}(\boldsymbol{A}) = 3$，所以方程组有无限多个解。

可得与原方程同解的方程组

$$\begin{cases} x_1 - x_2 = 160 \\ x_2 - x_3 = -40 \\ x_3 - x_4 = 210 \end{cases}$$

可得

$$\begin{cases} x_1 = x_4 + 330 \\ x_2 = x_4 + 170 \quad (x_4\text{可取任意值}) \\ x_3 = x_4 + 210 \end{cases}$$

方程组有无限多个解表明：如果有一些车围绕十字路口 $D \to A \to B \to C$ 绕行，流量 x_1、x_2、x_3、x_4 都会增加，但并不影响出入十字路口的流量，仍然满足方程式。

使用 Python 求本例矩阵 $\boldsymbol{A}$ 和矩阵 $\boldsymbol{B}$ 的秩，如代码 4-26 所示。

代码 4-26 求矩阵 *A* 和矩阵 *B* 的秩

```
In[16]:  A = np.matrix([[1, -1, 0, 0],[0, 1, -1, 0],[0, 0, 1, -1],
                        [-1, 0, 0, 1]])
         B = np.matrix([[1, -1, 0, 0, 160],[0, 1, -1, 0, -40],
                        [0, 0, 1, -1, 210],[-1, 0, 0, 1, -330]])
         print('矩阵A的秩为：', np.linalg.matrix_rank(A))
         print('矩阵B的秩为：', np.linalg.matrix_rank(B))
Out[16]: 矩阵A的秩为： 3
         矩阵B的秩为： 3
```

4.2.6 协方差矩阵

定义 4-24 若矩阵 $\boldsymbol{X}=(x_{ij})$ 的每个元素都是随机变量，则称 $\boldsymbol{X}$ 为**随机矩阵**。

定义 4-25 随机变量之间的线性联系程度可用协方差来描述。设 x 和 y 是两个随机变量，它们之间的**协方差**定义为式（4-30）。

$$\begin{aligned}\operatorname{cov}(x,y)&=E\left[x-E(x)\right]\left[y-E(y)\right]\\&=E(xy)-E(x)E(y)\end{aligned}\tag{4-30}$$

若 $\operatorname{cov}(x,y)=0$，则称 x 和 y 不相关。

定义 4-26 设 $\boldsymbol{x}=(x_1,x_2,\cdots,x_p)^{\mathrm{T}}$ 和 $\boldsymbol{y}=(y_1,y_2,\cdots,y_q)^{\mathrm{T}}$ 分别为 p 维和 q 维随机向量，$\boldsymbol{x}$ 和 $\boldsymbol{y}$ 的**协方差矩阵**（简称**协方阵**）定义为式（4-31），记为 $\operatorname{cov}(\boldsymbol{x},\boldsymbol{y})$，可将其简洁地表达为式（4-32）。

$$\operatorname{cov}(\boldsymbol{x},\boldsymbol{y})=\begin{pmatrix}\operatorname{cov}(x_1,y_1) & \operatorname{cov}(x_1,y_2) & \cdots & \operatorname{cov}(x_1,y_q)\\ \operatorname{cov}(x_2,y_1) & \operatorname{cov}(x_2,y_2) & \cdots & \operatorname{cov}(x_2,y_q)\\ \vdots & \vdots & & \vdots\\ \operatorname{cov}(x_p,y_1) & \operatorname{cov}(x_p,y_2) & \cdots & \operatorname{cov}(x_p,y_q)\end{pmatrix}\tag{4-31}$$

$$\operatorname{cov}(\boldsymbol{x},\boldsymbol{y})=E\left[\boldsymbol{x}-E(\boldsymbol{x})\right]\left[\boldsymbol{y}-E(\boldsymbol{y})\right]^{\mathrm{T}}\tag{4-32}$$

显然，$\boldsymbol{y}$ 和 $\boldsymbol{x}$ 的协方差矩阵与 $\boldsymbol{x}$ 和 $\boldsymbol{y}$ 的协方差矩阵互为转置关系，即有 $\operatorname{cov}(\boldsymbol{x},\boldsymbol{y})=[\operatorname{cov}(\boldsymbol{y},\boldsymbol{x})]^{\mathrm{T}}$。

若 $\operatorname{cov}(\boldsymbol{x},\boldsymbol{y})=\boldsymbol{0}$，则称 $\boldsymbol{x}$ 和 $\boldsymbol{y}$ 不相关。不相关和独立性存在着这样的关系：由 $\boldsymbol{x}$ 和 $\boldsymbol{y}$ 相互独立可推知 $\operatorname{cov}(\boldsymbol{x},\boldsymbol{y})=\boldsymbol{0}$，即它们不相关；反之，由 $\boldsymbol{x}$ 和 $\boldsymbol{y}$ 不相关，并不能推知它们独立。

定义 4-27 当 $\boldsymbol{x}=\boldsymbol{y}$ 时，$\operatorname{cov}(\boldsymbol{x},\boldsymbol{x})$ 称为 $\boldsymbol{x}$ 的**协方差矩阵**，记为 $V(\boldsymbol{x})$，即有式（4-33）成立。

$$\begin{aligned}V(\boldsymbol{x})&=E\left[\boldsymbol{x}-E(\boldsymbol{x})\right]\left[\boldsymbol{x}-E(\boldsymbol{x})\right]^{\mathrm{T}}\\&=\begin{pmatrix}V(x_1) & \operatorname{cov}(x_1,x_2) & \cdots & \operatorname{cov}(x_1,x_p)\\ \operatorname{cov}(x_2,x_1) & V(x_2) & \cdots & \operatorname{cov}(x_2,x_p)\\ \vdots & \vdots & & \vdots\\ \operatorname{cov}(x_p,x_1) & \operatorname{cov}(x_p,x_2) & \cdots & V(x_p)\end{pmatrix}\end{aligned}\tag{4-33}$$

协方差矩阵 $V(\boldsymbol{x})$ 也记为 $\boldsymbol{\Sigma}=(\sigma_{ij})$，其中，$\sigma_{ij}=\operatorname{cov}(x_i,x_j)$，$\sigma_{ii}=\sigma_i^2=V(x_i)$。协方差

矩阵具有以下几个性质。

（1）设 $\boldsymbol{A}$ 为常数矩阵，$\boldsymbol{b}$ 为常数向量，则 $V(\boldsymbol{Ax}+\boldsymbol{b})=\boldsymbol{A}V(\boldsymbol{x})\boldsymbol{A}^{\mathrm{T}}$。

（2）设 $\boldsymbol{A}$ 和 $\boldsymbol{B}$ 为常数矩阵，则 $\mathrm{cov}(\boldsymbol{Ax},\boldsymbol{By})=\boldsymbol{A}\mathrm{cov}(\boldsymbol{x},\boldsymbol{y})\boldsymbol{B}^{\mathrm{T}}$。

使用 NumPy 库中的 cov 函数可以求协方差矩阵，其语法格式如下。

```
numpy.cov(m, y=None, rowvar=True, bias=False, ddof=None, fweights=None,
aweights=None)
```

cov 函数常用的参数及说明如表 4-12 所示。

表 4-12　cov 函数常用的参数及说明

参　数	说　明
m	接收 array 或 matrix，表示需要求协方差矩阵的数据。无默认值

例 4-28　设 $\boldsymbol{x}$ 为一个随机生成的 2 行 5 列的矩阵，求 $\boldsymbol{x}$ 的协方差矩阵。

解　用 Python 求解，如代码 4-27 所示。

代码 4-27　求 $\boldsymbol{x}$ 的协方差矩阵

```
In[17]:   x = np.random.random(size=(2,5))  # 生成 2 行 5 列的数据
          Vx = np.cov(x)
          print('矩阵 x 的协方差矩阵为: \n', Vx)

Out[17]:  矩阵 x 的协方差矩阵为:
           [[ 0.03353955 -0.04557798]
           [-0.04557798  0.16404489]]
```

4.2.7　相关矩阵

定义 4-28　设 x 和 y 是两个随机变量，它们之间的**相关系数**定义为式（4-34），它度量了 x 和 y 之间线性相关关系的强弱，ρ 的取值范围为 $[-1,1]$。

$$\rho=\rho(x,y)=\frac{\mathrm{cov}(x,y)}{\sqrt{V(x)V(y)}} \tag{4-34}$$

当 $\rho=0$ 时，表明 x 和 y 不相关；当 $\rho>0$ 时，表明 x 和 y **正相关**；当 $\rho<0$ 时，表明 x 和 y **负相关**；当 $|\rho|=1$ 时，当且仅当 x 和 y 中的一个变量可表示成另一个变量的线性函数。

定义 4-29　设 $\boldsymbol{x}=(x_1,x_2,\cdots,x_p)^{\mathrm{T}}$ 和 $\boldsymbol{y}=(y_1,y_2,\cdots,y_q)^{\mathrm{T}}$ 分别为 p 维和 q 维随机向量，$\boldsymbol{x}$ 和 $\boldsymbol{y}$ 的**相关矩阵**定义为式（4-35）。

$$\rho(\boldsymbol{x},\boldsymbol{y})=\begin{pmatrix}\rho(x_1,y_1) & \rho(x_1,y_2) & \cdots & \rho(x_1,y_q)\\ \rho(x_2,y_1) & \rho(x_2,y_2) & \cdots & \rho(x_2,y_q)\\ \vdots & \vdots & & \vdots\\ \rho(x_p,y_1) & \rho(x_p,y_2) & \cdots & \rho(x_p,y_q)\end{pmatrix} \tag{4-35}$$

定义 4-30　若 $\rho(\boldsymbol{x},\boldsymbol{y})=0$，则表明 $\boldsymbol{x}$ 和 $\boldsymbol{y}$ 不相关。当 $\boldsymbol{x}=\boldsymbol{y}$ 时，$\rho(\boldsymbol{x},\boldsymbol{y})$ 称为 $\boldsymbol{x}$ 的**相关矩阵**，记为 $\boldsymbol{R}=(\rho_{ij})$，其中 $\rho_{ij}=\rho(x_i,x_j)$，$\rho_{ii}=1$，如式（4-36）所示。

$$R=\begin{pmatrix}1 & \rho_{12} & \cdots & \rho_{1p}\\ \rho_{21} & 1 & \cdots & \rho_{2p}\\ \vdots & \vdots & & \vdots\\ \rho_{p1} & \rho_{p2} & \cdots & 1\end{pmatrix} \tag{4-36}$$

相关矩阵 $\boldsymbol{R}=(\rho_{ij})$ 和协方差矩阵 $\boldsymbol{\Sigma}=(\sigma_{ij})$ 之间有式（4-37）所示的关系式，其中 $\boldsymbol{D}=\mathrm{diag}(\sqrt{\sigma_{12}},\sqrt{\sigma_{22}},\cdots,\sqrt{\sigma_{pp}})$； $\boldsymbol{R}$ 与 $\boldsymbol{\Sigma}$ 中相应位置元素之间的关系如式（4-38）所示。

$$\boldsymbol{R}=\boldsymbol{D}^{-1}\boldsymbol{\Sigma}\boldsymbol{D}^{-1} \tag{4-37}$$

$$\rho_{ij}=\frac{\sigma_{ij}}{\sqrt{\sigma_{ii}}\sqrt{\sigma_{jj}}} \tag{4-38}$$

使用 NumPy 库中的 corrcoef 函数可以求相关矩阵，其语法格式如下。

```
numpy.corrcoef(x, y=None, rowvar=True, bias=<class 'numpy._globals._NoValue'>, ddof=<class 'numpy._globals._NoValue'>)
```

corrcoef 函数常用的参数及说明如表 4-13 所示。

表 4-13 corrcoef 函数常用的参数及说明

参数	说明
x	接收 array 或 matrix，表示需要求相关矩阵的数据。无默认值

例 4-29 设 $\boldsymbol{x}$ 为一个随机生成的 2 行 5 列的矩阵，求 $\boldsymbol{x}$ 的相关矩阵。

解 用 Python 求解，如代码 4-28 所示。

代码 4-28 求 $\boldsymbol{x}$ 的相关矩阵

```
In[18]:  x = np.random.random(size=(2,5))  # 生成 2 行 5 列的矩阵
         R = np.corrcoef(x)
         print('矩阵 x 的相关矩阵为：\n', R)

Out[18]: 矩阵 x 的相关矩阵为：
          [[ 1.         -0.87332451]
          [-0.87332451  1.        ]]
```

4.3 矩阵的特征分解与奇异值分解

4.3.1 特征分解

特征分解（Eigen Decomposition）又称谱分解（Spectral Decomposition），可将矩阵分解为分别由其特征值和特征向量表示的矩阵的乘积。

1. 特征值与特征向量

定义 4-31 设 $\boldsymbol{A}$ 是 n 阶矩阵，如果数 λ 与一个 n 维非零列向量 ξ 使得式（4-39）成立，则称 λ 是 $\boldsymbol{A}$ 的**特征值**，ξ 是 $\boldsymbol{A}$ 的对应于 λ 的**特征向量**。

$$\boldsymbol{A}\xi=\lambda\xi(\xi\neq\boldsymbol{0}) \tag{4-39}$$

式（4-39）也可以写成 $(\boldsymbol{A}-\lambda\boldsymbol{E})\xi=\boldsymbol{0}$。这是 n 个未知数 n 个方程的齐次线性方程组，其有非零解的充分必要条件是系数行列式 $|\boldsymbol{A}-\lambda\boldsymbol{E}|=0$，如式（4-40）所示。

$$\begin{vmatrix} a_{11}-\lambda & a_{12} & \cdots & a_{1n} \\ a_{21} & a_{22}-\lambda & \cdots & a_{2n} \\ \vdots & \vdots & & \vdots \\ a_{n1} & a_{n2} & \cdots & a_{nn}-\lambda \end{vmatrix}=0 \tag{4-40}$$

式（4-40）是未知数 λ 的 n 次方程，称为矩阵 $\boldsymbol{A}$ 的特征方程。$|\boldsymbol{A}-\lambda\boldsymbol{E}|$ 是 λ 的 n 次多项式，称为矩阵 $\boldsymbol{A}$ 的特征多项式。显然，$\boldsymbol{A}$ 的特征值就是特征方程的解。

定理 4-9　三角矩阵主对角线上的元素是其特征值。

定理 4-10　矩阵 $\boldsymbol{A}$ 与其转置矩阵 $\boldsymbol{A}^{\mathrm{T}}$ 有相同的特征值。

定理 4-11　设 $\lambda_1,\lambda_2,\cdots,\lambda_m$ 是方阵 $\boldsymbol{A}$ 的 m 个特征值，$\xi_1,\xi_2,\cdots,\xi_m$ 依次是与之对应的特征向量，如果 $\lambda_1,\lambda_2,\cdots,\lambda_m$ 各不相等，那么 $\xi_1,\xi_2,\cdots,\xi_m$ 线性无关。

使用 NumPy 库中的 linalg 模块的 eigvals 函数可以计算一般矩阵的特征值，使用 eig 函数可以计算方阵的特征值和特征向量，其语法格式如下。

```
numpy.linalg.eigvals(a)
numpy.linalg.eig(a)
```

eigvals 函数和 eig 函数的常用参数及说明基本一致，如表 4-14 所示。这两个函数的差别在于返回的值不一样：eigvals 函数返回的是矩阵的特征值；eig 函数返回的是矩阵的特征值和特征值对应的特征向量，且特征向量是向量单位化（相关概念将在下一小节详细介绍）之后的值。

表 4-14　eigvals 函数和 eig 函数的常用参数及其说明

参　数	说　明
a	接收 array 或 matrix，表示需要计算特征值的矩阵。无默认值

例 4-30　求矩阵 $\boldsymbol{A}=\begin{pmatrix} 3 & -1 \\ -1 & 3 \end{pmatrix}$ 的特征值和特征向量。

解　矩阵 $\boldsymbol{A}$ 的特征多项式为

$$|\boldsymbol{A}-\lambda\boldsymbol{E}|=\begin{vmatrix} 3-\lambda & -1 \\ -1 & 3-\lambda \end{vmatrix}=(3-\lambda)^2-1=\lambda^2-6\lambda+8=(4-\lambda)(2-\lambda)$$

所以矩阵 $\boldsymbol{A}$ 的特征值为 $\lambda_1=4$，$\lambda_2=2$。

当 $\lambda=4$ 时，解方程组 $(\boldsymbol{A}-\lambda\boldsymbol{E})\boldsymbol{x}=\boldsymbol{0}$，即

$$\begin{pmatrix} 3-4 & -1 \\ -1 & 3-4 \end{pmatrix}\begin{pmatrix} x_1 \\ x_2 \end{pmatrix}=\begin{pmatrix} -1 & -1 \\ -1 & -1 \end{pmatrix}\begin{pmatrix} x_1 \\ x_2 \end{pmatrix}=\begin{pmatrix} 0 \\ 0 \end{pmatrix}$$

可解得 $x_1=-x_2$，所以对应的特征向量为 $\xi_1=\begin{pmatrix} 1 \\ -1 \end{pmatrix}$。

当 $\lambda=2$ 时，解方程组 $(\boldsymbol{A}-\lambda\boldsymbol{E})\boldsymbol{x}=\boldsymbol{0}$，即

$$\begin{pmatrix} 3-2 & -1 \\ -1 & 3-2 \end{pmatrix}\begin{pmatrix} x_1 \\ x_2 \end{pmatrix}=\begin{pmatrix} 1 & -1 \\ -1 & 1 \end{pmatrix}\begin{pmatrix} x_1 \\ x_2 \end{pmatrix}=\begin{pmatrix} 0 \\ 0 \end{pmatrix}$$

可解得 $x_1 = x_2$，所以对应的特征向量为 $\xi_2 = \begin{pmatrix} 1 \\ 1 \end{pmatrix}$。

使用 Python 求本例中矩阵 $\boldsymbol{A}$ 的特征值和特征向量，如代码 4-29 所示。

代码 4-29　求矩阵 $\boldsymbol{A}$ 的特征值和特征向量

```
In[1]:   A = np.matrix([[3, -1],[-1, 3]])
         # 方法一
         print('矩阵A的特征值为：', np.linalg.eigvals(A))
Out[1]:  矩阵A的特征值为： [ 4.  2.]
In[2]:   # 方法二
         A1,A2 = np.linalg.eig(A)
         print('矩阵A的特征值为：', A1)
         print('矩阵A的特征向量为：\n', A2)
Out[2]:  矩阵A的特征值为： [ 4.  2.]
         矩阵A的特征向量为：
          [[ 0.70710678  0.70710678]
          [-0.70710678  0.70710678]]
```

注：此处得到的特征向量是向量单位化之后的值，所以与前面的计算结果不完全一致。

在代码 4-29 的结果中，特征值 4 对应的特征向量约为 $\begin{pmatrix} 0.707 \\ -0.707 \end{pmatrix}$，特征值 2 对应的特征向量约为 $\begin{pmatrix} 0.707 \\ 0.707 \end{pmatrix}$。

例 4-31　设某地区某年的污染水平为 x_0，工业发展水平为 y_0，以该年作为基年，令 $n=0$，若以 5 年为一个周期，用 x_n 和 y_n 作为第 n 个周期期间的污染水平和工业发展水平，将此模型写成式（4-41）所示的形式。现已知基年的水平为 $\begin{pmatrix} 5 \\ 2 \end{pmatrix}$，试估计第 2 个周期期间该地区的污染水平和工业发展水平。

$$\begin{cases} x_n = 3x_{n-1} + y_{n-1} \\ y_n = 2x_{n-1} + 2y_{n-1} \end{cases} \tag{4-41}$$

解　设 $\boldsymbol{\beta}=\begin{pmatrix} x_0 \\ y_0 \end{pmatrix}=\begin{pmatrix} 5 \\ 2 \end{pmatrix}$，由题意知 $\boldsymbol{A}=\begin{pmatrix} 3 & 1 \\ 2 & 2 \end{pmatrix}$，则式（4-41）可以写为 $\begin{pmatrix} x_n \\ y_n \end{pmatrix}=\boldsymbol{A}\begin{pmatrix} x_{n-1} \\ y_{n-1} \end{pmatrix}$。

求矩阵 $\boldsymbol{A}$ 的特征值和特征向量，即

$$|\boldsymbol{A}-\lambda\boldsymbol{E}|=\begin{vmatrix} 3-\lambda & 1 \\ 2 & 2-\lambda \end{vmatrix}=\lambda^2-5\lambda+4=(\lambda-4)(\lambda-1)$$

可得矩阵 $\boldsymbol{A}$ 的特征值为 $\lambda_1=4$，$\lambda_2=1$。

当 $\lambda=4$ 时，解方程组 $(\boldsymbol{A}-\lambda\boldsymbol{E})\boldsymbol{x}=\boldsymbol{0}$，即

$$\begin{pmatrix}3-4 & 1\\ 2 & 2-4\end{pmatrix}\begin{pmatrix}x_1\\ x_2\end{pmatrix}=\begin{pmatrix}1 & 1\\ 2 & -2\end{pmatrix}\begin{pmatrix}x_1\\ x_2\end{pmatrix}=\begin{pmatrix}0\\ 0\end{pmatrix}$$

可解得 $x_1=x_2$，所以对应的特征向量为 $\xi_1=\begin{pmatrix}1\\ 1\end{pmatrix}$。

当 $\lambda=1$ 时，解方程组 $(\boldsymbol{A}-\lambda\boldsymbol{E})\boldsymbol{x}=\boldsymbol{0}$，即

$$\begin{pmatrix}3-1 & 1\\ 2 & 2-1\end{pmatrix}\begin{pmatrix}x_1\\ x_2\end{pmatrix}=\begin{pmatrix}2 & 1\\ 2 & 1\end{pmatrix}\begin{pmatrix}x_1\\ x_2\end{pmatrix}=\begin{pmatrix}0\\ 0\end{pmatrix}$$

可解得 $x_1=-\dfrac{1}{2}x_2$，所以对应的特征向量为 $\xi_2=\begin{pmatrix}1\\ -2\end{pmatrix}$。

易知 $\boldsymbol{\beta}=4\xi_1+\xi_2$，且

$$\begin{pmatrix}x_2\\ y_2\end{pmatrix}=\boldsymbol{A}\begin{pmatrix}x_1\\ y_1\end{pmatrix}=\boldsymbol{A}^2\begin{pmatrix}x_0\\ y_0\end{pmatrix}=\boldsymbol{A}^2\boldsymbol{\beta}=\boldsymbol{A}^2(4\xi_1+\xi_2)=4\boldsymbol{A}^2\xi_1+\boldsymbol{A}^2\xi_2=4{\lambda_1}^2\xi_1+{\lambda_2}^2\xi_2$$

即 $\begin{pmatrix}x_2\\ y_2\end{pmatrix}=4\times4^2\times\begin{pmatrix}1\\ 1\end{pmatrix}+1^2\times\begin{pmatrix}1\\ -2\end{pmatrix}=\begin{pmatrix}65\\ 62\end{pmatrix}$，即第 2 个周期该地区的污染水平和工业发展水平分别为 65 和 62。

使用 Python 求本例矩阵 $\boldsymbol{A}$ 的特征值和特征向量，如代码 4-30 所示。

代码 4-30　求矩阵 A 的特征值和特征向量

```
In[3]:   A = np.mat([[3,1],[2,2]])
         A1,A2 = np.linalg.eig(A)
         print('矩阵 A 的特征值为: \n', A1)
         print('矩阵 A 的特征向量为: \n', A2)

Out[3]:  矩阵 A 的特征值为:
          [ 4.  1.]
         矩阵 A 的特征向量为:
          [[ 0.70710678 -0.4472136 ]
          [ 0.70710678  0.89442719]]
```

注：此处得到的特征向量是向量单位化之后的值，所以与前面的计算结果不完全一致。

在代码 4-30 中，特征值 4 对应的特征向量约为 $\begin{pmatrix}0.707\\ 0.707\end{pmatrix}$，特征值 1 对应的特征向量约为 $\begin{pmatrix}-0.447\\ 0.894\end{pmatrix}$。

2．矩阵的对角化

（1）对角化

定义 4-32 设 $\boldsymbol{A}$ 与 $\boldsymbol{B}$ 都是 n 阶矩阵，如果存在一个可逆矩阵 $\boldsymbol{P}$，使得 $\boldsymbol{P}^{-1}\boldsymbol{AP}=\boldsymbol{B}$，则称 $\boldsymbol{B}$ 是 $\boldsymbol{A}$ 的**相似矩阵**。

对 $\boldsymbol{A}$ 进行 $\boldsymbol{P}^{-1}\boldsymbol{AP}$ 运算，称为对 $\boldsymbol{A}$ 进行相似变换，可逆矩阵 $\boldsymbol{P}$ 称为把 $\boldsymbol{A}$ 变成 $\boldsymbol{B}$ 的相似变换矩阵。

定理 4-12 若 n 阶矩阵 $\boldsymbol{A}$ 与 $\boldsymbol{B}$ 相似，则 $\boldsymbol{A}$ 与 $\boldsymbol{B}$ 的特征多项式相同，$\boldsymbol{A}$ 与 $\boldsymbol{B}$ 的特征值亦相同。

推论 若 n 阶矩阵 $\boldsymbol{A}$ 与对角矩阵 $\boldsymbol{\Lambda}=\begin{pmatrix}\lambda_1 & & & \\ & \lambda_2 & & \\ & & \ddots & \\ & & & \lambda_n\end{pmatrix}$ 相似，则 $\lambda_1,\lambda_2,\cdots,\lambda_n$ 是 $\boldsymbol{A}$ 的 n 个特征值。

定义 4-33 若 n 阶矩阵 $\boldsymbol{A}$ 相似于对角矩阵，即存在可逆矩阵 $\boldsymbol{P}$ 和对角矩阵 $\boldsymbol{\Lambda}$，有 $\boldsymbol{\Lambda}=\boldsymbol{P}^{-1}\boldsymbol{AP}$，则称矩阵 $\boldsymbol{A}$ **可对角化**。

定理 4-13 n 阶矩阵 $\boldsymbol{A}$ 可对角化的充分必要条件是矩阵 $\boldsymbol{A}$ 有 n 个线性无关的特征向量。

例 4-32 将矩阵 $\boldsymbol{A}=\begin{pmatrix}1 & 3 & 3\\ -3 & -5 & -3\\ 3 & 3 & 1\end{pmatrix}$ 对角化，即求可逆矩阵 $\boldsymbol{P}$ 和对角矩阵 $\boldsymbol{\Lambda}$，使得 $\boldsymbol{\Lambda}=\boldsymbol{P}^{-1}\boldsymbol{AP}$。

解 对矩阵 $\boldsymbol{A}$ 进行对角化的步骤如下。

① 求出矩阵 $\boldsymbol{A}$ 的特征值。矩阵 $\boldsymbol{A}$ 的特征值为 $\lambda_1=1$，$\lambda_2=\lambda_3=-2$。

② 求出矩阵 $\boldsymbol{A}$ 的 3 个线性无关的特征向量。

当 $\lambda=1$ 时，对应的特征向量为 $\xi_1=\begin{pmatrix}1\\ -1\\ 1\end{pmatrix}$；当 $\lambda=-2$ 时，对应的线性无关的特征向量有两个：$\xi_2=\begin{pmatrix}-1\\ 1\\ 0\end{pmatrix}$，$\xi_3=\begin{pmatrix}-1\\ 0\\ 1\end{pmatrix}$。

③ 构造矩阵 $\boldsymbol{P}$。$\boldsymbol{P}=(\xi_1,\xi_2,\xi_3)=\begin{pmatrix}1 & -1 & -1\\ -1 & 1 & 0\\ 1 & 0 & 1\end{pmatrix}$。

④ 用对应的特征值构造矩阵 $\boldsymbol{\Lambda}$。特征值的次序必须与矩阵 $\boldsymbol{P}$ 选择的特征向量次序一致，$\boldsymbol{\Lambda}=\begin{pmatrix}1 & 0 & 0\\ 0 & -2 & 0\\ 0 & 0 & -2\end{pmatrix}$。

在 Python 中求本例矩阵 $\boldsymbol{A}$ 的特征值和特征向量，并构建矩阵 $\boldsymbol{P}$ 和对角矩阵 $\boldsymbol{\Lambda}$，如代

码 4-31 所示。

代码 4-31　求 A 的特征值和特征向量，并构建矩阵 P 和对角矩阵 Λ

```
In[4]:	A = np.mat([[1,3,3],[-3,-5,-3],[3,3,1]])
	A1,A2 = np.linalg.eig(A)
	print('矩阵 A 的特征值为：', A1)
	print('矩阵 A 的特征向量为：\n', A2)
	# 构建矩阵 P
	P = np.mat(A2)
	print('矩阵 P 为：\n', P)
	# 构建对角矩阵
	D = np.diag(A1)
	print('对角矩阵为：\n', D)
Out[4]:	矩阵 A 的特征值为： [ 1. -2. -2.]
	矩阵 A 的特征向量为：
	 [[ 5.77350269e-01  -1.28197512e-16  -6.72654054e-01]
	 [ -5.77350269e-01  -7.07106781e-01   7.37141689e-01]
	 [  5.77350269e-01   7.07106781e-01  -6.44876349e-02]]
	矩阵 P 为：
	 [[ 5.77350269e-01  -1.28197512e-16  -6.72654054e-01]
	 [ -5.77350269e-01  -7.07106781e-01   7.37141689e-01]
	 [  5.77350269e-01   7.07106781e-01  -6.44876349e-02]]
	对角矩阵为：
	 [[ 1.  0.  0.]
	 [ 0. -2.  0.]
	 [ 0.  0. -2.]]
```

注：此处得到的特征向量是向量单位化之后的值，所以与前面的计算结果不完全一致。

（2）正交矩阵

定义 4-34　如果 n 阶方阵 A 满足 $A^{T}A=E$（即 $A^{-1}=A^{T}$），那么称 A 为正交矩阵。

正交矩阵有以下几个性质。

① 若 A 为正交矩阵，则 $A^{-1}=A^{T}$ 也是正交矩阵，且 $|A|=1$ 或 $|A|=-1$。

② 若 A 和 B 都是正交矩阵，则 AB 也是正交矩阵。

定义 4-35　如果矩阵 A 为正交矩阵，那么线性变换 $y=Ax$ 称为正交变换。

例 4-33　判断矩阵 $A=\begin{pmatrix} \frac{\sqrt{2}}{2} & \frac{\sqrt{2}}{2} \\ -\frac{\sqrt{2}}{2} & \frac{\sqrt{2}}{2} \end{pmatrix}$ 是否为正交矩阵。

解 因为 $A^{\mathrm{T}}A=\begin{pmatrix}\frac{\sqrt{2}}{2} & -\frac{\sqrt{2}}{2}\\ \frac{\sqrt{2}}{2} & \frac{\sqrt{2}}{2}\end{pmatrix}\begin{pmatrix}\frac{\sqrt{2}}{2} & \frac{\sqrt{2}}{2}\\ -\frac{\sqrt{2}}{2} & \frac{\sqrt{2}}{2}\end{pmatrix}=\begin{pmatrix}1 & 0\\ 0 & 1\end{pmatrix}=E$，所以矩阵 A 为正交矩阵。

使用 Python 计算本例 $A^{\mathrm{T}}\cdot A$，如代码 4-32 所示。

代码 4-32 计算 $A^{\mathrm{T}}\cdot A$

```
In[5]:   import math
         sq2 = math.sqrt(2)/2
         A = np.mat([[sq2,sq2],[-sq2,sq2]])
         print('矩阵A.T*A的结果为：\n', A.T*A)
Out[5]:  矩阵A.T*A的结果为：
          [[ 1.  0.]
          [ 0.  1.]]
```

通过代码 4-32 的结果可以看出，$A^{\mathrm{T}}\cdot A$ 的结果为单位矩阵，所以矩阵 A 为正交矩阵。

（3）向量单位化和正交向量

令 $\|x\|=\sqrt{(x\cdot x)}=\sqrt{x_1^2+x_2^2+\cdots+x_n^2}$，则 $\|x\|$ 称为 n 维向量 x 的长度。

定义 4-36 长度为 1 的向量称为**单位向量**，若把一个非零向量 v 除以自身的长度，即乘以 $\frac{1}{\|v\|}$，可以得到一个单位向量 u，则称此过程为向量 v 的**单位化**。此时，u 和 v 方向一致。

例 4-34 设有向量 $v=(1,-2,2,0)^{\mathrm{T}}$，找出和 v 方向一致的单位向量 u。

解 计算向量 v 的长度，长度为 $\|v\|=\sqrt{(v\cdot v)}=\sqrt{1^2+(-2)^2+2^2+0^2}=\sqrt{9}=3$，对 v 乘以 $\frac{1}{\|v\|}$ 可得

$$u=\frac{1}{\|v\|}v=\frac{1}{3}v=\frac{1}{3}\begin{pmatrix}1\\-2\\2\\0\end{pmatrix}=\begin{pmatrix}\frac{1}{3}\\-\frac{2}{3}\\\frac{2}{3}\\0\end{pmatrix}$$

使用 Python 求本例中向量 v 的长度和单位向量 u，如代码 4-33 所示。

代码 4-33 求向量 v 的长度和单位向量 u

```
In[6]:   v = np.array([1,-2,2,0])
         vv = math.sqrt(np.sum(v.T*v))
         u = (1/vv)*(v.T)
         print('向量v的长度为：', vv)
         print('单位向量u为：', u)
```

```
Out[6]:  向量 v 的长度为:  3.0
         单位向量 u 为:  [ 0.33333333 -0.66666667  0.66666667  0.        ]
```

定义 4-37 如果 $\boldsymbol{u} \cdot \boldsymbol{v} = 0$，则称向量 $\boldsymbol{u}$ 和 $\boldsymbol{v}$（相互）正交。

例 4-35 设有向量 $\boldsymbol{a} = \begin{pmatrix} 5 \\ 6 \\ -1 \end{pmatrix}$ 和 $\boldsymbol{b} = \begin{pmatrix} \frac{4}{3} \\ -1 \\ \frac{2}{3} \end{pmatrix}$，试验证向量 $\boldsymbol{a}$ 和 $\boldsymbol{b}$ 正交。

解

$$\boldsymbol{a} \cdot \boldsymbol{b} = 5 \times \frac{4}{3} + 6 \times (-1) + (-1) \times \frac{2}{3} = 0$$

所以向量 $\boldsymbol{a}$ 和 $\boldsymbol{b}$ 正交。

使用 Python 计算本例 $\boldsymbol{a} \cdot \boldsymbol{b}$，如代码 4-34 所示。

代码 4-34 使用 Python 计算 $\boldsymbol{a} \cdot \boldsymbol{b}$

```
In[7]:   a = np.array([5,6,-1])
         b = np.array([4/3,-1,2/3])
         print('向量 a*b 的结果为: ', np.sum(a*b))

Out[7]:  向量 a*b 的结果为:  -5.55111512313e-16
```

注：由于计算机解决该类问题的时候使用的是数值计算的方法，所求出的结果是一个无限接近精确解的近似解，所以在此处所求取的结果是一个非常接近 0 的数。

（4）对称矩阵的正交对角化

定义 4-38 若方阵 $\boldsymbol{A}$ 的各个元素都为实数，且满足 $\boldsymbol{A}^{\mathrm{T}} = \boldsymbol{A}$，则称 $\boldsymbol{A}$ 为**对称矩阵**。

定理 4-14 对称矩阵的特征值都是实数。

定理 4-15 设 λ_1、λ_2 是对称矩阵 $\boldsymbol{A}$ 的两个特征值，ξ_1、ξ_2 是对应的特征向量，若 $\lambda_1 \neq \lambda_2$，则 ξ_1 与 ξ_2 正交。

定理 4-16 一个 n 阶方阵 $\boldsymbol{A}$ 可正交对角化的充分必要条件为 $\boldsymbol{A}$ 是对称矩阵。

例 4-36 将对称矩阵 $\boldsymbol{A} = \begin{pmatrix} 3 & -2 & 4 \\ -2 & 6 & 2 \\ 4 & 2 & 3 \end{pmatrix}$ 正交对角化。

解 将矩阵正交对角化分为 3 个步骤。

① 求矩阵 $\boldsymbol{A}$ 的特征值和特征向量。矩阵 $\boldsymbol{A}$ 的特征方程为 $-\lambda^3 + 12\lambda^2 - 21\lambda - 98 = -(\lambda - 7)^2(\lambda + 2) = 0$，其特征值为 $\lambda_1 = \lambda_2 = 7$，对应的特征向量为 $\xi_1 = \begin{pmatrix} 1 \\ 0 \\ 1 \end{pmatrix}$，$\xi_2 = \begin{pmatrix} -\frac{1}{2} \\ 1 \\ 0 \end{pmatrix}$；

$\lambda_3=-2$，对应的特征向量为$\xi_3=\begin{pmatrix}-1\\-\frac{1}{2}\\1\end{pmatrix}$。

② 将特征向量正交化。显然特征向量ξ_1与ξ_2不正交，则需将ξ_1与ξ_2正交化。取$\boldsymbol{\eta}_1=\xi_1$，则

$$\boldsymbol{\eta}_2=\xi_2-\frac{(\xi_2,\boldsymbol{\eta}_1)}{\|\boldsymbol{\eta}_1\|^2}\boldsymbol{\eta}_1$$

$$=\begin{pmatrix}-\frac{1}{2}\\1\\0\end{pmatrix}-\frac{1\times\left(-\frac{1}{2}\right)+0\times1+1\times0}{1^2+0^2+1^2}\begin{pmatrix}1\\0\\1\end{pmatrix}$$

$$=\begin{pmatrix}-\frac{1}{2}\\1\\0\end{pmatrix}+\frac{1}{4}\begin{pmatrix}1\\0\\1\end{pmatrix}$$

$$=\begin{pmatrix}-\frac{1}{4}\\1\\\frac{1}{4}\end{pmatrix}$$

③ 将特征向量单位化。

$$\boldsymbol{P}_1=\frac{\xi_1}{\|\xi_1\|}=\frac{1}{\sqrt{1^2+0^2+1^2}}\begin{pmatrix}1\\0\\1\end{pmatrix}=\begin{pmatrix}\frac{1}{\sqrt{2}}\\0\\\frac{1}{\sqrt{2}}\end{pmatrix}$$

$$\boldsymbol{P}_2=\frac{\boldsymbol{\eta}_2}{\|\boldsymbol{\eta}_2\|}=\frac{1}{\sqrt{\left(-\frac{1}{4}\right)^2+1^2+\left(\frac{1}{4}\right)^2}}\times\begin{pmatrix}-\frac{1}{4}\\1\\\frac{1}{4}\end{pmatrix}=\begin{pmatrix}-\frac{1}{\sqrt{18}}\\\frac{4}{\sqrt{18}}\\\frac{1}{\sqrt{18}}\end{pmatrix}$$

$$\boldsymbol{P}_3=\frac{\xi_2}{\|\xi_2\|}=\frac{1}{\sqrt{(-1)^2+\left(-\frac{1}{2}\right)^2+1^2}}\begin{pmatrix}-1\\-\frac{1}{2}\\1\end{pmatrix}=\begin{pmatrix}-\frac{2}{3}\\-\frac{1}{3}\\\frac{2}{3}\end{pmatrix}$$

将 P_1、P_2、P_3 构成正交矩阵 P，$P=(P_1,P_2,P_3)=\begin{pmatrix} \frac{1}{\sqrt{2}} & -\frac{1}{\sqrt{18}} & -\frac{2}{3} \\ 0 & \frac{4}{\sqrt{18}} & -\frac{1}{3} \\ \frac{1}{\sqrt{2}} & \frac{1}{\sqrt{18}} & \frac{2}{3} \end{pmatrix}$。

对角矩阵为 $\Lambda=\begin{pmatrix} 7 & 0 & 0 \\ 0 & 7 & 0 \\ 0 & 0 & -2 \end{pmatrix}$，则 P 可将 A 正交对角化，且 $A=P\Lambda P^{-1}$。

在 Python 中求本例中矩阵 A 的特征值和特征向量，并构建矩阵 P 和对角矩阵 Λ，如代码 4-35 所示。

代码 4-35　求 A 的特征值和特征向量，并构建矩阵 P 和对角矩阵 Λ

```
In[8]:  A = np.mat([[3,-2,4],[-2,6,2],[4,2,3]])
        A1,A2 = np.linalg.eig(A)
        print('矩阵 A 的特征值为：', A1)
        print('矩阵 A 的特征向量为：\n', A2)
        # 特征向量正交化
        B3 = A2[:,2]-np.float(np.vdot(A2[:,2],A2[:,0]))/ \
        np.float(np.vdot(A2[:,0],A2[:,0]))*A2[:,0]
        # 特征向量单位化
        P1 = math.sqrt(np.linalg.norm(A2[:,0])) * A2[:,0]
        P2 = math.sqrt(np.linalg.norm(A2[:,1])) * A2[:,1]
        P3 = math.sqrt(np.linalg.norm(B3)) * B3
        P = np.bmat("P1 P2 P3")  # 使用 bmat 函数合并矩阵
        print('矩阵 P 为：\n', P)
        # 构建对角矩阵
        D = np.diag(A1)
        print('对角矩阵为：\n', D)

Out[8]: 矩阵 A 的特征值为： [ 7. -2.  7.]
        矩阵 A 的特征向量为：
         [[ 0.74535599 -0.66666667 -0.48371741]
         [-0.2981424  -0.33333333  0.87397587]
         [ 0.59628479  0.66666667 -0.04672947]]
        矩阵 P 为：
         [[  7.45355992e-01  -6.66666667e-01  -4.84192728e-17]
         [ -2.98142397e-01  -3.33333333e-01   5.93552417e-01]
         [  5.96284794e-01   6.66666667e-01   2.96776209e-01]]
        对角矩阵为：
         [[ 7.  0.  0.]
```

```
 [ 0. -2.  0.]
 [ 0.  0.  7.]]
```

注：此处得到的特征向量是向量单位化之后的值，所以与前面的计算结果不完全一致。

3. 特征分解概念

设 $\boldsymbol{A}=\boldsymbol{P\Lambda P}^{-1}$，此处 $\boldsymbol{P}$ 的列是 $\boldsymbol{A}$ 的单位正交特征向量 $\xi_1,\xi_2,\cdots,\xi_n$，且对应的特征值 $\lambda_1,\lambda_2,\cdots,\lambda_n$ 属于对角矩阵 $\boldsymbol{\Lambda}$，那么 $\boldsymbol{P}^{-1}=\boldsymbol{P}^{\mathrm{T}}$。

定义 4-39 利用乘积展开 $\boldsymbol{A}=\boldsymbol{P\Lambda P}^{-1}$ 可得式（4-42），其将 $\boldsymbol{A}$ 分解为 $\boldsymbol{A}$ 的特征值确定的小块。这种 $\boldsymbol{A}$ 的表示方式称为 $\boldsymbol{A}$ 的**特征分解**。

$$
\begin{aligned}
\boldsymbol{A}&=\boldsymbol{P\Lambda P}^{-1}\\
&=(\xi_1,\xi_2,\cdots,\xi_n)\begin{pmatrix}\lambda_1 & & & \\ & \lambda_2 & & \\ & & \ddots & \\ & & & \lambda_n\end{pmatrix}\begin{pmatrix}\xi_1{}^{\mathrm{T}}\\ \xi_2{}^{\mathrm{T}}\\ \vdots \\ \xi_n{}^{\mathrm{T}}\end{pmatrix}\\
&=(\lambda_1\xi_1,\lambda_2\xi_2,\cdots,\lambda_n\xi_n)\begin{pmatrix}\xi_1{}^{\mathrm{T}}\\ \xi_2{}^{\mathrm{T}}\\ \vdots \\ \xi_n{}^{\mathrm{T}}\end{pmatrix}\\
&=\lambda_1\xi_1\xi_1{}^{\mathrm{T}}+\lambda_2\xi_2\xi_2{}^{\mathrm{T}}+\cdots+\lambda_n\xi_n\xi_n{}^{\mathrm{T}}
\end{aligned}
\tag{4-42}
$$

例 4-37 某一植物的基因型有 AA、Aa 和 aa 这 3 种，现将基因型为 AA 的植物分别与每种类型进行杂交，所得出的后代的基因型如表 4-15 所示。在不考虑基因突变等的情况下，如果采用 AA 型杂交，则根据表 4-15 可以得出第 n 代中的 AA 基因型全部来自上一代的 AA 和 Aa，而 Aa 型中的基因来自上一代中的 Aa 和 aa。根据此规律，假设 $n=0,1,2,\cdots$(n为自然数)，a_n、b_n、c_n 分别为第 n 代中的 AA、Aa、aa 基因型占总体的百分数，则第 n 代基因的分布规律为 $\boldsymbol{x}_n=\begin{pmatrix}a_n\\ b_n\\ c_n\end{pmatrix}$。

表 4-15 后代基因型

	AA-AA	AA-Aa	AA-aa
AA	1	$\frac{1}{2}$	0
Aa	0	$\frac{1}{2}$	1
aa	0	0	0

当 $n=0$（初始的基因分布）时，$a_n+b_n+c_n=1$，根据表 4-15 的遗传规律可以得出，$a_n=a_{n-1}+0.5\times b_{n-1}$，$b_n=0.5\times b_{n-1}+c_{n-1}$，$c_n=0$，可以表示为式（4-43）。

$$\begin{cases} a_n = a_{n-1} + 0.5 \times b_{n-1} \\ b_n = 0.5 \times b_{n-1} + c_{n-1} \\ c_n = 0 \end{cases} \tag{4-43}$$

设 $\boldsymbol{L}$ 为一个递推矩阵，那么最终可以得到 n 代基因型分布 x_n 与第 $n-1$ 代基因型分布 x_{n-1} 之间的关系为 $x_n = \boldsymbol{L}x_{n-1} = \boldsymbol{L}^2 x_{n-2} = \cdots = \boldsymbol{L}^{n-1} x_1 = \boldsymbol{L}^n x_0$，其中 $\boldsymbol{L} = \begin{pmatrix} 1 & \frac{1}{2} & 0 \\ 0 & \frac{1}{2} & 1 \\ 0 & 0 & 0 \end{pmatrix}$。因此，最终的染色体遗传问题的模型可以归结为 $x_n = \boldsymbol{L}^n x_0$，其中 $n = 0,1,2,\cdots$，$\boldsymbol{L} = \begin{pmatrix} 1 & \frac{1}{2} & 0 \\ 0 & \frac{1}{2} & 1 \\ 0 & 0 & 0 \end{pmatrix}$。

试求，当 n 为何值时，基因分布趋于稳定？

解　首先求解模型 $x_n = \boldsymbol{L}^n x_0$ 中的 $\boldsymbol{L}^n$，需要对矩阵 $\boldsymbol{L}$ 进行形式变化，即对 $\boldsymbol{L}$ 进行特征分解，求出一个可逆矩阵 $\boldsymbol{C}$ 以及一个对角矩阵 $\boldsymbol{\Lambda}$，使其满足 $\boldsymbol{L} = \boldsymbol{C\Lambda C}^{-1}$。

若 $\boldsymbol{L} = \boldsymbol{C\Lambda C}^{-1}$，$\boldsymbol{L}^n = (\boldsymbol{C\Lambda C}^{-1})^n = \boldsymbol{C\Lambda}^n \boldsymbol{C}^{-1}$，其中 $\boldsymbol{\Lambda} = \begin{pmatrix} \lambda_1 & 0 & 0 \\ 0 & \lambda_2 & 0 \\ 0 & 0 & \lambda_3 \end{pmatrix}$，$\lambda_1$、$\lambda_2$ 和 λ_3 为 $\boldsymbol{L}$ 的特征值，且 $\boldsymbol{\Lambda}^n = \begin{pmatrix} \lambda_1 & 0 & 0 \\ 0 & \lambda_2 & 0 \\ 0 & 0 & \lambda_3 \end{pmatrix}^n = \begin{pmatrix} \lambda_1{}^n & 0 & 0 \\ 0 & \lambda_2{}^n & 0 \\ 0 & 0 & \lambda_3{}^n \end{pmatrix}$。通过计算可得矩阵的特征值为 $\lambda_1 = 1$，$\lambda_2 = \frac{1}{2}$，$\lambda_3 = 0$，与之对应的特征向量为

$$\xi_1 = \begin{pmatrix} 1 \\ 0 \\ 0 \end{pmatrix}, \quad \xi_2 = \begin{pmatrix} 1 \\ -1 \\ 0 \end{pmatrix}, \quad \xi_3 = \begin{pmatrix} 1 \\ -2 \\ 1 \end{pmatrix}$$

则 $\boldsymbol{\Lambda} = \begin{pmatrix} 1 & 0 & 0 \\ 0 & \frac{1}{2} & 0 \\ 0 & 0 & 0 \end{pmatrix}$，$\boldsymbol{C} = (\xi_1, \xi_2, \xi_3) = \begin{pmatrix} 1 & 1 & 1 \\ 0 & -1 & -2 \\ 0 & 0 & 1 \end{pmatrix}$，且 $\boldsymbol{C} = \boldsymbol{C}^{-1}$。所以

$$\begin{aligned} x_n &= \boldsymbol{L}^n x_0 = \boldsymbol{C\Lambda}^n \boldsymbol{C}^{-1} x_0 \\ &= \begin{pmatrix} 1 & 1 & 1 \\ 0 & -1 & -2 \\ 0 & 0 & 1 \end{pmatrix} \begin{pmatrix} 1 & 0 & 0 \\ 0 & \frac{1}{2^n} & 0 \\ 0 & 0 & 0 \end{pmatrix} \begin{pmatrix} 1 & 1 & 1 \\ 0 & -1 & -2 \\ 0 & 0 & 1 \end{pmatrix}^{-1} \begin{pmatrix} a_0 \\ b_0 \\ c_0 \end{pmatrix} \end{aligned}$$

$$
=\begin{pmatrix} a_0+b_0+c_0-\frac{1}{2^n}b_0-\frac{1}{2^{n-1}}c_0 \\ \frac{1}{2^n}b_0+\frac{1}{2^{n-1}}c_0 \\ 0 \end{pmatrix}
$$

最终可得如下的第 n 代植物中基因类型占总体的百分数表达式。

$$
\begin{cases} a_n=1-\frac{1}{2^n}b_0-\frac{1}{2^{n-1}}c_0 \\ b_n=\frac{1}{2^n}b_0+\frac{1}{2^{n-1}}c_0 \\ c_n=0 \end{cases}
$$

根据极限方法可以得出，当 $n\to\infty$， $a_n=1$， $b_n=c_n=0$ 时，基因分布趋于稳定。

在 Python 中求本例中矩阵 $\boldsymbol{L}$ 的特征值和特征向量，并构造对角矩阵 $\boldsymbol{\Lambda}$ 和矩阵 $\boldsymbol{C}$，如代码 4-36 所示。

代码 4-36 求 $\boldsymbol{L}$ 的特征值和特征向量，并构造对角矩阵 $\boldsymbol{\Lambda}$ 和矩阵 $\boldsymbol{C}$

```
In[9]:  L = np.mat([[1,1/2,0],[0,1/2,1],[0,0,0]])
        L1,L2 = np.linalg.eig(L)
        print('矩阵A的特征值为：', L1)
        print('矩阵A的特征向量为：\n', L2)
        # 构造对角矩阵
        D = np.diag(L1)
        print('对角矩阵为：\n', D)
        # 构建矩阵C
        C = np.mat(L2)
        print('矩阵C为：\n', C)
Out[9]: 矩阵A的特征值为： [ 1.   0.5  0. ]
        矩阵A的特征向量为：
         [[ 1.         -0.70710678  0.40824829]
         [ 0.          0.70710678 -0.81649658]
         [ 0.          0.          0.40824829]]
        对角矩阵为：
         [[ 1.   0.   0. ]
         [ 0.   0.5  0. ]
         [ 0.   0.   0. ]]
        矩阵C为：
         [[ 1.         -0.70710678  0.40824829]
```

```
 [ 0.          0.70710678 -0.81649658]
 [ 0.          0.          0.40824829]]
```

注：此处得到的特征向量是向量单位化之后的值，所以与前面的计算结果不完全一致。

4.3.2 奇异值分解

奇异值分解（Singular Value Decomposition，SVD）是线性代数中一种重要的矩阵分解，其将矩阵分解为奇异值和奇异向量。每个实数矩阵都有奇异值分解，但不一定都有特征分解。

设一个$m\times n$矩阵$\boldsymbol{A}$的秩为r，则矩阵$\boldsymbol{A}$的奇异值分解形式如式（4-44）所示，其中，$\boldsymbol{U}$是$m\times m$正交矩阵；$\boldsymbol{V}$是$n\times n$正交矩阵；$\boldsymbol{\Sigma}=\begin{pmatrix}\boldsymbol{\Lambda} & 0\\ 0 & 0\end{pmatrix}$是$m\times n$矩阵，$\boldsymbol{\Lambda}$是$r\times r$对角矩阵，且对角线元素为矩阵$\boldsymbol{A}$的非零奇异值，且$\delta_1\geqslant\delta_2\geqslant\cdots\geqslant\delta_r$。

$$\boldsymbol{A}=\boldsymbol{U\Sigma V}^{\mathrm{T}}=\sum_{i=1}^{r}\boldsymbol{u}_i\delta_i\boldsymbol{v}_i^{\mathrm{T}} \tag{4-44}$$

定义 4-40 矩阵$\boldsymbol{V}$（$\boldsymbol{U}$）的第i列称为$\boldsymbol{A}$对应的δ_i的右（左）奇异向量。

可以用与$\boldsymbol{A}$相关的特征分解来解释$\boldsymbol{A}$的奇异值分解：$\boldsymbol{A}$的左奇异向量是$\boldsymbol{AA}^{\mathrm{T}}$的特征向量；$\boldsymbol{A}$的右奇异向量是$\boldsymbol{A}^{\mathrm{T}}\boldsymbol{A}$的特征向量；$\boldsymbol{A}$的非零奇异值是$\boldsymbol{A}^{\mathrm{T}}\boldsymbol{A}$特征值的平方根，同时也是$\boldsymbol{AA}^{\mathrm{T}}$特征值的平方根。

使用NumPy库中的linalg模块的svd函数可以对矩阵进行奇异值分解，其语法格式如下。

```
numpy.linalg.svd(a, full_matrices=1, compute_uv=1)
```

svd 函数常用的参数及说明如表 4-16 所示。该函数返回的值有 3 个：两个是式（4-44）中的$\boldsymbol{U}$和$\boldsymbol{V}$矩阵，即奇异向量；一个是奇异值构成的数组，且按降序排列。

表 4-16　svd 函数常用的参数及说明

参　数	说　明
a	接收 matrix，表示需要进行奇异值分解的矩阵。无默认值
full_matrices	接收 bool，表示矩阵的形状，取值为 1 时，表示式（4-44）中矩阵$\boldsymbol{U}$为$m\times m$矩阵，$\boldsymbol{V}$为$n\times n$矩阵；取值为 0 时，表示矩阵$\boldsymbol{U}$为$m\times k$矩阵，$\boldsymbol{V}$为$k\times n$矩阵，其中$k=\min(m,n)$。默认为 1

例 4-38 设有矩阵$\boldsymbol{A}=\begin{pmatrix}4 & 11 & 14\\ 8 & 7 & -2\end{pmatrix}$，试对其进行奇异分解。

解 对矩阵$\boldsymbol{A}$进行奇异值分解，主要分为 3 步。

（1）将矩阵$\boldsymbol{A}^{\mathrm{T}}\boldsymbol{A}$正交对角化，即求矩阵$\boldsymbol{A}^{\mathrm{T}}\boldsymbol{A}$的特征值和对应的特征向量的正交集。

由$\boldsymbol{A}^{\mathrm{T}}\boldsymbol{A}=\begin{pmatrix}4 & 8\\ 11 & 7\\ 14 & -2\end{pmatrix}\begin{pmatrix}4 & 11 & 14\\ 8 & 7 & -2\end{pmatrix}=\begin{pmatrix}80 & 100 & 40\\ 100 & 170 & 140\\ 40 & 140 & 200\end{pmatrix}$可计算得到其特征值为$\lambda_1=360$，

$\lambda_2=90$，$\lambda_3=0$，则对应的特征向量为 $\boldsymbol{v}_1=\begin{pmatrix}\frac{1}{3}\\ \frac{2}{3}\\ \frac{2}{3}\end{pmatrix}$，$\boldsymbol{v}_2=\begin{pmatrix}-\frac{2}{3}\\ -\frac{1}{3}\\ \frac{2}{3}\end{pmatrix}$，$\boldsymbol{v}_3=\begin{pmatrix}\frac{2}{3}\\ -\frac{2}{3}\\ \frac{1}{3}\end{pmatrix}$。

（2）计算出式（4-44）中的右奇异向量$\boldsymbol{V}$，以及对角矩阵$\boldsymbol{\Lambda}$和$\boldsymbol{\Sigma}$。

将$\boldsymbol{A}^{\mathrm{T}}\boldsymbol{A}$的特征值降序排序，对应的单位特征向量分别为$\boldsymbol{v}_1$、$\boldsymbol{v}_2$、$\boldsymbol{v}_3$，是矩阵$\boldsymbol{A}$的右奇异向量$\boldsymbol{V}$，$\boldsymbol{V}=(\boldsymbol{v}_1\ \boldsymbol{v}_2\ \boldsymbol{v}_3)=\begin{pmatrix}\frac{1}{3} & -\frac{2}{3} & \frac{2}{3}\\ \frac{2}{3} & -\frac{1}{3} & -\frac{2}{3}\\ \frac{2}{3} & \frac{2}{3} & \frac{1}{3}\end{pmatrix}$。

由第（1）步可知：$\delta_1=\sqrt{360}=6\sqrt{10}$，$\delta_2=\sqrt{90}=3\sqrt{10}$，$\delta_3=0$。其中，非零奇异值就是矩阵$\boldsymbol{\Lambda}$的对角元素，即$\boldsymbol{\Lambda}=\begin{pmatrix}6\sqrt{10} & 0\\ 0 & 3\sqrt{10}\end{pmatrix}$。

矩阵$\boldsymbol{\Sigma}$与矩阵$\boldsymbol{A}$的行列数相同，矩阵$\boldsymbol{\Lambda}$为其左上角，其他元素为0，则$\boldsymbol{\Sigma}=\begin{pmatrix}6\sqrt{10} & 0 & 0\\ 0 & 3\sqrt{10} & 0\end{pmatrix}$。

（3）计算出式（4-44）中的左奇异向量$\boldsymbol{U}$。

由 $\boldsymbol{A}\boldsymbol{A}^{\mathrm{T}}=\begin{pmatrix}4 & 11 & 14\\ 8 & 7 & -2\end{pmatrix}\begin{pmatrix}4 & 8\\ 11 & 7\\ 14 & -2\end{pmatrix}=\begin{pmatrix}333 & 81\\ 81 & 117\end{pmatrix}$ 可计算得到其特征值为 $\lambda_1=360$，$\lambda_2=90$，对应的特征向量为 $\boldsymbol{u}_1=\begin{pmatrix}\frac{3}{\sqrt{10}}\\ \frac{1}{\sqrt{10}}\end{pmatrix}$，$\boldsymbol{u}_2=\begin{pmatrix}\frac{1}{\sqrt{10}}\\ -\frac{3}{\sqrt{10}}\end{pmatrix}$，因此 $\boldsymbol{U}=(\boldsymbol{u}_1,\boldsymbol{u}_2)=\begin{pmatrix}\frac{3}{\sqrt{10}} & \frac{1}{\sqrt{10}}\\ \frac{1}{\sqrt{10}} & -\frac{3}{\sqrt{10}}\end{pmatrix}$。

所以矩阵$\boldsymbol{A}$的奇异值分解为

$$\boldsymbol{U}\boldsymbol{\Lambda}\boldsymbol{V}^{\mathrm{T}}=\begin{pmatrix}\frac{3}{\sqrt{10}} & \frac{1}{\sqrt{10}}\\ \frac{1}{\sqrt{10}} & -\frac{3}{\sqrt{10}}\end{pmatrix}\begin{pmatrix}6\sqrt{10} & 0 & 0\\ 0 & 3\sqrt{10} & 0\end{pmatrix}\begin{pmatrix}\frac{1}{3} & \frac{2}{3} & \frac{2}{3}\\ -\frac{2}{3} & -\frac{1}{3} & \frac{2}{3}\\ \frac{2}{3} & -\frac{2}{3} & \frac{1}{3}\end{pmatrix}$$

使用Python求本例矩阵$\boldsymbol{A}$的左奇异向量、奇异值和右奇异向量，如代码4-37所示。

代码 4-37　求矩阵 A 的左奇异向量、奇异值和右奇异向量

```
In[11]:  A = np.mat([[4,11,14],[8,7,-2]])
         U,X,V = np.linalg.svd(A)
         print('矩阵A的左奇异向量为：\n', U)
         print('矩阵A的奇异值为：', X)
         print('矩阵A的右奇异向量为：\n', V)

Out[11]: 矩阵A的左奇异向量为：
          [[-0.9486833  -0.31622777]
          [-0.31622777  0.9486833 ]]
         矩阵A的奇异值为： [ 18.97366596   9.48683298]
         矩阵A的右奇异向量为：
          [[-0.33333333 -0.66666667 -0.66666667]
          [ 0.66666667  0.33333333 -0.66666667]
          [-0.66666667  0.66666667 -0.33333333]]
```

例 4-39　设有图 4-4 所示的 9×5 图像数据，试用矩阵表示该图像数据。

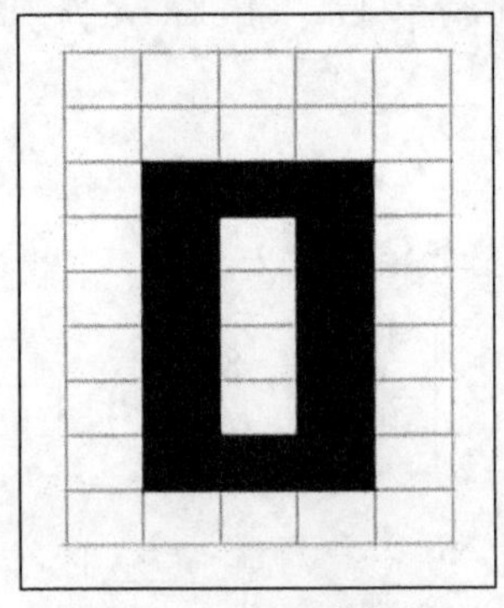

图 4-4　9×5 图像数据

解　将图 4-4 所示的图像数据表示成 9×5 的矩阵，矩阵的元素对应着图像的不同像素。如果像素是白色，那么取值为 1；如果像素是黑色，那么取值为 0。这样就得到如下具有 45 个元素的矩阵。

$$\boldsymbol{A}=\begin{pmatrix}1&1&1&1&1\\1&1&1&1&1\\1&0&0&0&1\\1&0&1&0&1\\1&0&1&0&1\\1&0&1&0&1\\1&0&1&0&1\\1&0&0&0&1\\1&1&1&1&1\end{pmatrix}$$

对矩阵 $\boldsymbol{A}$ 进行奇异值分解，得到的奇异值分别为 $\delta_1 \approx 5.14$， $\delta_2 \approx 1.88$， $\delta_3 \approx 1.02$，$\delta_4 = \delta_5 = 0$。

所以，图 4-4 所示的 9×5 图像数据可以用矩阵 $\boldsymbol{M}$ 表示，即 $\boldsymbol{M} = \boldsymbol{u}_1\delta_1\boldsymbol{v}_1^{\mathrm{T}} + \boldsymbol{u}_2\delta_2\boldsymbol{v}_2^{\mathrm{T}} + \boldsymbol{u}_3\delta_3\boldsymbol{v}_3^{\mathrm{T}}$。其中，$\boldsymbol{u}_i$（$i$=1,2,3）有 9 个元素，$\boldsymbol{v}_i$ 有 5 个元素，δ_i 对应不同的奇异值。

使用 Python 求本例中矩阵 $\boldsymbol{A}$ 的左奇异向量、奇异值和右奇异向量，如代码 4-38 所示。

代码 4-38　求矩阵 $\boldsymbol{A}$ 的左奇异向量、奇异值和右奇异向量

```
In[12]:  A = np.mat([[1,1,1,1,1],[1,1,1,1,1],[1,0,0,0,1],
                    [1,0,1,0,1],[1,0,1,0,1], [1,0,1,0,1],
                    [1,0,1,0,1],[1,0,0,0,1],[1,1,1,1,1]])
         U,X,V = np.linalg.svd(A)
         print('矩阵A的左奇异向量为：\n', U)
         print('矩阵A的奇异值为：\n', X)
         print('矩阵A的右奇异向量为：\n', V)
Out[12]: 矩阵A的左奇异向量为：
          [[-4.08920698e-01        4.03910079e-01        5.45329608e-02
         5.34522484e-01  -7.78557207e-02 -7.78557207e-02 -7.78557207e-02
         -4.17227550e-02  -6.00855268e-01]
         ......
         矩阵A的奇异值为：
          [5.14285483e+00 1.87612805e+00 1.01547416e+00 1.32745686e-16
          0.00000000e+00]
         矩阵A的右奇异向量为：
          [[-5.70754434e-01       -2.38537181e-01       -4.84436557e-01
         -2.38537181e-01  -5.70754434e-01]
         ......
```

注：此处部分结果已省略。

小结

本章通过引入二阶行列式和三阶行列式介绍了克拉默法则、行列式的 6 个性质、按行（列）展开。通过矩阵的定义，简要介绍了矩阵的运算、逆矩阵和矩阵的秩，主要介绍了矩阵的特征分解、矩阵的对角化和矩阵的奇异值分解等相关理论知识，以及对每个知识都介绍了 Python 中实现相应功能的函数，并通过例子介绍了 Python 中实现相应功能的方法。

课后习题

1. 已知等差序列中前 n 项的和为 $S_n = an^2 + bn(n \in \mathbf{N})$，假设等差序列 $\{a_n\}$ 前 m 项的和为 30，前 $2m$ 项的和为 100，求它的前 $3m$ 项的和。

2．将坐标轴上的点 $P(x,y)$ 经过矩阵 $\begin{pmatrix} a & b \\ c & d \end{pmatrix}$ 变换得到新的点 $P'=(x',y')$，称作一次运动，即 $\begin{pmatrix} x' \\ y' \end{pmatrix}=\begin{pmatrix} a & b \\ c & d \end{pmatrix}\begin{pmatrix} x \\ y \end{pmatrix}$。若将点 $P(3,4)$ 经过矩阵 $\boldsymbol{A}=\begin{pmatrix} 0 & 1 \\ 1 & 0 \end{pmatrix}$ 变换后得到新的点 P'，求出点 P' 的坐标。

3．某工厂生产甲、乙、丙这 3 种产品，每种产品单位产量的原料费、员工工资、管理费和其他费用如表 4-17 所示，每季度生产每种产品的数量如表 4-18 所示。请分别以表格的形式直观地展示每个季度中每类成本的总数、每个季度三类成本的总数和 4 个季度每类成本的总数。

表 4-17　生产单位产品的成本（元）

	甲	乙	丙
原料费	10	20	15
员工工资	30	40	20
管理及其他费用	10	15	10

表 4-18　每种产品各季度产量（件）

产品	春季	夏季	秋季	冬季
甲	2 000	3 000	2 500	2 000
乙	2 800	4 800	3 700	3 000
丙	2 500	3 500	4 000	2 000

4．设有甲、乙、丙 3 种酒，主要成分 A、B、C 的各自含量如表 4-19 所示。调酒师现要用这 3 种酒配出另一种酒，使其中 A、B、C 的含量分别为 66.5%、18.5%、15%，请问能否配出合乎要求的酒？如果能，3 种酒的比例如何分配？当甲酒缺货时，能否用 3 种主要成分含量为(0.8,0.12,0.08)的丁酒代替？

表 4-19　甲、乙、丙 3 种酒的主要成分含量

	A	B	C
甲　酒	0.7	0.2	0.1
乙　酒	0.6	0.2	0.2
丙　酒	0.65	0.15	0.2

5．设有方程组 $\begin{cases} x_1-2x_2+2x_3-x_4=1 \\ 2x_1-4x_2+8x_3=2 \\ -2x_1+4x_2-2x_3+3x_4=3 \\ 3x_1-6x_2-6x_4=4 \end{cases}$，判断方程组是否有解。若有解，则请求出方程组的全部解。

6．设某国每年有比例为 p 的农村居民移居城镇，有比例为 q 的城镇居民移居农村。假设该国的总人口数不变，且人口迁移规律不变，将 n 年后农村人口和城镇人口占总人口的比例依次记为 x_n 和 y_n，且 $x_n+y_n=1$。

（1）求关系式 $\begin{pmatrix} x_{n+1} \\ y_{n+1} \end{pmatrix}=\boldsymbol{A}\begin{pmatrix} x_n \\ y_n \end{pmatrix}$ 中的矩阵 $\boldsymbol{A}$。

（2）设目前的农村人口和城镇人口相等，即 $\begin{pmatrix} x_0 \\ y_0 \end{pmatrix}=\begin{pmatrix} 0.5 \\ 0.5 \end{pmatrix}$，求 $\begin{pmatrix} x_n \\ y_n \end{pmatrix}$。

7．已知矩阵 $\boldsymbol{A}=\begin{pmatrix} 1 & 2 & 2 \\ 2 & 1 & 2 \\ 2 & 2 & 1 \end{pmatrix}$，求 $\boldsymbol{A}^k$（其中 k 为正整数）。

8．设有一个 3×4 图像的像素矩阵 $\boldsymbol{A}=\begin{pmatrix} 1 & 2 & 1 & 3 \\ 4 & 3 & 2 & 5 \\ 6 & 2 & 1 & 0 \end{pmatrix}$，请使用奇异值分解法将该图像进行压缩传输。

第5章 数值计算基础

随着制造强国、质量强国、航天强国、交通强国、网络强国、数字中国的加快建设，现代数据科学技术随之不断发展，大量问题被抽象为具体的符号化数学模型。模型的求解往往是一个复杂的数值计算问题，在实际解决这些计算问题的过程中，数值分析作为一门学科孕育而生。数值分析、计算方法、科学计算本质上是一个意思，就是研究各种数学问题，进行数值计算的一门学科。许多计算领域的问题，如计算物理、计算力学、计算化学、计算经济学等，都可归结为数值计算问题。

5.1 数值计算的基本概念

数值计算主要研究如何利用计算机更好地解决各种数学问题，包括连续系统离散化和离散型方程求解，并考虑误差、稳定性和收敛性等问题。

5.1.1 误差的来源

误差在日常生活中无处不在。比如，在热力学实验中，从温度计上读到的温度是25.4℃，这不是一个精确的值，而是含有误差的近似值。又如，量体裁衣中的量与裁的结果都不是精确无误的，都含有一定的误差。

例 5-1 将一个基本的等式$1-\left(\frac{4}{3}-1\right)\times 3=0$代入计算机程序，如代码 5-1 所示，代码结果并不是 0。

代码 5-1 计算机程序误差示例

```
In[1]:    print(1-(4/3-1)*3)

Out[1]:   2.220446049250313e-16
```

导致代码 5-1 的运行结果并不是 0 的原因是，计算机在数据存储的过程中无法准确地表示$\frac{4}{3}$这个数，从而产生了舍入误差。在实际计算过程中，使用有限精度的计算机存储单元来表示无限精度的实数时产生舍入误差是不可避免的。通常情况下，计算人员期望的是在冗长的运算中产生尽可能少量的、对答案几乎不产生影响的误差，但是这并不容易实现。

一般来说，科学计算过程和误差来源如图 5-1 所示。

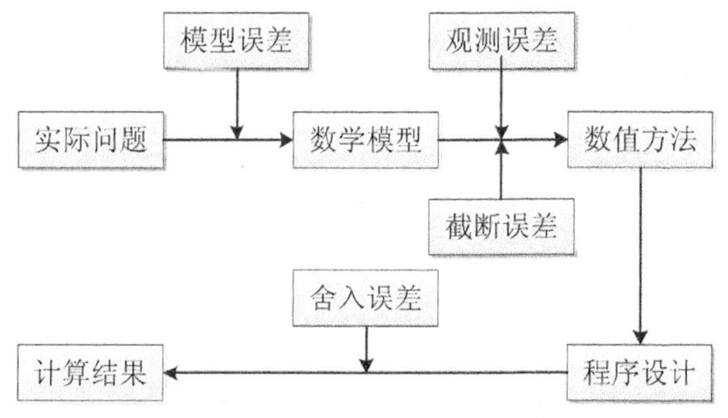

图 5-1 科学计算过程和误差来源示意图

各种误差的概念及定义如表 5-1 所示。

表 5-1 误差概念及定义

误差名称	定义	数值分析是否考虑
模型误差	数学模型是人们通过将实际问题抽象和简化，并忽略一些次要因素所得到的一种数学结构。数学模型与实际问题之间出现的这种误差为模型误差	否
观测误差	数学模型中往往还有一些通过观测得到的物理量，如温度、长度、电压等，这些参量显然也包含误差，这种由观测产生的误差称为观测误差或参数误差	否
截断误差	在计算中常常遇到只有通过无限过程才能够得到结果，但实际计算时只能用有限过程来计算的情况。这种用有限过程代替无限过程产生的误差称为截断误差，这种误差是由计算方法本身引起的，也称为方法误差	是
舍入误差	计算中遇到的数据可能位数很多，也可能是无穷小数，如 $\sqrt{2}$、$\frac{1}{3}$ 等，但计算时只能对有限位数进行计算，因此往往进行四舍五入，这样产生的误差称为舍入误差	是

例 5-2 根据前人观测，地球的半径 $r = 6\,370\text{km}$，取 $\pi = 3.141\,6$，求地球的表面积 S。

解 假设地球为球体，则其表面积 S 的计算公式为 $S = 4\pi r^2$。根据已知条件 $r = 6\,370\text{km}$，$\pi = 3.141\,6$，其运算过程与结果如代码 5-2 所示。

代码 5-2 计算地球表面积

```
In[2]:   print('地球的表面积为：',4*3.1416*6370**2)

Out[2]:  地球的表面积为： 509905556.15999997
```

例 5-2 的求解过程中总共存在以下 3 种误差。

（1）假设地球为球体，存在模型误差。

（2）$r = 6\,370\text{km}$ 这一值由前人观测和计算得到，存在观测误差。

（3）公式中的 π 是圆周率，为无理数，取 $\pi = 3.141\,6$，存在截断误差。

如果将结果使用科学计数法进行四舍五入操作，则还会产生舍入误差。其中，模型误差和观测误差均不在数值分析的讨论范围内。截断误差和舍入误差都和计算方法有关，在进行科学计算的时候需要尽量减小这两种误差。

5.1.2 误差分类

1. 绝对误差

定义 5-1 设 x 是准确值，x^* 是它的一个近似值，则称 $x-x^*$ 为 x^* 的**绝对误差**，简称误差，记为 e^*。

例 5-1 中，准确值为 0，使用 Python 计算的近似值为 $2.220\,446\,049\,250\,313\times10^{-16}$，则其绝对误差 $e^*=0-2.220\,446\,049\,250\,313\times10^{-16}$。

定义 5-2 设 x 是准确值，x^* 是其一个近似值，称 x^* 的绝对误差的绝对值上限 ε^* 为 x^* 的**绝对误差限**，简称**误差限**，记为 $\left|e^*\right|=\left|x-x^*\right|\leqslant\varepsilon^*$。

在实际工程中，测量用具常用 $x=x^*\pm\varepsilon^*$ 来表示其测量所得结果的区间，其中 ε^* 就是这种工具的误差限。例如，用毫米刻度尺测量得出 A4 纸的长的近似值为 274 mm，由于刻度尺以 mm 为刻度，其误差不超过 0.5 mm，即 A4 纸的实际长为 274 ± 0.5 mm。

2. 相对误差

在许多情形下，绝对误差限并不能完全描述一个数的近似精确程度。例如，两把尺子的测量区间分别为 $x=100\pm0.5\text{cm}$ 和 $y=1\,000\pm5\text{mm}$，则两把尺子的绝对误差限 $y>x$，但 y 的精确度等于 x。因此，一个近似值的精确度不仅与绝对误差限有关，还与其本身的大小有关。

定义 5-3 设 x 是准确值，x^* 是其一个近似值，比值 $\dfrac{e^*}{x^*}$ 称为近似值 x^* 的**相对误差**，记为 e_r^*，即 $e_r^*=\dfrac{e^*}{x^*}=\dfrac{x-x^*}{x^*}$。

除了相对误差外，同时还有相对误差限的概念。

定义 5-4 设 x 是准确值，x^* 是其一个近似值，x^* 的相对误差 e_r^* 的绝对值的上限 ε_r^* 称为 x^* 的**相对误差限**，记为 $\left|e_r^*\right|=\left|\dfrac{x-x^*}{x^*}\right|\leqslant\varepsilon_r^*$。

相对误差和相对误差限都是无量纲的数，常用百分比表示。

例 5-3 计算两把测量区间分别为 $x=100\pm0.5\text{cm}$ 和 $y=1\,000\pm5\text{mm}$ 的尺子的相对误差。

解 用 Python 计算，如代码 5-3 所示，两者的相对误差实则是相同的，皆为 0.5%。

代码 5-3 计算相对误差

```
In[3]:   print('第一把尺子的相对误差为：',0.5/100*100,"%")
         print('第二把尺子的相对误差为：',5/1000*100,"%")

Out[3]:  第一把尺子的相对误差为： 0.5 %
         第二把尺子的相对误差为： 0.5 %
```

5.1.3 数值计算的衡量标准

算法大致可以分为两类：一类是直接法，是指在没有误差的情况下，可在有限步内得到问题精确解的算法；另一类是迭代法，是指采取逐次逼近的方法来逼近问题的精确解，而在任意有限步内都不能得到其精确解的算法。由于现代计算机的运算速度远远高于数据的传输速度，所以一个算法的实际运行速度在很大程度上依赖于该算法软件实现后数据传输量的大小。

除算法的快慢外，衡量数值计算方法的标准还有算法是否稳定、算法的逻辑结构是否简单、算法的运算次数和存储量是否尽量少等。一般的，设计和使用算法应注意以下几个问题。

（1）避免两个非常接近的数直接相减。

（2）尽可能避免一个很大的数与一个很小的数相加。

（3）多个数相加时，应从绝对值较小的数依次加起，以避免有效数字的损失。

此外，还要特别注意控制计算过程的中间环节，以免出现误差的过分积累和传播。在一个大型问题的计算中，每次运算的误差微不足道，然而成千上万次的运算就可能导致误差的过分积累，而将精确解完全淹没，使计算结果毫无意义。这方面最惨痛的教训发生在1996年6月4日，这一天，欧洲宇航局Ariane 5号运载火箭首次测试发射，火箭在发射37 s后被迫自行引爆，原因是将一个64位浮点数转换成16位有符号整数时产生了溢出。溢出值测量的是火箭的水平速率，比早先的Ariane 4火箭所能达到的溢出值高出了5倍。在设计Ariane 4火箭的软件时，工程师小心地分析了数据，并且确定水平速率绝不会超出一个16位的数。不幸的是，在Ariane 5火箭的系统中简单地重复使用了这一部分，而没有检查它的适用范围，最终导致Ariane 5号运载火箭首次发射失败。

5.2 插值法

在许多实际问题中都用函数来表示某种内在联系或规律，而不少函数都只能通过实验和观测得到的离散数据来了解。插值问题是数值分析的基本问题之一，其原理就是在离散数据的基础上通过插补得到连续函数，使得这条连续曲线通过全部给定的离散数据点。利用插值法可以通过函数在有限个点处的取值状况估计出该函数在其他点处的值。

定义 5-5 设已知区间$[a,b]$上的实值函数$f(x)$在$n+1$个相异点$x_k \in [a,b]$处的函数值为$y_k = f(x_k)(k=0,1,\cdots,n)$，要求估计出$f(x)$在$(a,b)$中的某点$x$的值。**插值法**就是用一个便于计算的函数$\psi(x)$去代替$f(x)$，使得$\psi(x_k)=y_k(k=0,1,\cdots,n)$，并以$\psi(x)$作为$f(x)$的近似值。通常称$f(x)$为**被插值函数**，$x_0,x_1,\cdots,x_n$为**插值节点**，$\psi(x)$为**插值函数**，$\psi(x_k)=y_k$为**插值条件**。若用代数多项式作为插值函数，则称相应的插值法为**多项式插值**，称相应的多项式为**插值多项式**。

5.2.1 Lagrange 插值

若已知函数$f(x)$在互异的两个点x_0和x_1处的函数值为$y_0=f(x_0)$和$y_1=f(x_1)$，要估计出该函数在点ξ处的函数值，最简单的方法是画一条过点(x_0,y_0)和点(x_1,y_1)的直线$y=L_1(x)$，用$L_1(\xi)$作为$f(\xi)$的近似值，如图5-2所示。

若已知 $f(x)$ 在互异的 3 个点 x_0、x_1 和 x_2 处的函数值为 $y_i = f(x_i)\ (i=0,1,2)$，要估计出该函数在点 ξ 处的函数值，最简单的方法是过 3 点 $(x_i, y_i)\ (i=0,1,2)$ 构造一条抛物线 $y = L_2(x)$，用 $L_2(\xi)$ 作为 $f(\xi)$ 的近似值，如图 5-3 所示。

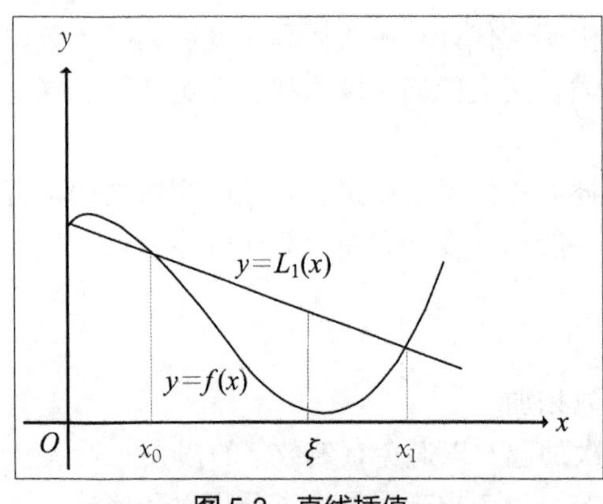

图 5-2　直线插值

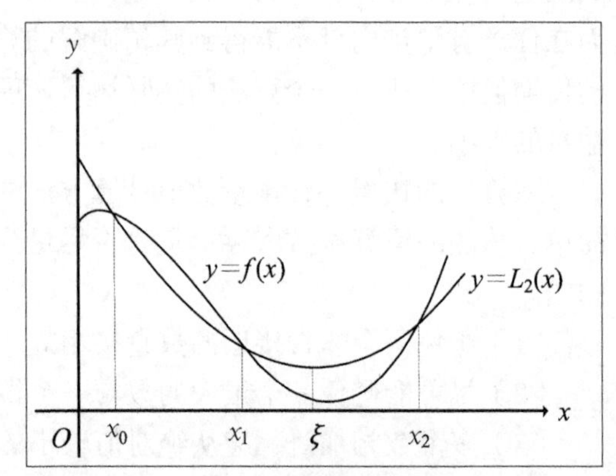

图 5-3　抛物线插值

对于一般情况，若已知函数 $f(x)$ 在 $n+1$ 个互异的点 $x_0, x_1, \cdots, x_n$ 处的函数值为 $y_k = f(x_k)(k=0,1,\cdots,n)$，常用的插值方法是 Lagrange（拉格朗日）插值法。

设函数 $y=f(x)$ 在区间 $[a,b]$ 上有定义，且已知在 $a \leqslant x_0 < x_1 < \cdots < x_n \leqslant b$ 上的值为 $y_0, y_1, \cdots, y_n$，若存在一个次数不超过 n 的多项式 $L_n(x) = a_0 + a_1 x + \cdots + a_n x^n$，使其满足式（5-1），则称 $L_n(x)$ 为 $f(x)$ 的 n 次 Lagrange 插值多项式，称点 $x_k\ (k=0,1,\cdots,n)$ 为插值节点，称条件式（5-1）为插值条件，包含插值节点的区间称为插值区间。值得注意的是，满足插值条件式（5-1）的次数不超过 n 的多项式 $L_n(x) = a_0 + a_1 x + \cdots + a_n x^n$ 是存在且唯一的。

$$L_n(x_k) = y_k \ (k=0,1,\cdots,n) \tag{5-1}$$

当 $n=1$ 时，函数 $f(x)$ 在 x_0 和 x_1 两个点上互异，则其插值为线性插值，可以写为 $L_1(x) = y_0 + \dfrac{y_1 - y_0}{x_1 - x_0}(x - x_0)$，等价于 $L_1(x) = y_0 \dfrac{x - x_1}{x_0 - x_1} + y_1 \dfrac{x - x_0}{x_1 - x_0}$。

当 $n=2$ 时，函数 $f(x)$ 在 x_0、x_1、x_2 这 3 个节点上互异，则其插值为抛物线插值，$L_2(x) = y_0 \dfrac{(x-x_1)(x-x_2)}{(x_0-x_1)(x_0-x_2)} + y_1 \dfrac{(x-x_0)(x-x_2)}{(x_1-x_0)(x_1-x_2)} + y_2 \dfrac{(x-x_0)(x-x_1)}{(x_2-x_0)(x_2-x_1)}$。

同理，函数 $f(x)$ 在 $n+1$ 个点上互异，先要构造一个次数不超过 n 的多项式，其插值公式可写为式（5-2）。

$$\begin{aligned} L_n(x) &= \sum_{k=0}^{n} y_k \frac{(x-x_0)\cdots(x-x_{k-1})(x-x_{k+1})\cdots(x-x_n)}{(x_k-x_0)\cdots(x_k-x_{k-1})(x_k-x_{k+1})\cdots(x_k-x_n)} \\ &= \sum_{k=0}^{n} y_k \left(\prod_{\substack{j=0 \\ j \neq k}}^{n} \frac{x - x_j}{x_k - x_j} \right) \end{aligned} \tag{5-2}$$

式（5-2）称为 n 次 Lagrange 插值公式，$n=1$ 和 $n=2$ 分别是它的两种特殊情况，即线性插值公式和抛物线插值公式。

SciPy 库的 interpolate 模块提供了 lagrange 函数来进行 Lagrange 插值计算，其语法格式如下。

```
scipy.interpolate.lagrange(x,w)
```

lagrange 函数常用的参数及说明如表 5-2 所示。

表 5-2 lagrange 函数常用的参数及说明

参数	说明
x	接收 array，表示插值节点的 x 坐标。无默认值
w	接收 array，表示插值节点的 y 坐标，数目需要与 x 对应。无默认值

例 5-4 假设有一个每年生产 240 吨产品的食品加工厂，需要统计生产费用，但由于该厂的各项资料不全，无法统计。这种情况下，统计部门收集了设备、生产能力和与该厂大致相同的 5 个食品加工厂的相关产量和生产费用的资料，如表 5-3 所示，请参考数据估计生产费用。

表 5-3 产量和生产费用资料 1

工厂名称	甲	乙	丙	丁	戊
生产量（吨）	200	220	250	270	280
生产费用（万元）	4	4.5	4.7	4.8	5.2

解 根据式（5-2）构造 Lagrange 插值多项式，当产量为 240 吨时，其生产费用求解过程为

$$
\begin{aligned}
y = L(240) = {} & 4.0\times\frac{240-220}{200-220}\times\frac{240-250}{200-250}\times\frac{240-270}{200-270}\times\frac{240-280}{200-280}+ \\
& 4.5\times\frac{240-200}{220-200}\times\frac{240-250}{220-250}\times\frac{240-270}{220-270}\times\frac{240-280}{220-280}+ \\
& 4.7\times\frac{240-200}{250-200}\times\frac{240-220}{250-220}\times\frac{240-270}{250-270}\times\frac{240-280}{250-280}+ \\
& 4.8\times\frac{240-200}{270-200}\times\frac{240-220}{270-220}\times\frac{240-250}{270-250}\times\frac{240-280}{270-280}+ \\
& 5.2\times\frac{240-200}{280-200}\times\frac{240-220}{280-220}\times\frac{240-250}{280-250}\times\frac{240-270}{280-270} \\
\approx {} & 4.714
\end{aligned}
$$

使用 SciPy 库的 interpolate 模块实现上述计算过程，如代码 5-4 所示。

代码 5-4 Lagrange 插值

```
In[1]:  from scipy import interpolate
        import numpy as np
        x = np.array([200,220,250,270,280])
        y = np.array([4,4.5,4.7,4.8,5.2])
```

```
la = interpolate.lagrange(x,y)
print('产量为 240 吨时，费用为：',la(240))
```

Out[1]:　产量为 240 吨时，费用为： 4.71428571428

5.2.2 Newton 插值

Lagrange 插值公式有一个缺点：当对给定的若干个节点求出其插值函数后，如果需要再增加节点，并求出新的插值函数，那么整个插值函数都要重新计算。因此，这种公式只适用于插值节点已给定的情况。如果在计算过程中需要增加插值节点，那么需要考虑其他形式的插值公式，使之能够尽可能地利用已经得到的数据信息。Newton（牛顿）插值公式就是基于这种想法提出的插值公式，它需要用到均差的概念。

定义 5-6　已知函数在点 x_0 和 x_1 处的函数值，比值 $\frac{f(x_1)-f(x_0)}{x_1-x_0}$ 称为函数 $f(x)$ 在点 x_0 和 x_1 处的**一阶均差**（也称为**差商**），记为 $f[x_0,x_1]$，即 $f[x_0,x_1]=\frac{f(x_1)-f(x_0)}{x_1-x_0}$。从几何上判断，均差 $f[x_0,x_1]$ 等价于点 x_0 和 x_1 所决定的线性方程的斜率，如图 5-4 所示。

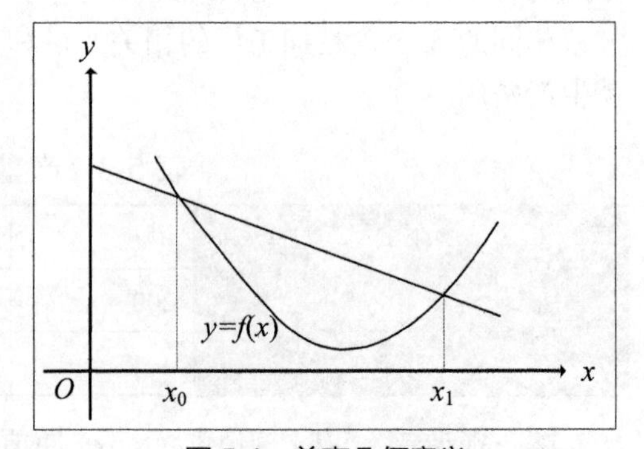

图 5-4　差商几何意义

函数 $f(x)$ 的一阶均差 $f[x_0,x]$ 在点 x_1 和 x_2 处的均差称为 $f(x)$ 的二阶均差，记为 $f[x_0,x_1,x_2]$，即 $f[x_0,x_1,x_2]=\frac{f[x_0,x_2]-f[x_0,x_1]}{x_2-x_1}$。

同理，函数 $f(x)$ 的 $n-1$ 阶均差 $f[x_0,\cdots,x_{n-2},x]$ 在点 x_{n-1} 和 x_n 处的均差称为 $f(x)$ 的 n 阶均差，记为 $f[x_0,x_1,\cdots,x_n]$，即 $f[x_0,x_1,\cdots,x_n]=\frac{f[x_0,\cdots,x_{n-2},x_n]-f[x_0,x_1,\cdots,x_{n-1}]}{x_n-x_{n-1}}$。

设 x 是插值区间 $[a,b]$ 上的一点，在点 x_0 和 x 处做一阶均差计算 $f[x_0,x]=\frac{f(x)-f(x_0)}{x-x_0}$，移项可得式（5-3）。

$$f(x)=f(x_0)+f[x_0,x](x-x_0) \tag{5-3}$$

令 $N(x_0)=f(x_0)$，则称 $N(x_0)$ 为函数 $f(x)$ 的零次插值多项式。增加一个点 x_1，考虑在点 x_0、x_1 和 x 处做二阶均差，$f[x_0,x_1,x]=\frac{f[x_0,x]-f[x_0,x_1]}{x-x_1}$，移项可得 $f[x_0,x]=f[x_0,x_1]+f[x_0,x_1,x](x-x_1)$，将其代入式（5-3）可得式（5-4）。令 $N_1(x_1)=f(x_0)+f[x_0,x_1](x-x_0)$，则容易验证式（5-5）。因此，$N_1(x)$ 是函数 $f(x)$ 以 x_0 和 x_1 为插值节点的线性插值多项式。

$$f(x)=f(x_0)+f[x_0,x_1](x-x_0)+f[x_0,x_1,x](x-x_0)(x-x_1) \tag{5-4}$$

$$\begin{cases} N_1(x_0)=f(x_0) \\ N_1(x_1)=f(x_0)+\dfrac{f(x_1)-f(x_0)}{x_1-x_0}(x_1-x_0)=f(x_1) \end{cases} \tag{5-5}$$

同理，函数 $f(x)$ 以 x_0 、 x_1 和 x_2 为插值节点的二次插值多项式为 $N_2(x)=f(x_0)+f[x_0,x_1](x-x_0)+f[x_0,x_1,x_2](x-x_0)(x-x_1)$ 。

以此类推，函数 $f(x)$ 以 $x_0,x_1,\cdots,x_n$ 为插值节点的 n 次插值多项式可表示为式（5-6）。

$$\begin{aligned} N_n(x)=f(x_0)+f[x_0,x_1](x-x_0)+f[x_0,x_1,x_2](x-x_0)(x-x_1)+\cdots+ \\ f[x_0,x_1,\cdots,x_n](x-x_0)(x-x_1)\cdots(x-x_{n-1}) \end{aligned} \tag{5-6}$$

当 $x=x_k$ 时，有 $f(x_k)=N_n(x_k)$ ，满足插值条件。$N_n(x)$ 称为 Newton 基本插值公式。当 $n=0$、1、2 时，分别是零次、一次和二次插值公式。

例 5-5　使用 Newton 插值法求解例 5-4 的问题。

解　根据已知条件，差商表如表 5-4 所示。

表 5-4　Newton 差商表 1

x	$f(x)$	一阶差商	二阶差商	三阶差商	四阶差商
200	4.0				
220	4.5	1/40			
250	4.7	1/150	−11/30 000		
270	4.8	1/200	−1/30 000	1/210 000	
280	5.2	1/25	7/6 000	1/50 000	1/5 250 000

结合式（5-6），可以得出该问题的 Newton 插值公式为

$$\begin{aligned} y=4.0+\frac{1}{40}(x-200)-\frac{11}{30\ 000}(x-200)(x-220)+ \\ \frac{1}{210\ 000}(x-200)(x-220)(x-250)+ \\ \frac{1}{5\ 250\ 000}(x-200)(x-220)(x-250)(x-270) \end{aligned}$$

将 $x=240$ 代入 Newton 插值公式，可得 $y(240)\approx 4.714$ ，其结果与 Lagrange 插值法相同。

使用 Python 实现 Newton 插值法解决本例问题，如代码 5-5 所示。

代码 5-5　Newton 插值函数

```
In[2]:  # 自定义一阶跳跃差分函数
        def diff_self (xi,k):
            '''
            xi: 接收 array，表示自变量 x，无默认值，不可省略
            k: 接收 int，表示差分的次数，无默认值，不可省略
            '''
```

```
    diffValue = []
    for i in range(len(xi)-k):
        diffValue.append(xi[i+k]-xi[i])
    return diffValue
# 自定义求取差商函数
def diff_quot(xi,yi):
    '''
    xi：接收array，表示自变量x，无默认值，不可省略
    yi：接收array，表示因变量y，无默认值，不可省略
    '''
    length = len(xi)
    quot = []
    temp = yi
    for i in range(1,length):
# 此处需要NumPy的广播特性支持
        tem = np.diff(temp,1)/diff_self(xi,i)
        quot.append(tem[0])
        temp = tem
    return(quot)
# 自定义求取(x-x0)(x-x1)…(x-xk)
def get_Wi(k = 0, xi = []):
    '''
    xi：接收array，表示自变量x，无默认值，不可省略
    '''
    def Wi(x):
        '''
        x：接收int、float、ndarray，表示插值节点，无默认值
        '''
        result = 1.0
        for each in range(k):
            result *= (x - xi[each])
        return result
    return Wi
# 自定义Newton插值公式
def get_Newton_inter(xi,yi):
    '''
    xi：接收array，表示自变量x，无默认值，不可省略
    yi：接收array，表示因变量y，无默认值，不可省略
    '''
    diffQuot = diff_quot(xi,yi)
```

```
    def Newton_inter(x):
        '''
        x：接收 int、float、ndarray，表示插值节点，无默认值
        '''
        result = yi[0]
        for i in range(0, len(xi)-1):
            result += get_Wi(i+1,xi)(x)*diffQuot[i]
        return result
    return Newton_inter
print('产量为 240 吨时，费用为：',get_Newton_inter(x,y)(240))
```

```
Out[2]:    产量为 240 吨时，费用为： 4.71428571428
```

例 5-6 假设例 5-4 的问题中已知的相似厂家再增加一个，相关产量和生产费用如表 5-5 所示。试求在此种状况下产品年生产量为 240 吨的工厂所需的生产费用为多少万元。

表 5-5 产量和生产费用资料 2

工厂名称	甲	乙	丙	丁	戊	己
生产量（吨）	200	220	250	270	280	230
生产费用（万元）	4	4.5	4.7	4.8	5.2	4.6

解 相关差商表如表 5-6 所示。

表 5-6 Newton 差商表 2

x	$f(x)$	一阶差商	二阶差商	三阶差商	四阶差商	五阶差商
200	4.0					
220	4.5	1/40				
250	4.7	1/150	−11/30 000			
270	4.8	1/200	−1/30 000	1/210 000		
280	5.2	1/25	7/6 000	1/50 000	1/5 250 000	
230	4.6	3/250	7/10 000	7/300 000	1/3 000 000	1/210 000 000

根据式（5-6），可以得出其 Newton 插值公式为

$$
\begin{aligned}
y = 4.0 &+ \frac{1}{40}(x-200) - \frac{11}{30\ 000}(x-200)(x-220) + \\
&\frac{1}{210\ 000}(x-200)(x-220)(x-250) + \\
&\frac{1}{5\ 250\ 000}(x-200)(x-220)(x-250)(x-270) + \\
&\frac{1}{210\ 000\ 000}(x-200)(x-220)(x-250)(x-270)(x-280)
\end{aligned}
$$

将 $x=240$ 代入，可得 $y(240)\approx 4.669$。

使用例 5-5 自定义的函数求取本例结果，如代码 5-6 所示。

代码 5-6 使用 Newton 插值求取生产费用

```
In[3]:   x1 = np.array([200,220,250,270,280,230])
         y1 = np.array([4,4.5,4.7,4.8,5.2,4.6])
         print('产量为 240 吨时，费用为：',get_Newton_inter(x1,y1)(240))
Out[3]:  产量为 240 吨时，费用为： 4.66857142857
```

通过表 5-4 和表 5-6 可发现，在加入一个新的点时，Newton 插值可保留早先的工作，只需加上新的一项即可，即前面的计算可复用。根据式（5-2），当使用 Lagrange 插值的时候，计算不可复用，每一次加入一个新点就需要重新从头计算。由此，可以总结出 Newton 插值法和 Lagrange 插值法的区别：在需要加入新点的时候，Newton 插值法的计算量要小得多。

定义 5-7 为了分析插值多项式 $P_n(x)$ 与被插值函数 $f(x)$ 的差别，定义 $R_n(x)=f(x)-P_n(x)$ 为该插值多项式的**插值余项**或**截断误差**。

例 5-7 正弦函数 $f(x)=\sin x$ 在 $\left[0,\frac{\pi}{2}\right]$ 区间内取 4 个等距点，以这 4 个点进行 Newton 插值，并求取其截断误差。

解 根据插值公式，相关差商表如表 5-7 所示。

表 5-7 Newton 差商表 3

x	$f(x)$	一阶差商	二阶差商	三阶差商
0	0			
$\frac{\pi}{6}$	$\frac{1}{2}$	$\frac{3}{\pi}$		
$\frac{\pi}{3}$	$\frac{\sqrt{3}}{2}$	$\frac{3(\sqrt{3}-1)}{\pi}$	$\frac{9(\sqrt{3}-1)}{\pi^2}$	
$\frac{\pi}{2}$	1	$\frac{3(2-\sqrt{3})}{\pi}$	$\frac{9(3-2\sqrt{3})}{\pi^2}$	$\frac{18(4-3\sqrt{3})}{\pi^3}$

可得 Newton 插值多项式为

$$y=0+\frac{3}{\pi}(x-0)+\frac{9\left(\sqrt{3}-1\right)}{\pi^2}(x-0)\left(x-\frac{\pi}{6}\right)+\frac{18\left(4-3\sqrt{3}\right)}{\pi^3}(x-0)\left(x-\frac{\pi}{6}\right)\left(x-\frac{\pi}{3}\right)$$

则其插值余项为 $R(x)=\sin x-y$。

在 Python 中使用图形查看本例插值效果，如代码 5-7 所示。

代码 5-7 使用图形查看插值效果

```
In[4]:   import matplotlib.pyplot as plt
         plt.rcParams['font.sans-serif']=['SimHei']  # 用来正常显示中文标签
         plt.rcParams['axes.unicode_minus']=False  # 用来正常显示负号
```

```
x0 = np.linspace(0,np.pi/2,4)
x1 = np.linspace(0,np.pi/2,20)
y0 = np.sin(x0)
y1 = np.sin(x1)
newton = [get_Newton_inter(x0,y0)(i) for i in x1]
plt.figure(figsize=(4,3))
plt.plot(x0,y0,'o')
plt.plot(x1,y1,'r-')
plt.plot(x1,newton,'b-')
plt.title('Newton 插值 sin 函数')
plt.xlabel('x')
plt.ylabel('y')
plt.xlim(0,1.7)
plt.ylim(0,1.2)
plt.legend(['插值点','sinx','Newton 插值'])
plt.savefig('./tmp/Newton 插值 sin 函数.png')
plt.show()
```

Out[4]:

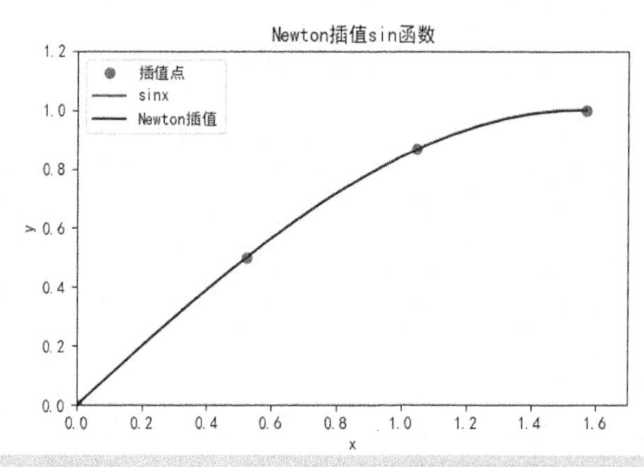

通过代码 5-7 可以发现，Newton 插值多项式曲线与在$\left[0,\frac{\pi}{2}\right]$区间的正弦函数曲线几乎没有区别。这样，在此区间上，无穷多个正弦函数值的信息就只需 Newton 插值多项式中的 4 个系数，而且执行 3 次加法和 3 次乘法即可恢复。

多项式插值可以通过计算多项式来代替计算复杂函数，而计算多项式仅仅包括加法、减法、乘法、除法这些基本的计算机运算，也可以将它理解为一种压缩的形式：用简单并且可计算的多项式来代替复杂函数。在这个过程中或许有某些精度的损失，这种损失也就是插值误差。

同时需要注意，尽管 Newton 插值法在计算上比 Lagrange 插值法高效，但是与 Lagrange 插值法一样都是多项式插值，由插值唯一性定理可知它们是恒等的，区别在于多项式的不同表现形式，故两种方法的误差相同。

5.2.3 样条插值

样条函数的概念最早出现于 1946 年，在 20 世纪 60 年代得到了广泛的应用和发展。目前，样条函数已成为插值法的一个重要分支。它也是外形设计、计算机辅助设计及有限元等许多领域不可缺少的工具之一。在多项式插值中，由多项式给出的单个公式通过所有数据点；样条插值则是分段给出多个低次多项式通过的所有数据点。

从数学角度上看，三次样条函数是分段表示的函数，在每段的小区间内，该函数是次数不超过 3 的多项式；从整体上看，它有连续的一阶导数和二阶导数。

定义 5-8 设在区间 $[a,b]$ 上给定一组节点 $x_0,x_1,\cdots,x_n$ $(a=x_0<x_1<\cdots<x_n=b)$ 上的函数值 $y_0,y_1,\cdots,y_n$，若其函数 $S(x)$ 满足以下几个条件，则称 $S(x)$ 为三次样条插值函数。

（1）$S(x)$ 在每个区间 $\left[x_{k-1},x_k\right]$ $(k=1,2,\cdots,n)$ 内都是次数不超过 3 的多项式。

（2）$S(x_k)=y_k$ $(k=1,2,\cdots,n)$。

（3）$S(x)$ 在 $[a,b]$ 上有连续的二阶导数。

SciPy 库中的 interpolate 模块提供了 UnivariateSpline 类来进行一般的样条插值计算，其语法格式如下。

```
class scipy.interpolate.UnivariateSpline(x, y, w=None, bbox=[None, None], k=3,
s=None, ext=0, check_finite=False)
```

创建 UnivariateSpline 类的函数的常用参数及说明如表 5-8 所示。

表 5-8 创建 UnivariateSpline 类的函数的常用参数及说明

参数	说明
x	接收 array，表示插值的点的 x 坐标。无默认值
y	接收 array，表示插值的点的 y 坐标，数目需要与 x 对应。无默认值
w	接收 array，表示样条拟合权重。默认为 None
k	接收 int，表示样条曲线的平滑程度，必须小于或等于 5。默认为 3

例 5-8 使用样条插值法求解例 5-4 的问题。

解 使用 Python，根据产量与成本的数据，该问题的求解如代码 5-8 所示。

代码 5-8 样条插值

```
In[5]:  spl = interpolate.UnivariateSpline(x,y,k=4)
        print('产量为240吨时，费用为：',spl(240))

Out[5]: 产量为240吨时，费用为： 4.714285714285714
```

通过对比代码 5-4、代码 5-5 和代码 5-8 的结果可以发现，在整体插值效果上，样条插值和 Lagrange 插值、Newton 插值相差不大，但是根据其原理，样条插值计算量更少，并且在计算机上的实现难度更低。但同时也需要注意，样条插值只能保证在各段小区间点上的连续性，无法保证整条曲线在整个大区间内绝对连续且光滑。

5.3 函数逼近与拟合

插值法是一种用简单函数近似代替较复杂函数的方法，它的近似标准是，在插值点处的误差为零。但有时并不要求具体某些点的误差为零，而是要求考虑整体的误差限制。为了达到这一目的，引入了拟合的方法。数据拟合与插值相比，数据拟合不要求近似函数通过所有的数据点，而要求它反映原函数整体的变化趋势，而插值法在节点处取函数值。数据拟合最常用的方法是最小二乘法。

5.3.1 数据的最小二乘线性拟合

最小二乘的概念是从 19 世纪早期 Gauss 和 Legendre 的开创性工作开始的，它的应用遍及现代统计学和数学建模。这种参数估计的技术在科学和工程中已经成为基本方法。

实际给出的数据总是有观测误差的，而所求的插值函数要通过所有节点，就会受全部观测误差的影响。如果不要求近似函数通过所有数据点，而要求它反映原函数整体的变化趋势，就可以用数据拟合的方法得到更简单且更好用的近似函数。

例 5-9 表 5-9 是实际测定的 24 个纤维样品的强度与相应拉伸倍数的记录，考察纤维的强度与拉伸倍数的关系。

表 5-9 纤维拉伸倍数和强度的关系

编号	拉伸倍数 x_i	强度 y_i	编号	拉伸倍数 x_i	强度 y_i
1	1.9	1.4	13	5	5.5
2	2	1.3	14	5.2	5
3	2.1	1.8	15	6	5.5
4	2.5	2.5	16	6.3	6.4
5	2.7	2.8	17	6.5	6
6	2.7	2.5	18	7.1	5.3
7	3.5	3	19	8	6.5
8	3.5	2.7	20	8	7
9	4	4	21	8.9	8.5
10	4	3.5	22	9	8
11	4.5	4.2	23	9.5	8.1
12	4.6	3.5	24	10	8.1

解 用 Python 以拉伸倍数 x_i 为 x 轴、强度 y_i 为 y 轴绘制出散点图，如代码 5-9 所示。

代码 5-9　绘制纤维拉伸倍数与强度的散点图

In[1]:
```
import numpy as np
import matplotlib.pyplot as plt
from scipy import optimize
# 拉伸倍数
x = np.array([1.9,2,2.1,2.5,2.7,2.7,3.5,3.5,4,4,4.5,4.6,
              5,5.2,6,6.3,6.5,7.1,8,8,8.9,9,9.5,10])
# 强度
y = np.array([1.4,1.3,1.8,2.5,2.8,2.5,3,2.7,4,3.5,4.2,3.5,
              5.5,5,5.5,6.4,6,5.3,6.5,7,8.5,8,8.1,8.1])
x1 = np.arange(0,10.0,0.1)
plt.rcParams['font.sans-serif']=['SimHei']  # 用来正常显示中文
plt.rcParams['axes.unicode_minus']=False  # 用来正常显示负号
plt.figure(figsize=(6,4))
plt.scatter(x,y,label= '真实值')  # 绘制原来的点
plt.plot(x1,0.86*x1,'r',label = '近似直线')  # 近似直线
plt.legend()
plt.xlim(0,10)
plt.ylim(0,9)
plt.title('纤维线性拟合')
plt.xlabel('拉伸倍数')
plt.ylabel('强度')
plt.savefig('../tmp/纤维线性拟合 1.png')
plt.show()
```

Out[1]:

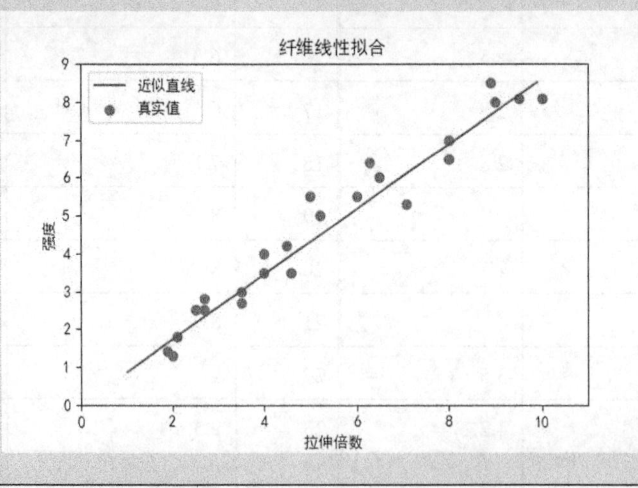

通过代码 5-9 的运行结果可以看出，24 个点大致分布在一条直线附近，故可认为强度与拉伸倍数的主要关系为线性关系。这种用直线来拟合数据的方法称为线性拟合法。

定义 5-9　一般由给定的一组测定的离散数据 (x_i, y_i) $(i=1,2,3,\cdots,n)$ 得到的自变量 x 和

因变量 y 的近似表达式 $y=g(x)$ 称为**数据拟合模型**。当 $y=g(x)=ax+b$ 时，称为**线性模型拟合**；当 $y=g(x)$ 是高次多项式时，称为**高次多项式模型拟合**；当 $y=g(x)$ 是指数函数时，称为**指数模型拟合**。

尽管线性拟合预测不够精确，但由于其简单稳定，因此在过去的数十年中一直是统计学的主要方法，直到如今依旧是数据拟合的最重要的方法之一。线性拟合最常用的近似标准是最小二乘原理，它也是现在最流行的数据处理方法之一。

线性拟合算法的步骤如下。

第一步：绘制出给定数据的散点图（近似一条直线）。

第二步：设拟合函数为 $y_i^*=ax_i+b$。此处得到的 y_i^* 和 y_i 可能不相同，记它们的差为 $\delta_i=y_i-y_i^*=y_i-ax_i-b$，称为误差。在原始数据给定后，误差只依赖于 a、b 的选取，因此，可以把误差的大小作为衡量 a、b 选取是否优良的主要标志。最小二乘法便是确定“最佳”参数的方法，也就是使式（5-7）所示的误差平方和达到最小的方法。

$$Q=\sum_{i=1}^{n}\delta_i^2=\sum_{i=1}^{n}(y_i-ax_i-b)^2=\varphi(a,b) \tag{5-7}$$

第三步：选择合适的 a、b，使得 $\varphi(a,b)$ 最小。可使用求极值的方法，即分别对 a、b 求偏导，再使偏导等于 0，就可得到正规方程组，即式（5-8）。

$$\begin{cases}\dfrac{\partial\varphi}{\partial a}=-2\sum_{i=1}^{n}(y_i-ax_i-b)x_i=0\\ \dfrac{\partial\varphi}{\partial b}=-2\sum_{i=1}^{n}(y_i-ax_i-b)=0\end{cases} \tag{5-8}$$

第四步：求解正规方程组式（5-8），得出最优的 a、b，确定 $y_i^*=ax_i+b$ 的具体表达式。

SciPy 库中 optimize 模块的 least_squares 函数提供了利用最小二乘法求解方程的功能，其语法格式如下。

```
scipy.optimize.least_squares(func, x0, jac='2-point', bounds=(-inf,inf), method='trf', ftol=1e-08, xtol=1e-08, gtol=1e-08, x_scale=1.0, loss='linear', f_scale=1.0, diff_step=None, tr_solver=None, tr_options={}, jac_sparsity=None, max_nfev= None, verbose=0, args=(), kwargs={})
```

least_squares 函数常用的参数及说明如表 5-10 所示。

表 5-10 least_squares 函数常用的参数及说明

参数	说明
func	接收 function，表示需要求解的函数。无默认值
x0	接收 array，表示求取的函数参数的初始值。无默认值
jac	接收特殊 str，表示计算 Jacobi 矩阵的方法。默认为 2-point
bounds	接收 tuple，表示函数参数的取值范围。默认为(–inf,inf)
args	接收 tuple、list，表示函数或者 Jacobi 矩阵的额外参数。无默认值

例 5-10 使用最小二乘法求解例 5-9 中纤维拉抻倍数与强度的线性拟合方程。

解 设纤维拉伸倍数和强度的线性关系方程为 $y = ax + b$ 。

将表中的数据代入工规方程组式（5-8），可以得到线性方程组

$$\begin{cases} 113.1 - 127.5a - b = 0 \\ 731.6 - 829.61a - 127.5b = 0 \end{cases}$$

求解上述的线性方程组，可得出 $a \approx 0.858\ 7$ ，$b \approx 0.150\ 5$ ，则纤维拉伸倍数与强度的拟合线性方程近似为 $y = 0.858\ 7x + 0.150\ 5$ 。使用 Python 求解本例，如代码 5-10 所示。

代码 5-10 纤维的强度与拉伸倍数线性拟合

```
In[2]:  # 定义误差
        def regula(p):
            '''
            p：接收 tuple、list，表示函数的系数，例如 ax+b 中的 a、b。无默认值
            '''
            a,b = p
            return y - a*x-b
        # 使用最小二乘法确定 a 和 b
        result = optimize.least_squares(regula,[1,0])
        a,b = result.x # a、b 存储在 result 的 x 下
        print('线性拟合的结果：a 为%s，b 为%s'%(a,b))
        print('线性拟合的结果展示：')
        plt.figure(figsize=(6,4))
        plt.scatter(x,y,label='真实值')  # 绘制原来的点
        plt.plot(x,a*x+b,'r',label='拟合直线')  # 拟合直线
        plt.legend()
        plt.title('纤维线性拟合')
        plt.xlabel('拉伸倍数')
        plt.ylabel('强度')
        plt.xlim(0,11)
        plt.ylim(0,9)
        plt.savefig('../tmp/纤维线性拟合 2.png')
        plt.show()
Out[2]: 线性拟合的结果：a 为 0.858734289102，b 为 0.150474089144
        线性拟合的结果展示：
```

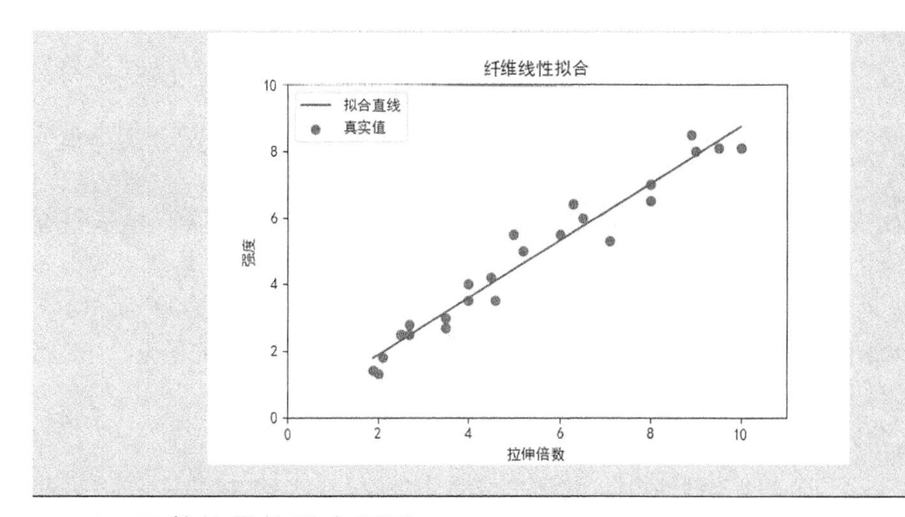

5.3.2 函数的最佳平方逼近

定义 5-10 若在区间$[a,b]$上，对于n个函数$\varphi_0(x),\varphi_1(x),\cdots,\varphi_{n-1}(x)$，使得式（5-9）成立的充要条件是$c_0=c_1=\cdots=c_{n-1}=0$，则称这$n$个函数$\varphi_0(x),\varphi_1(x),\cdots,\varphi_{n-1}(x)$在区间$[a,b]$上**线性无关**，否则称$\varphi_0(x),\varphi_1(x),\cdots,\varphi_{n-1}(x)$在区间$[a,b]$上**线性相关**。

$$c_0\varphi_0(x)+c_1\varphi_1(x)+\cdots+c_{n-1}\varphi_{n-1}(x)=0 \tag{5-9}$$

任何定义在$[a,b]$上的n个线性无关的函数$\varphi_0(x),\varphi_1(x),\cdots,\varphi_{n-1}(x)$组成（即所有线性组合）的线性空间$\Phi=\mathrm{span}\{\varphi_0(x),\varphi_1(x),\cdots,\varphi_{n-1}(x)\}$都是$n$维的。例如，$P_n=\mathrm{span}\{x^0,x^1,x^2,\cdots,x^{n-1}\}$就是$n$维线性空间，它是由所有次数都不超过$n-1$的代数多项式组成的。这样的$\varphi_0(x),\varphi_1(x),\cdots,\varphi_{n-1}(x)$也称为$n$维线性函数空间$\Phi$的一组**基函数**。

下面介绍连续函数在空间$C[a,b]$上的最佳平方逼近问题。

定义 5-11 设$f(x)\in C[a,b]$及$C[a,b]$的一个子集$\Phi=\mathrm{span}\{\varphi_0(x),\varphi_1(x),\cdots,\varphi_{n-1}(x)\}$，在$\Phi$中找一个函数$S^*$，使其为优化问题式（5-10）的解。$S^*$称为$f(x)$在$\Phi$中的**最佳平方逼近函数**。

$$\int_a^b\left|S^*(x)-f(x)\right|^2\mathrm{d}x=\min_{S\in\Phi}\int_a^b\left|S(x)-f(x)\right|^2\mathrm{d}x \tag{5-10}$$

该问题与5.3.1小节中的最小二乘问题相比，只是把一些离散点上的误差平方和变为整个区间上误差平方的积分。为了求解该问题，可将$S(x)\in\Phi$写成$S(x)=c_0\varphi_0(x)+c_1\varphi_1(x)+\cdots+c_{n-1}\varphi_{n-1}(x)$，并记平方误差为式（5-11）。

$$\begin{aligned}I(c_0,c_1,\cdots,c_{n-1})&=\int_a^b\left|S(x)-f(x)\right|^2\mathrm{d}x\\&=\int_a^b\left|c_0\varphi_0(x)+c_1\varphi_1(x)+\cdots+c_{n-1}\varphi_{n-1}(x)-f(x)\right|^2\mathrm{d}x\end{aligned} \tag{5-11}$$

该问题的最小值在其驻点处取得，驻点满足式（5-12），也即式（5-13），其中$i=0,1,\cdots,n-1$。

$$\frac{\partial I}{\partial c_i}=2\int_a^b\left[c_0\varphi_0(x)+c_1\varphi_1(x)+\cdots+c_{n-1}\varphi_{n-1}(x)-f(x)\right]\varphi_i(x)\mathrm{d}x=0 \tag{5-12}$$

$$\sum_{j=0}^{n-1}\left[\varphi_j(x)\varphi_i(x)\mathrm{d}x\right]c_i=\int_a^b f(x)\varphi_i(x)\mathrm{d}x \tag{5-13}$$

根据式（5-12）可以求出系数 c_i，由基函数的线性无关可推得方程组 Φ 的解也是唯一的。

设 $\varphi_0(x),\varphi_1(x),\cdots,\varphi_{n-1}(x)$ 是定义在区间 $[a,b]$ 上的 n 个线性无关的连续函数，函数 $f(x)$ 是区间 $[a,b]$ 上的 n 个节点 $x_1,x_2,\cdots,x_{n-1}(a=x_1<x_2<\cdots<x_{n-1}=b)$ 给定的离散函数。最小二乘法估计的实质是用 $\varphi_0(x),\varphi_1(x),\cdots,\varphi_{n-1}(x)$ 的线性组合 $Q(x)=c_0\varphi_0(x)+c_1\varphi_1(x)+\cdots+c_{n-1}\varphi_{n-1}(x)$ 逼近 $f(x)$，使 $f(x)$ 和 $Q(x)$ 在各节点上的差的加权平方和：

$$\sum_{i=1}^{m}\omega_i\left[f\left(x_i\right)-\sum_{k=0}^{n-1}c_k\varphi_k\left(x_i\right)\right]^2 \tag{5-14}$$

在由 $\varphi_0(x),\varphi_1(x),\cdots,\varphi_{n-1}(x)$ 的所有线性组合所组成的函数类中最小。式（5-14）中，ω_i 表示权数且 $\omega_i>0$。此处的加权平方和之所以设权数，是因为所测得的数据不一定是等精度的。

例 5-11 对带噪声的正弦波函数 $f(x)=a\sin(2\pi kx+\theta)$ 所产生的数据进行最小二乘拟合。

解 使用 SciPy 库中的函数对正弦波函数 $f(x)=a\sin(2\pi kx+\theta)$ 进行最小二乘拟合，如代码 5-11 所示。

代码 5-11 正弦波函数 $f(x)=a\sin(2\pi kx+\theta)$ 的最小二乘拟合

```
In[3]:  # 定义原始函数
        def func(x,p):
            '''
            x：表示函数的未知数 x
            p：接收 tuple、list，表示函数的系数，例如 ax+b 中的 a、b。无默认值
            '''
            a,k,thera = p
            return a*np.sin(2*np.pi*k*x+thera)
        # 定义误差
        def regulal(p,y,x):
            '''
            p：接收 tuple、list，表示函数的系数，例如 ax+b 中的 a、b。无默认值
            x：表示函数的未知数 x
            y：表示函数的未知数 y
            '''
            return y-func(x,p)
        x= np.linspace(1,2*np.pi,100)
        A,K,Thera = 10,0.34,np.pi/6
        y0 = func(x,[A,K,Thera])
        np.random.seed(123)
```

```
y1 = y0+2*np.random.randn(x.shape[0])  # 为真实值加入噪声
p0 = [7,0.40,0]
# 最小二乘法确定 a、k、thera
result1 = optimize.least_squares(regula1,p0,args=[y1,x])
p1,p2,p3 = result1.x # 取出结果
print('最小二乘拟合的结果:\n\
a:%s,\nk:%s,\nthera:%s'%(p1,p2,p3))
print('最小二乘拟合的结果展示: ')
plt.figure(figsize=(6,4))
plt.scatter(x,y1,label='噪声数据')  # 噪声数据
plt.plot(x,y0,'r-',label='真实曲线')  # 真实曲线
plt.plot(x,func(x,[p1,p2,p3]),'b:',label='拟合曲线')  # 拟合曲线
plt.legend()
plt.title('含噪声函数拟合')
plt.xlabel('x')
plt.ylabel('y')
plt.xlim(0,7)
plt.savefig('../tmp/含噪声曲线拟合.png ')
plt.show()
```

```
Out[3]:  最小二乘拟合的结果:
         a:10.116135052,
         k:0.339727255301,
         thera:0.482197426214
         最小二乘拟合的结果展示:
```

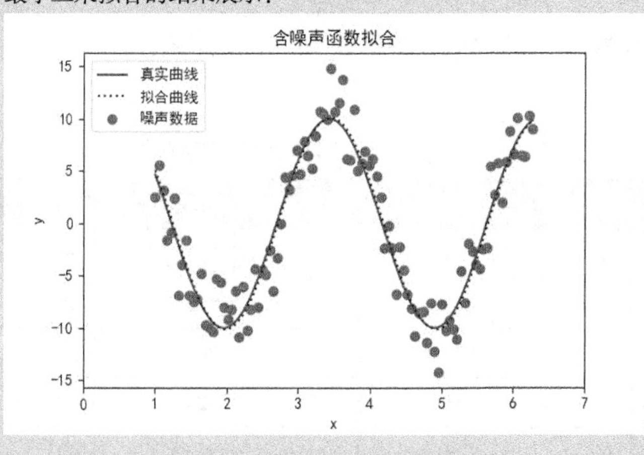

根据代码 5-11 的结果可知，最小二乘法拟合的曲线的 3 个参数分别为 $a \approx 10.1161$、$k \approx 0.3397$、$\theta \approx 0.4822$，即通过最小二乘法拟合的方程为 $f(x) = 10.1161\sin(0.6794\pi x + 0.4822)$。同时，通过代码 5-11 的结果还可以发现，拟合曲线和真实曲线的重合率很高，拟合的效果相当不错。

5.3.3 数据的多变量拟合

假设影响变量 y 的因素有多种，设为 $x_1, x_2, \cdots, x_k$，由给定的离散数据确定的形如式（5-15）的近似函数称为变量 y 的多变量拟合。若记 $x_i = x^i \ (i = 1, 2, \cdots, n-1)$，则变量的高次多项式拟合 $y^* = c_0 + c_1 x + \cdots + c_{n-1} x^{n-1}$ 也可转换为多变量拟合式（5-15）。

$$y^* = c_0 + c_1 x_1 + \cdots + c_k x_k \tag{5-15}$$

由此可见，高次多项式拟合与多变量拟合是可以互相转化的。使用最小二乘法就要确定近似函数 $Q(x) = c_0 + c_1 x + \cdots + c_k x_k$ 中的系数，使得其误差平方和达到最小。误差平方和如式（5-16）所示。

$$\varphi_0(c_0, c_1, \cdots, c_k) = \sum_{i=1}^{K} (y_i - c_0 - c_1 x_{1i} - c_2 x_{2i} - \cdots - c_k x_{ki})^2 \tag{5-16}$$

与线性拟合类似，对式（5-16）两边的各系数分别求偏导，然后令其为零，便可得到正规方程组，如式（5-17）所示。

$$\begin{cases} \dfrac{\partial \varphi}{\partial c_0} = -2\sum\limits_{i=1}^{K} (y_i - c_0 - c_1 x_{1i} - c_2 x_{2i} - \cdots - c_k x_{ki}) = 0 \\ \dfrac{\partial \varphi}{\partial c_1} = -2\sum\limits_{i=1}^{K} (y_i - c_0 - c_1 x_{1i} - c_2 x_{2i} - \cdots - c_k x_{ki}) x_{1i} = 0 \\ \cdots\cdots\cdots\cdots \\ \dfrac{\partial \varphi}{\partial c_K} = -2\sum\limits_{i=1}^{K} (y_i - c_0 - c_1 x_{1i} - c_2 x_{2i} - \cdots - c_k x_{ki}) x_{ki} = 0 \end{cases} \tag{5-17}$$

因为 $K > k$，且 $x_1, x_2, \cdots, x_k$ 线性无关，故方程组总有唯一解。

通过求解式（5-17）可以得到系数，然后将得到的系数 $c_0, c_1, \cdots, c_{k-1}$ 代入 $y^* = c_0 + c_1 x_1 + \cdots + c_k x_k$，便可得到多变量线性拟合函数。

例 5-12 根据经验，在人的身高相等的情况下，血压的收缩压 y 与体重 x_1（kg）、年龄 x_2（岁）有关。现收集了 13 位男子的数据，如表 5-11 所示，试建立 y 关于 x_1 和 x_2 的线性拟合方程。

表 5-11 体重、年龄与收缩压数据表

序号	x_1（千克）	x_2（岁）	y	序号	x_1（千克）	x_2（岁）	y
1	76.0	50	120	8	79.0	50	125
2	91.5	20	141	9	85.0	40	132
3	85.5	20	124	10	76.5	55	123
4	82.5	30	126	11	82.0	40	132
5	79.0	30	117	12	95.0	40	155
6	80.5	50	125	13	92.5	20	147
7	74.5	60	123				

解 设方程为 $y = ax_1 + bx_2 + c$，根据式（5-17）可得其正规方程为

$$\begin{cases}1\,079.5a+505b+13c-1\,690=0\\90\,159.75a+41\,167.5b+1\,079.5c-141\,138.5=0\\41\,167.5a+21\,925b+21\,925c-64\,935=0\end{cases}$$

则其拟合的方程为 $y=2.136\,6x_1+0.400\,2x_2-62.963\,4$。

使用 SciPy 库中的函数求解拟合方程的参数，如代码 5-12 所示。

代码 5-12 求解拟合方程的参数

```
In[4]:  # 定义原始方程
        def func1(x1,x2,p):
            '''
            x1：表示函数的未知数 x1
            x2：表示函数的未知数 x2
            p：接收 tuple、list，表示函数的系数，例如 ax+b 中的 a、b。无默认值
            '''
            a,b,c = p
            return a*x1+b*x2+c
        #  定义误差
        def regula2(p,x1,x2,y):
            '''
            p：接收 tuple、list，表示函数的系数，例如 ax+b 中的 a、b。无默认值
            x1：表示函数的未知数 x1
            x2：表示函数的未知数 x2
            y：表示函数的未知数 y
            '''
            return y- func1(x1,x2,p)
        x1 = np.array([76.0,91.5,85.5,82.5,79.0,80.5,
            74.5,79.0,85.0,76.5,82.0,95.0,92.5])
        x2 = np.array([50,20,20,30,30,50,60,50,40,55,40,40,20])
        y = np.array([120,141,124,126,117,125,123,125,132,123,132,
                      155,147])
        p0 = [0,0,0]   # 初始化参数
        result2 = optimize.least_squares(regula2,p0,args=[x1,x2,y])
        a,b,c=result2.x
        print('求解的结果：\na:%s\nb:%s\nc:%s'%(a,b,c))
Out[4]: 求解的结果：
        a:2.13655813498
        b:0.400216153497
        c:-62.9633587921
```

5.3.4 数据的非线性曲线拟合

除了线性曲线，实际问题中也经常遇到非线性曲线，如 $f(x)=a\sin(2\pi kx+\theta)$ 等。对于某些非线性问题，可以转化为线性问题，然后利用 5.3.3 小节中的方法进行求解。此处介绍常见的两类非线性方程。

1. 指数方程

对指数方程 $y=c_0\mathrm{e}^{c_1x}$ 两边取对数，得 $\ln y=\ln c_0+c_1x$ 。令 $z=\ln y$ ， $s=\ln c_0$ ，则 $\ln y=\ln c_0+c_1x$ 可表述为线性形式 $z=s+c_1x$ ，其误差平方和如式（5-18）所示。

$$\varphi(s,c_1)=\sum_{i=1}^{N}(z_i-c_1x_i-s)^2 \tag{5-18}$$

求得正规方程组如式（5-19）所示。

$$\begin{cases}\dfrac{\partial\varphi}{\partial s}=-2\sum_{i=1}^{N}(z_i-c_1x_i-s)=0\\ \dfrac{\partial\varphi}{\partial c_1}=-2\sum_{i=1}^{N}(z_i-c_1x_i-s)x_i=0\end{cases} \tag{5-19}$$

由式（5-19）可解出 s 和 c_1 ，再由 $c_0=\mathrm{e}^s$ 可求出拟合函数 $y^*=c_0\mathrm{e}^{c_1x}$ 。

2. 双曲线方程

对于式（5-20）所示的双曲线方程，令 $z=\dfrac{1}{y}$ ， $t=\dfrac{1}{x}$ ，可得 $z=c_0+c_1t$ ，误差平方和为 $\varphi(c_0,c_1)=\sum_{i=1}^{K}(z_i-c_0-c_1t_i)^2$ ，求得正规方程组，如式（5-21）所示。

$$\frac{1}{y}=c_0+c_1\frac{1}{x} \tag{5-20}$$

$$\begin{cases}\dfrac{\partial\varphi}{\partial c_0}=-2\sum_{i=1}^{K}(z_i-c_1t_i-c_0)=0\\ \dfrac{\partial\varphi}{\partial c_1}=-2\sum_{i=1}^{K}(z_i-c_1t_i-c_0)t_i=0\end{cases} \tag{5-21}$$

由式（5-21）解出 c_0 和 c_1 ，即可得拟合函数 $y^*=\dfrac{1}{c_0+c_1\dfrac{1}{x}}$ 。

原则上，非线性曲线拟合数据有多种计算方法，标准的最小二乘法只是其中的一种，使用者必须基于数据背景确定哪一种方法更适用。

例 5-13 表 5-12 给出的是某国 1900—2000 年每隔 10 年的人口数，已知人口数变化在环境承受能力范围内基本符合指数函数，试预测该国 2010 年的人口数（万）。

表 5-12 某国 1900—2000 年的人口数

年 份	人口数（万）	年 份	人口数（万）
1900	7 599.5	1960	17 932.3

续表

年　份	人口数（万）	年　份	人口数（万）
1910	9 197.2	1970	20 321.2
1920	10 571.1	1980	22 650.5
1930	12 320.3	1990	24 963.3
1940	13 166.9	2000	28 142.2
1950	15 066.9		

解　设方程为 $y=c_0\mathrm{e}^{c_1x}$，令 $z=\ln y$，$s=\ln c_0$，则方程变为线性形式 $z=s+c_1x$。使用SciPy库中的函数求解线性方程的参数 c_0 和 c_1，如代码5-13所示。

代码5-13　求解线性方程的参数 c_0 和 c_1

```
In[5]:  x = np.arange(1900,2010,10)
        y = np.array([7599.5,9197.2,10571.1,12320.3,13166.9,15066.9,
                      17932.3,20321.2,22650.5,24963.3,28142.2])
        z = np.log(y)
        # 定义误差函数
        def regula3(p,z,x):
            '''
            p: 接收tuple、list，表示函数的系数，例如ax+b中的a、b。无默认值
            z: 表示函数的未知数z
            x: 表示函数的未知数x
            '''
            c1,s = p
            return z-c1*x-s
        p0=[0,0]  # 初始化
        result3 = optimize.least_squares(regula3,p0,args=(z,x))
        c1,s=result3.x
        c0=np.e**s  # 求出c0
        print('c1,c0求解的结果：\nc1:%s\ns:%s'%(c1,c0,))
        print('2010年的人数为',c0*np.e**(c1*2010))
Out[5]: c1,c0求解的结果：
        c1:0.0128507944293
        c0:1.99816229481e-07
        2010年的人数为 32998.8851813
```

根据代码5-13的结果可知，拟合方程为 $y=1.998\,2\times10^{-7}\mathrm{e}^{0.012\,85x}$，2010年的人口数目约为32998.885万。

需要注意，插值或拟合函数近似的点在插值节点之间称为内插，否则称为外推。本问题预测 2010 年的某国人口显然是外推。在实际计算中，外推应谨慎使用，因为插值函数（拟合函数）仅在部分范围内可靠。

5.4 非线性方程（组）求根

在实际的工程和科学计算中，如电力学、非线性力学、非线性微积分等众多领域，都会遇到求解非线性方程的问题。在很多情况下，很难求出非线性问题的解析解，例如，设有多项式方程 $a_0x^n + a_1x^{n-1} + \cdots + a_{n-1}x + a_n = 0$，其根（实根或复根）的个数与其次数相同；而对于其他如 $e^x + \cos x - 1 = 0$ 这一类的超越方程，其解可能是一个或几个，也可能是无穷多个。常见的非线性方程（组）求解问题有如下两种。

（1）求取给定范围内的某个解，而解的粗略位置事先已从问题的物理背景或其他方法得知。

（2）求取方程（组）的全部解，或者求取给定区域内的所有解，而解的个数和位置事先并不知道。这在超越方程的情形下是比较困难的。

5.4.1 二分法求解非线性方程

针对上述第一种问题，二分法是最简单的一种方法。二分法也称为对分法（或逐次半分法），其基本思想是先确定方程 $f(x)=0$ 含根的区间 $[a,b]$，再把区间逐次二等分。

使用二分法求方程 $f(x)=0$ 的根 x^* 的近似解 x 的步骤主要如下。

第一步：如图 5-5 所示，取初始有根区间 $[a,b]$（满足 $f(a)\cdot f(x_1)>0$）和精度要求 ε。

第二步：若 $\frac{1}{2}|b_k - a_k| \leqslant \varepsilon$，则停止计算。

第三步：取区间 $[a,b]$ 的中点 $x_1 = \frac{a+b}{2}$，计算 $f(x_1)$。若 $f(x_1)=0$，则 x_1 是 $f(x)=0$ 的根，停止计算。

第四步：若 $f(a)\cdot f(x_1)<0$，则在区间 $[a,x_1]$ 内，$f(x)=0$ 至少有一个根，取 $a_1 = a$，$b_1 = x_1$；若 $f(a)\cdot f(x_1)>0$，则取 $a_1 = x_1$，$b_1 = b$。

第五步：返回第二步，运行后的输出结果为 $x_k = \frac{a_k + b_k}{2}$，$x_k \approx x^*$。

下面将通过一个基本的物理问题详细介绍二分法的实现方式。

例 5-14 现有 A、B 两辆车，其中，B 车在 A 车前方100m 处；A 车的初始速度为 0，加速度为 $6\text{m}/\text{s}^2$；B 车的速度为 $15\text{m}/\text{s}$，加速度为 $1\text{m}/\text{s}^2$。试问，A 车在哪个时间能够追上 B 车？

解 设时间为 x，根据匀加速度直线运动方程 $S = v_0t + \frac{1}{2}at^2$，可以将问题转换为求解方程 $2.5x^2 - 15x - 100 = 0$，求解步骤如下。

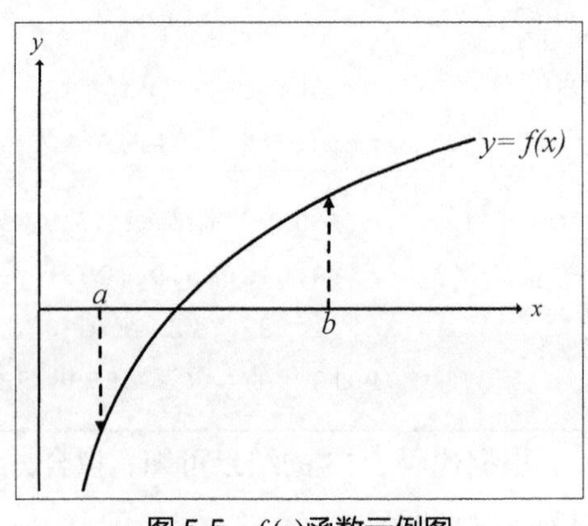

图 5-5 $f(x)$函数示例图

第一步：在 $x=4$ 和 $x=14$ 处，方程 $f(x)=2.5x^2-15x-100$ 的解的乘积为 $-21\ 600$，判定在区间 $[4,14]$ 上方程至少有一个解。

第二步：当 $x=9$ 时，$f(x)<0$，故 $f(x)=0$ 的取值区间变为 $[9,14]$。按照此种方法往复，求解过程如表 5-13 所示。

第三步：在达到 x 近似值的 10^{-2} 精度后停止计算，得出 x 的近似解为 $9.996\ 093\ 75$。

表 5-13　二分法求解方程 $2.5x^2-15x-100=0$

区　间	x	$f(x)$
	4	–120
	14	180
[4,14]	9	–32.5
[9,14]	11.5	58.125
[9,11.5]	10.25	8.906 25
[9,10.25]	9.625	–12.773 437 5
[9.625,10.25]	9.937 5	–2.177 734 38
[9.937 5,10.25]	10.093 75	3.303 222 66
[9.937 5,10.093 75]	10.015 625	0.547 485 35
[9.937 5,10.015 625]	9.976 562 5	–0.818 939 21
[9.976 562 5,10.015 625]	9.996 093 75	–0.136 680 6

基于 Python 用二分法求解方程 $2.5x^2-15x-100=0$，如代码 5-14 所示。

代码 5-14　基于 Python 使用二分法求解方程 $2.5x^2-15x-100=0$

```
In[1]:  import numpy as np
        # 定义求解函数
        def f1(x):
            '''
            x：表示函数的未知数 x
            '''
            return(2.5*x**2-15*x-100)
        # 定义二分法函数
        def dichotomy(a,b,preci_ratio = 10**-2):
            '''
            a,b ：接收数值型数据，表示二分法的区间。无默认值
            preci_ratio：接收数值型数据，表示精度。默认为 10**-2
            '''
          # 判定方程在区间内是否至少有一个解
```

```
    if (f1(a) != 0) & (f1(b) != 0) & (f1(a) * f1(b) < 0):
        result = []
        # 判定是否已经满足精确率
        while (np.abs((b - a))/2) >= preci_ratio:
            c = (a+b)/2.0
            pre = []
            pre.extend([a,b,c])
            if f1(a)*f1((c))>0:
                a=c
            elif f1(a)*f1((c)) < 0:
                b = c
            else:
                a = b = c
            pre.append(f1(c))
            result.append(pre)
    print('  a   b  (a+b)/2  f(x)')
    # 将返回值转换为 array，方便查看
    return(np.array(result))
print(dichotomy(4,14,0.01))
```

```
Out[1]:   a   b  (a+b)/2  f(x)
        [[ 4.         14.          9.         -32.5       ]
         [ 9.         14.         11.5         58.125     ]
         [ 9.         11.5        10.25         8.90625   ]
         [ 9.         10.25        9.625      -12.7734375 ]
         [ 9.625      10.25        9.9375      -2.17773438]
         [ 9.9375     10.25       10.09375      3.30322266]
         [ 9.9375     10.09375    10.015625     0.54748535]
         [ 9.9375     10.015625    9.9765625   -0.81893921]
         [ 9.9765625  10.015625    9.99609375  -0.1366806 ]]
```

假设将例 5-14 的初始区间限定为[5,15]，则求解过程就会得到大大简化，如表 5-14 所示。

表 5-14　区间为[5,15]时二分法求解方程 $2.5x^2-15x-100=0$

区　间	x	$f(x)$
	5	−112.5
	15	237.5
[5,15]	10	0

通过例 5-14 可以发现二分法的优点非常明显，比如计算简单，方法可靠，具有大范围的收敛性。但其算法的缺点同样明显，即每次运算后，区间长度减少$\frac{1}{2}$，是线性收敛。另外，二分法要求初始区间的函数值异号，所以不能用于求方程的复根（如$x^2+1=0$）和某些重根（如$x^2-1=0$）。

5.4.2 迭代法求解非线性方程

迭代法是数值计算中最常用的一种方法，是一种逐次逼近的方法，其基本思想是先给出方程的一个近似值，然后反复利用某种迭代公式校正根的近似值，使近似根逐步精确化，直到得到满足精度要求的近似根为止。

对于给定的方程$f(x)=0$，可以将其改写为等价形式$x=\phi(x)$，取方程的某一近似值x_0并作为初始点，由函数$\phi(x)$计算出x_1，即$x_1=\phi(x_0)$，再由$\phi(x)$计算出x_2，即$x_2=\phi(x_1)$，如此往复。设当前点为x_k，由$\phi(x)$计算出x_{k+1}，即式（5-22），$\phi(x)$称为迭代函数，式（5-22）为迭代公式。

$$x_{k+1}=\phi(x_k)(k=0,1,2,\cdots) \tag{5-22}$$

定义 5-12 若序列$\phi(x)$有极限，即存在x^*，使得$\lim_{k\to\infty}x_k=x^*$，则称迭代过程（或迭代公式）收敛。如果函数$\phi(x)$是连续函数，在式（5-22）两边取极限，得到$x^*=\phi(x^*)$，则x^*是方程的根。这种求根方法称为**迭代法**，也称x^*是ϕ的一个**不动点**，因此也称式（5-22）为**不动点迭代**。

使用迭代法求解方程$f(x)=0$的根x^*的近似解x的步骤主要如下。

第一步：取初始点x_0，取最大迭代次数N和精度要求ε，令$k=0$。

第二步：计算$x_{k+1}=\phi(x_k)$。

第三步：若$|x_{k+1}-x_k|<\varepsilon$，则停止计算。

第四步：若$k=N$，则停止计算；否则令$k=k+1$，转第二步。

例 5-15 使用迭代法求解例 5-14 的问题。

解 对于方程$2.5x^2-15x-100=0$，取初始点为 1，取最大迭代次数为 100，精度要求为10^{-2}，迭代公式为$x_{k+1}=\sqrt{40+6x_k}$。

基于 Python 使用迭代法求解该方根，如代码 5-15 所示。

代码 5-15 基于 Python 使用迭代法求解方程 $2.5x^2-15x-100=0$

```
In[2]:  import numpy as np
        # 定义求解函数
        def f1(x):
            return(2.5*x**2-15*x-100)
        # 定义迭代函数
        def iter(x):
```

```
    return((x**2 -40)/6)
# 迭代求解函数的根
def iteration(start_num,max_iter,preci_ratio):
    '''
    start_num: 接收数值型数据，表示初始值，无默认值
    max_iter: 接收 int，表示最大迭代次数，无默认值
    preci_ratio: 接收数值型数据，表示精度，无默认值
    '''
    result = []
    a = start_num
    for i in range(max_iter+1):
        fx= f1(a)
        b = iter(a)
        if np.abs(b-a) > preci_ratio:
            proc = [i,a,fx]
            a = b
        else:
            proc = [i,a,fx]
            result.append(proc)
            break
        result.append(proc)
    print('k   x   fx')
    return(np.array(result))
print(iteration(1,11,0.001))
```

```
Out[2]:   k   x   fx
          [[ 0.00000000e+00  1.00000000e+00  -1.12500000e+02]
           [ 1.00000000e+00  6.78232998e+00  -8.67349497e+01]
           [ 2.00000000e+00  8.98298280e+00  -3.30097922e+01]
           [ 3.00000000e+00  9.69009271e+00  -1.06066488e+01]
           [ 4.00000000e+00  9.90659156e+00  -3.24748267e+00]
           [ 5.00000000e+00  9.97193809e+00  -9.80198051e-01]
           [ 6.00000000e+00  9.99157788e+00  -2.94596819e-01]
           [ 7.00000000e+00  9.99747305e+00  -8.84274557e-02]
           [ 8.00000000e+00  9.99924188e+00  -2.65325948e-02]]
```

代码 5-15 的结果表明，使用迭代法求取的方程的解为 $9.99924188\text{e}+00$，和实际精确解（10）十分接近。但是有一点需要注意，采用不同的迭代公式，对迭代法的结果影响非常大。例如对于方程 $2.5x^2-15x-100=0$，取初始点为 1，取最大迭代次数为 100，精度要

求为10^{-2}，迭代公式为$x_{k+1}=\dfrac{{x_k}^2-40}{6}$，求取方程的根的结果如表 5-15 所示。

表 5-15 迭代公式为$x_{k+1}=\dfrac{{x_k}^2-40}{6}$时求解方程 $2.5x^2-15x-100=0$

k	x	$f(x)$
0	1	−112.5
1	−6.5	103.125
2	0.375	−105.273 437 5
3	−6.643 229 17	109.979 671 9
4	0.688 748 96	−109.145 296 58
5	−6.587 604 14	107.305 383 1
6	0.566 088 06	−107.690 181 69
7	−6.613 257 38	108.536 793 85
8	0.622 528 87	−108.369 077 59
9	−6.602 076 3	107.999 673 21
10	0.597 901 91	−108.074 811 95

比较表 5-15 和代码 5-15 的结果可见，有的迭代公式无法计算出方程的根，所以对于迭代法来说，迭代公式至关重要。

5.4.3 Newton 法求解非线性方程

Newton（牛顿）法是求解非线性方程最有效的方法之一。对于非线性方程$f(x)=0$，求解它的困难之处在于$f(x)$是非线性函数，故应考虑$f(x)$的线性展开。设x_0是x^*的一个近似（记为第 0 次近似），可得$f(x)\approx f(x_0)+f'(x_0)(x-x_0)$。

可以看出，得到的解应是x^*的一个近似值，即求解方程$f(x_0)+f'(x_0)(x-x_0)=0$，得到式（5-23）作为x^*的第 1 次近似。

$$x_1=x_0-\frac{f(x_0)}{f'(x_0)},\ f'(x_0)\neq 0 \tag{5-23}$$

定义 5-13 设当前点为x_k，在x_k处近似为$f(x)\approx f(x_k)+f'(x_k)(x-x_k)$，令$f(x)=0$，解其方程得到式（5-24），式（5-24）称为 **Newton 迭代公式**。此算法称为 **Newton 法**。

$$x_{k+1}=x_k-\frac{f(x_k)}{f'(x_k)},\ f'(x_k)\neq 0 \tag{5-24}$$

Newton 法求解非线性方程的基本步骤如下。

第一步：取初始点x_0，取最大迭代次数N和精度要求ε，令$k=0$。

第二步：计算 $x_{k+1}=x_k-\dfrac{f(x_k)}{f'(x_k)}$。

第三步：若 $|x_{k+1}-x_k|<\varepsilon$，则停止计算。

第四步：若 $k=N$，则停止计算；否则令 $k+1=k$，转第二步。

SciPy 库的 optimeize 模块提供了 newton 函数用于求解非线性方程，其语法格式如下。

```
scipy.optimize.newton(func,x0,fprime=None,args=(),tol=1.48e-08,maxiter=50,
fprime2=None)
```

newton 函数常用的参数及其说明如表 5-16 所示。

表 5-16　newton 函数常用的参数及其说明

参　数	说　明
func	接收 function，表示需要求解的函数。无默认值
x0	接收 array，表示初始估计值。无默认值
fprime	接收 function，表示函数的导数。默认为 None
args	接收 tuple、list，表示函数的额外参数。无默认值
tol	接收 float，表示允许的误差。默认为 1.48e-08
maxiter	接收 int，表示最大迭代次数。默认为 50
fprime2	接收 function，表示函数的二阶导数。默认为 None

例 5-16　使用 Newton 法求解例 5-14 的问题。

解　对于方程 $2.5x^2-15x-100=0$，取初始点为 5，取最大迭代次数为 100，精度要求为 10^{-2}，计算 $x_{k+1}=x_k-\dfrac{f(x_k)}{f'(x_k)}$。

基于 Python 使用 Newton 法求解本例方程的根，如代码 5-16 所示。

代码 5-16　基于 Python 使用 Newton 法求解方程 $2.5x^2-15x-100=0$

```
In[3]:  from scipy import optimize
        # 定义求解函数
        def f1(x):
            return(2.5*x**2-15*x-100)
        root1 = optimize.newton(f1,x0=5,tol=0.001 ,
                                fprime= lambda x:5*x-15)
        print('使用 Newton 法求解的结果为：',root1)

Out[3]: 使用 Newton 法求解的结果为： 10.000000094930959
```

相比于迭代法，Newton 法的优点在于不需要选择迭代公式，只要非线性方程在区间中有解，该方法就能收敛。

5.4.4 Newton 法求解非线性方程组

对于非线性方程组，如式（5-25）所示，记 $x=(x_1,x_2,\cdots,x_n)^{\mathrm{T}}$ ，$\boldsymbol{F}=(f_1,f_2,\cdots,f_n)^{\mathrm{T}}$ ，可以将非线性方程组式（5-25）改写为 $\boldsymbol{F}(x)=\mathbf{0}$ 。此时可将非线性方程组 $\boldsymbol{F}(x)=\mathbf{0}$ 直接看成非线性方程 $f(x)=0$ 的推广，而非线性方程就是方程组的一个特例。

$$\begin{cases} f_1(x_1,x_2,\cdots,x_n)=0 \\ f_2(x_1,x_2,\cdots,x_n)=0 \\ \cdots\cdots\cdots\cdots \\ f_n(x_1,x_2,\cdots,x_n)=0 \end{cases} \quad (5\text{-}25)$$

对于非线性方程 $f(x)=0$ ，可以用根的存在性定理（在 $[a,b]$ 上连续的曲线，如果 $f(a)\cdot f(b)<0$ ，则此函数在 $[a, b]$ 内至少有一个解）判断方程是否有根；对于线性方程组 $\boldsymbol{ax}=\boldsymbol{b}$ ，可以用线性代数的知识判断方程解的存在性与唯一性。但对于非线性方程组 $\boldsymbol{F}(x)=\mathbf{0}$ ，讨论方程解的存在性与唯一性却是十分困难的。

若无法判断非线性方程组式（5-25）的解的存在性，就无法直接进行求解，使用方程组的最小二乘解将求解非线性方程组的问题转换成非线性最小二乘问题。如果最优解 x^* 满足 $\phi(x^*)=0$ ，那么 x^* 就是方程组式（5-26）的解。

$$\min\phi(x)=\sum_{i=1}^{n}\left[f_i(x)\right]^2 (x\in\mathbf{R}^n) \quad (5\text{-}26)$$

从求解非线性方程 $f(x)=0$ 的 Newton 法可知，如果得到了点 x_k ， $f(x)$ 在点 x_k 处的展开式为 $f(x)\approx f(x_k)+f'(x_k)(x-x_k)$ ，令 $f(x_k)+f'(x_k)(x-x_k)=0$ ，解方程可得到下一个迭代点，如式（5-27）所示。

$$x_{k+1}=x_k-\frac{f(x_k)}{f'(x_k)} \ (k=1,2,\cdots) \quad (5\text{-}27)$$

同理，对于非线性方程组式（5-25），也可使用类似的方法导出相应的迭代公式。对于多元向量函数 $\boldsymbol{F}(x)$ ，其在点 $x^{(k)}$ 处的展开式为 $\boldsymbol{F}(x)\approx\boldsymbol{F}\left(x^{(k)}\right)+\boldsymbol{J}\left(x^{(k)}\right)\left(x-x^{(k)}\right)$ ，其中，$\boldsymbol{J}(x)$ 是 $\boldsymbol{F}\left(x\right)$ 的 Jacobi 矩阵，其具体形式如式（5-28）所示。

$$\boldsymbol{J}(x)=\begin{pmatrix} \frac{\partial f_1}{\partial x_1} & \frac{\partial f_1}{\partial x_2} & \cdots & \frac{\partial f_1}{\partial x_n} \\ \frac{\partial f_2}{\partial x_1} & \frac{\partial f_2}{\partial x_2} & \cdots & \frac{\partial f_2}{\partial x_n} \\ \vdots & \vdots & & \vdots \\ \frac{\partial f_n}{\partial x_1} & \frac{\partial f_n}{\partial x_2} & \cdots & \frac{\partial f_n}{\partial x_n} \end{pmatrix} \quad (5\text{-}28)$$

令 $\boldsymbol{F}(x)$ 为 $\mathbf{0}$ ，得到线性方程组 $\boldsymbol{J}\left(x^{(k)}\right)\left(x-x^{(k)}\right)=-\boldsymbol{F}\left(x^{(k)}\right)$ ，将其解作为非线性方程组 $\boldsymbol{F}(x)=\mathbf{0}$ 的近似值，记为 $x^{(k+1)}$ ，则方程组的解如式（5-29）所示。

$$x^{(k+1)}=x^{(k)}-\left[\boldsymbol{J}\left(x^{(k)}\right)\right]^{-1}\boldsymbol{F}\left(x^{(k)}\right) \ (k=0,1,2,\cdots) \quad (5\text{-}29)$$

这种求解非线性方程组的方法称为 Newton 法。为减少计算量，通常不使用式（5-29）所示的迭代公式进行计算，而是改为式（5-30）和式（5-31），主要原因是求解方程组的计算量远小于求解矩阵的逆的计算量。

$$J\left(x^{(k)}\right)d^{(k)}=-F\left(x^{(k)}\right) \tag{5-30}$$

$$x^{(k+1)}=x^{(k)}+d^{k} \tag{5-31}$$

Newton 法的本质还是迭代法，这是一种特殊的迭代法，所以它的终止准则与一般迭代法相差不大，为 $x^{(k+1)}-x^{(k)}<\varepsilon$，其基本的算法步骤如下。

第一步：取初始点 $x^{(0)}$，取最大迭代次数 N 和精度要求 ε，令 $k=0$。

第二步：计算 $J\left(x^{(k)}\right)d^{k}=-F\left(x^{(k)}\right)$，方程组的解为 $d^{(k)}$。

第三步：若 $d^{(k)}<\varepsilon$，则停止计算，否则 $x^{(k+1)}=x^{(k)}+d^{(k)}$。

第四步：若 $k=N$，则停止计算，否则令 $k+1=k$，转第二步。

SciPy 库中的 optimize 模块并未提供使用 Newton 法求解非线性方程组的函数，但是提供的 fsolve 函数可以验证非线性方程组的求解正确与否，其语法格式如下。

```
scipy.optimize.fsolve(func, x0, args=(), fprime=None, full_output=0, col_deriv=0, xtol=1.49012e-08, maxfev=0, band=None, epsfcn=None, factor=100, diag=None)
```

fsolve 函数常用的参数及说明如表 5-17 所示。

表 5-17　fsolve 函数常用的参数及其说明

参数	说明
func	接收 function，表示需要求解的函数（方程组）。无默认值
x0	接收 array，表示初始估计值。无默认值
fprime	接收 function，表示方程组的 Jacobi 矩阵。默认为 None
full_output	接收 bool，表示是否输出所有解。默认为 0
maxfev	接收 int，表示调用函数的最大数目。默认为 0，表示最大为 100(*N*+1)个，*N* 为初始方程组内方程的数目

例 5-17　使用 Newton 法求解下列方程组。

$$\begin{cases} x_1^2+x_2^2-5=0 \\ (x_1+1)x_2-(3x_1+1)=0 \end{cases}$$

解　取初始点 $x^{(0)}=(1,1)^{\mathrm{T}}$，精度要求 $\varepsilon=10^{-3}$，则其 Jacobi 矩阵为

$$F(x)=\begin{pmatrix} f_1(x_1,x_2) \\ f_2(x_1,x_2) \end{pmatrix}=\begin{pmatrix} x_1^2+x_2^2-5 \\ (x_1+1)x_2-(3x_1+1) \end{pmatrix}$$

$$J(x)=\begin{pmatrix} \dfrac{\partial f_1}{\partial x_1} & \dfrac{\partial f_1}{\partial x_2} \\ \dfrac{\partial f_2}{\partial x_1} & \dfrac{\partial f_2}{\partial x_2} \end{pmatrix}=\begin{pmatrix} 2x_1 & 2x_2 \\ x_2-3 & x_1+1 \end{pmatrix}$$

可得$x^{(0)}=\begin{pmatrix}1\\1\end{pmatrix}$，$\boldsymbol{F}\left(x^{(0)}\right)=\begin{pmatrix}-3\\-2\end{pmatrix}$，$\boldsymbol{J}\left(x^{(0)}\right)=\begin{pmatrix}2&2\\-2&2\end{pmatrix}$。

解方程$\begin{pmatrix}2&2\\-2&2\end{pmatrix}\begin{pmatrix}d_1\\d_2\end{pmatrix}=-\begin{pmatrix}d_1\\d_2\end{pmatrix}$，可得$d^{(0)}=(0.25,1.25)^{\mathrm{T}}$，$x^{(1)}=x^{(0)}+d^{(0)}=(1,1)^{\mathrm{T}}+(0.25,1.25)^{\mathrm{T}}=(1.25,2.25)^{\mathrm{T}}$。然后进入下一轮循环，其结果如表 5-18 所示。

表 5-18　Newton 法求解非线性方程组的计算结果

k	$x^{(k)}$	$F(x^{(k)})$	$x^{(k)}-x^{(k-1)}$
0	(1.000 0,1.000 0)	3.606	
1	(1.250 0,2.250 0)	1.655	1.275
2	(1.000 0,2.027 8)	0.124 9	0.334 5
3	(1.000 0,2.000 1)	0.000 766 4	0.027 68
4	(1.000 0,2.000 0)	5.014×10^{-8}	0.000 216

使用 Python 验证上述结果，如代码 5-17 所示。

代码 5-17　基于 Python 使用 Newton 法求解非线性方程组

```
In[4]:  # 定义非线性方程组
        def f1(p):
            x1,x2=p
            return [x1**2+x2**2-5,(x1+1)*x2-3*x1-1]
        # 使用 fsolve 解方程组
        root2 = optimize.fsolve(f1,[1,1])
        print('x1,x2 分别为：',root2)
Out[4]:  x1,x2 分别为： [ 1.  2.]
```

根据代码 5-17 的结果可知，求取的方程组的解为$x_1=1$，$x_2=2$，与理论推算的结果相同。

小结

本章主要介绍了数值分析的有关内容，共分为 4 个部分。首先介绍了误差、数值计算方法的性能衡量标准，然后阐述了插值方法，包括线性插值法、二次插值法、Lagrange 插值法、Newton 法和样条插值法，接着叙述了函数逼近与拟合，包括数据的最小二乘线性拟合、函数的最佳平方逼近、数据的多变量拟合和数据的非线性拟合，最后说明了求解非线性方程（组）的方法，介绍了求解非线性方程的二分法、迭代法和 Newton 法，讲解了求解非线性方程组的 Newton 法。

本章的整体内容理论与 Python 实践并重，配合示例，能够帮助读者建立具象化的数值计算框架。

课后习题

1．x_1和x_2的值如表 5-19 所示，试比较函数 $f_1(x_1,x_2)=\ln x_1-\ln x_2$ 和 $f_2(x_1,x_2)=\ln\frac{x_1}{x_2}$ 的结果。

表 5-19　x_1和x_2的值

x_1	x_2
100	100.01
100	100.001
100	100.000 1

2．已测得某场地长 x 的值为 $x^*=110$ m，宽 y 的值为 $y^*=80$ m，并且已知测量工具长卷尺的相对误差 $\varepsilon^*=0.1$ m，试求场地的实际长宽范围。

3．电力计量设备在发送、传输、接收过程中丢失了部分用户的部分用电量数据，请分别使用 Lagrange 插值法、Newton 插值法和样条插值法插补表 5-20 中空缺的用户 A、B、C 的用电量数据。

表 5-20　用户用电量数据

日　　期	用户 A 用电量	用户 B 用电量	用户 C 用电量
2014/9/1	235.833 3	350.833 3	478.323 1
2014/9/2	236.270 8	351.270 8	515.456 4
2014/9/3	238.052 1	353.052 1	517.090 9
2014/9/4	235.906 3	350.906 3	514.89
2014/9/5	236.760 4	351.760 4	
2014/9/8		352.416 7	486.091 2
2014/9/9	237.416 7	353.656 3	516.233
2014/9/10	238.656 3		
2014/9/11	237.604 2	352.604 2	435.350 8
2014/9/12	238.031 3	353.031 3	487.675
2014/9/15	235.072 9	350.072 9	
2014/9/16	235.531 3	350.531 3	660.234 7
2014/9/17		349.468 8	621.234 6
2014/9/18	234.468 8		611.340 8
2014/9/19	235.5	350.5	643.086 3

续表

日　期	用户 A 用电量	用户 B 用电量	用户 C 用电量
2014/9/22	235.635 4	350.635 4	642.348 2
2014/9/23	234.552 1	349.552 1	
2014/9/24	236		602.934 7
2014/9/25	235.239 6	350.239 6	589.345 7
2014/9/26	235.489 6	350.489 6	556.345 2

4．由专业知识可知，合金的强度 y（kg/mm^2）与合金中的碳含量 x（%）呈现线性相关。现从生产中收集了一批数据 $(x_i, y_i)(i=1,2,\cdots,m)$，如表 5-21 所示，试分析合金的强度 y 与合金中的碳含量 x 之间的关系。

表 5-21　合金强度与合金中碳含量的数据表

序号	碳含量 x	强度 y	序号	碳含量 x	强度 y
1	0.10	42.0	7	0.16	49.0
2	0.11	43.5	8	0.17	53.0
3	0.12	45.0	9	0.18	50.0
4	0.13	45.5	10	0.20	55.0
5	0.14	45.0	11	0.21	55.0
6	0.15	47.5	12	0.23	60.0

5．表 5-22 给出了药物注入机体后每小时测得的血液药物浓度，可利用指数模型 $y=c_1 t\mathrm{e}^{c_2 t}$ 拟合数据。这个模型的特点是，当药物进入血液后浓度呈现指数式上升，接着缓慢地指数式衰减。药物的半衰期是指从浓度最高点下降到一半水平的时间。求出估计的最大值和半衰期。假设药物的治疗浓度范围是 4 ~ 15 ng/ml，用模型估计药物浓度保持在治疗水平之内的时间。

表 5-22　注入时间与血液药物浓度数据

小　时	1	2	3	4	5	6	7	8	9	10
浓度(ng/ml)	6.2	9.5	12.3	13.9	14.6	13.5	13.3	12.7	12.4	11.9

6．使用二分法求开普勒方程 $x-a\sin x=b\ (a=0.2, b=1)$ 在区间 $[-5,5]$ 上的根。

7．使用迭代法和 Newton 法求解方程 $3\cos x-2\sin x=0$ 的根。

8．使用 Newton 法求解如下非线性方程组。

$$\begin{cases}4x_1^2+4x_2+52=0\\169x_1^2+3x_2^2+111x_1-10x_2=0\end{cases}$$

第6章 多元统计分析

在实际问题中，很多随机现象经常有多个变量，而且这些变量间又存在一定的联系。此时，需要用到多元统计分析方法进行数据分析。

多元统计分析简称多元分析，是运用数理统计知识研究解决多个变量问题的理论和方法。例如，考察学生的学习情况时，需要了解学生几个主要科目的考试成绩，若用一元统计方法对多门课程分开分析，每次只能分析一门课的成绩，忽视了课程之间可能存在的相关性，结果不能客观全面地反映学生的学习情况；采用多元分析方法能同时对多门课程成绩进行分析，对分析这些课程之间的相互关系、相互依赖性等都能提供有用的信息。本章主要讲述多元分析方法中的回归分析、判别分析、聚类分析、主成分分析、因子分析和典型相关分析。

6.1 回归分析

"回归"（Regression）一词起源于高尔顿遗传学中对父母身高与子女身高关系的解释。在统计学中，回归分析是研究一个因变量与一个或多个自变量相互依赖的定量关系的一种统计分析方法。

在数据分析中，回归分析是一种预测性的建模技术，通过研究因变量之间的关系，实现预测结果或推断未来。数据分析中使用回归分析的常见场景有以下几个。

（1）根据种群和个体测得的特征，研究它们之间的差异性，从而用于不同领域的科学研究，如经济学、社会学、心理学、物理学和生态学。

（2）量化事件及其相应的因果关系，可应用于药物临床试验、工程安全监测、销售研究等。

（3）给定已知的准则，建立可用来预测未来行为的模型，比如预测保险赔偿、自然灾害的损失、选举的结果和犯罪率等。

6.1.1 一元线性回归

1. 一元线性回归模型

一元线性回归也称为简单线性回归（Simple Linear Regression），是一种非常简单的根据单一自变量 x 预测因变量 y 的方法。

在实际问题的研究中，经常需要研究某一现象与影响它的某一最主要因素的关系。比如，影响粮食产量的因素非常多，但在众多因素中，施肥量是最重要的因素之一，所以往往会研究施肥量这一因素与粮食产量之间的关系；保险公司在研究火灾损失的规律时，把火灾发生地与最近消防站的距离作为最主要因素，研究火灾损失与最近消防站的距离之间的关系。

对于所研究的问题，通常首先收集与它相关的n组样本数据(x_i, y_i) $(i=1,2,\cdots,n)$。为了直观地发现样本数据的分布规律，研究者通常把(x_i, y_i)看成平面直角坐标系中的点，画出这n个样本点的散点图。

例 6-1　假设某一保险公司希望确定居民住宅区火灾造成的损失数额与该住户到最近消防站的距离之间的相关关系，以便准确定出保险金额。表 6-1 列出了 15 起火灾事故的损失及火灾发生地与最近消防站的距离。

解　绘制这 15 个样本点的分布状况散点图，如图 6-1 所示。

表 6-1　火灾损失及火灾发生地与最近消防站的距离表

距消防站的距离 x（km）	火灾损失 y（千元）
3.4	26.2
1.8	17.8
4.6	31.3
2.3	23.1
3.1	27.5
5.5	36
0.7	14.1
3	22.3
2.6	19.6
4.3	31.3
2.1	24
1.1	17.3
6.1	43.2
4.8	36.4
3.8	26.1

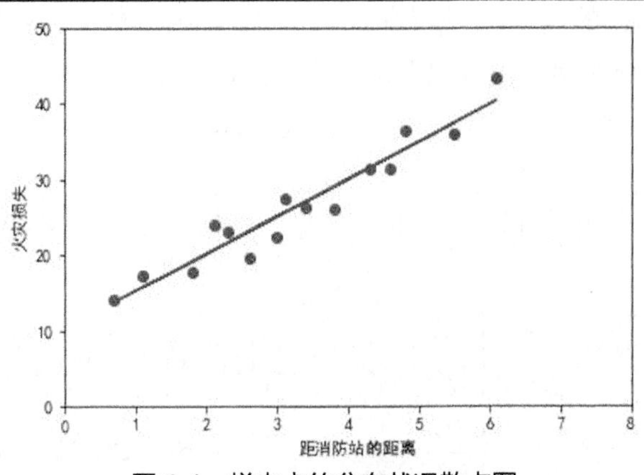

图 6-1　样本点的分布状况散点图

从图 6-1 可以看出，样本数据点(x_i, y_i)分布在一条直线附近，这说明变量x和变量y之间具有明显的线性关系。同时，这些样本点的分布并不完全在一条直线上，表明x与y的关系并没有确切到给定x就可以确定唯一y的程度。每个样本点与直线的偏差可以看作其他随机因素的影响，为此可以做式（6-1）所示的假定。

$$y = \beta_0 + \beta_1 x + \varepsilon \tag{6-1}$$

其中，$\beta_0 + \beta_1 x$表示y随x的变化而线性变化的部分；ε是随机误差，也称为残差，它是其他随机因素影响的总和，其值不可观测。一般称y为被解释变量（因变量），x为解释变量（自变量）。

式（6-1）中，β_0和β_1统称为回归参数，其中β_0为回归常数，β_1为回归系数。回归分析的主要任务是通过n组样本观测值(x_i, y_i) $(i = 1,2,\cdots,n)$对β_0和β_1进行估计的，一般用$\hat{\beta}_0$和$\hat{\beta}_1$分别表示β_0和β_1的估计值，称式（6-2）为y关于x的一元线性经验回归方程。

$$\hat{y} = \hat{\beta}_0 + \hat{\beta}_1 x \tag{6-2}$$

通常，$\hat{\beta}_0$表示经验回归直线在纵轴上的截距；$\hat{\beta}_1$表示经验回归直线的斜率，在实际应用中表示自变量x每增加一个单位时因变量y的平均增加数量。

2．参数估计

为了由样本数据得到回归参数β_0和β_1的理想估计值，通常使用普通最小二乘（Ordinary Least Square，OLS）法进行估计。

对于每一个样本观测值(x_i, y_i)，使用最小二乘法进行估计的思路是，使观测值y_i与其回归值$E(y_i) = \beta_0 + \beta_1 x_i$的离差越小越好。综合考虑$n$个离差值，定义离差平方和为式（6-3）。

$$Q(\beta_0, \beta_1) = \sum_{i=1}^{n}\left[y_i - E(y_i)\right]^2 = \sum_{i=1}^{n}(y_i - \beta_0 - \beta_1 x_i)^2 \tag{6-3}$$

最小二乘法的思想：寻找参数β_0、β_1的最优估计值$\hat{\beta}_0$、$\hat{\beta}_1$，使式（6-3）定义的离差平方和达到极小，即寻找$\hat{\beta}_0$、$\hat{\beta}_1$来满足式（6-4）。

$$Q\left(\hat{\beta}_0, \hat{\beta}_1\right) = \sum_{i=1}^{n}\left(y_i - \hat{\beta}_0 - \hat{\beta}_1 x_i\right)^2 = \min_{\beta_0, \beta_1}\sum_{i=1}^{n}\left(y_i - \beta_0 - \beta_1 x_i\right)^2 \tag{6-4}$$

根据式（6-4）求出的$\hat{\beta}_0$、$\hat{\beta}_1$称为回归参数β_0、β_1的最小二乘估计值。式（6-5）称为y_i的回归拟合值，简称回归值或拟合值，式（6-6）称为y_i的残差。

$$\hat{y}_i = \hat{\beta}_0 + \hat{\beta}_1 x_i \tag{6-5}$$

$$e_i = y_i - \hat{y}_i \tag{6-6}$$

根据式（6-4）求$\hat{\beta}_0$和$\hat{\beta}_1$是一个求极值问题。根据微积分中求极值的定理，$\hat{\beta}_0$和$\hat{\beta}_1$应满足式（6-7）。

$$\begin{cases} \dfrac{\partial Q}{\partial \beta_0}\Big|_{\beta_0 = \hat{\beta}_0} = -2\sum\limits_{i=1}^{n}\left(y_i - \hat{\beta}_0 - \hat{\beta}_1 x_i\right) = 0 \\ \dfrac{\partial Q}{\partial \beta_1}\Big|_{\beta_1 = \hat{\beta}_1} = -2\sum\limits_{i=1}^{n}\left(y_i - \hat{\beta}_0 - \hat{\beta}_1 x_i\right)x_i = 0 \end{cases} \tag{6-7}$$

式（6-7）经整理后，可得式（6-8）所示的正规方程组，式（6-9）为式（6-8）的解。

$$\begin{cases} n\hat{\beta}_0 + \left(\sum_{i=1}^{n} x_i\right)\hat{\beta}_1 = \sum_{i=1}^{n} y_i \\ \left(\sum_{i=1}^{n} x_i\right)\hat{\beta}_0 + \left(\sum_{i=1}^{n} {x_i}^2\right)\hat{\beta}_1 = \sum_{i=1}^{n} x_i y_i \end{cases} \tag{6-8}$$

$$\begin{cases} \hat{\beta}_0 = \overline{y} - \hat{\beta}_1 \overline{x} \\ \hat{\beta}_1 = \dfrac{\sum_{i=1}^{n}(x_i - \overline{x})(y_i - \overline{y})}{\sum_{i=1}^{n}(x_i - \overline{x})^2} \end{cases} \tag{6-9}$$

其中，$\overline{x} = \frac{1}{n}\sum_{i=1}^{n} x_i$，$\overline{y} = \frac{1}{n}\sum_{i=1}^{n} y_i$，记 $L_{xx} = \sum_{i=1}^{n}(x_i - \overline{x})^2 = \sum_{i=1}^{n} {x_i}^2 - n(\overline{x})^2$，$L_{xy} = \sum_{i=1}^{n}(x_i - \overline{x})(y_i - \overline{y}_i) = \sum_{i=1}^{n} x_i y_i - n\overline{xy}$，则式（6-9）可简写为式（6-10）。

$$\begin{cases} \hat{\beta}_0 = \overline{y} - \hat{\beta}_1 \overline{x} \\ \hat{\beta}_1 = \dfrac{L_{xy}}{L_{xx}} \end{cases} \tag{6-10}$$

以例 6-1 为例，利用式（6-10）建立火灾损失与距消防站距离之间的回归方程，过程如下。

第一步：分别求出 $\overline{x}$、$\overline{y}$、L_{xx}、L_{xy}。

$$\overline{x} = \frac{3.4 + 1.8 + \cdots + 3.8}{15} = \frac{49.2}{15} = 3.28$$

$$\overline{y} = \frac{26.2 + 17.8 + \cdots + 26.1}{15} = \frac{396.2}{15} \approx 26.413\ 33$$

$$\begin{aligned} L_{xx} &= \sum_{i=1}^{n} {x_i}^2 - n(\overline{x})^2 \\ &= (3.4^2 + 1.8^2 + \cdots + 3.8^2) - 15 \times 3.28^2 \\ &= 34.784 \end{aligned}$$

$$\begin{aligned} L_{xy} &= \sum_{i=1}^{n} x_i y_i - n\overline{xy} \\ &= (3.4 \times 26.2 + 1.8 \times 17.8 + \cdots + 3.8 \times 26.1) - 15 \times 3.28 \times 26.413\ 33 \\ &= 171.114\ 2 \end{aligned}$$

第二步：根据式（6-10）求得的回归参数估计如式（6-11）所示。

$$\begin{cases} \hat{\beta}_0 = \overline{y} - \hat{\beta}_1 \overline{x} = 26.413\ 33 - 4.919\ 3 \times 3.28 \approx 10.278 \\ \hat{\beta}_1 = \dfrac{L_{xy}}{L_{xx}} = \dfrac{171.114\ 2}{34.784} \approx 4.919\ 3 \end{cases} \tag{6-11}$$

所以回归方程为 $\hat{y} = 10.278 + 4.919\ 3x$。

5.3.1 小节中已经介绍了在 Python 中使用最小二乘法拟合直线的方法，使用同样的方法也可以实现利用普通最小二乘法估计一元线性回归方程的参数。除此之外，还可以使用 statsmodels 库中 regression 模块的 linear_model 子模块创建 OLS 类，该类下的 fit 函数可以实现最小二乘估计，得到的结果为 RegressionResultsWrapper 类。RegressionResultsWrapper 类下的 params 属性即为最小二乘估计的结果。OLS 类的语法格式如下。

```
class statsmodels.regression.linear_model.OLS(endog, exog = None,
missing ='none', hasconst = None, ** kwargs)
```

OLS 类的常用参数及说明如表 6-2 所示。

表 6-2　OLS 类的常用参数及说明

参　数	说　明
endog	接收 array，表示因变量 y 的数据。无默认值
exog	接收 array，表示自变量的一个阵列，包括截距项（使用 statsmodels.tools.add_constant 函数添加）。无默认值

以例 6-1 为例，在 Python 中利用最小二乘法估计 $\hat{\beta}_0$ 和 $\hat{\beta}_1$，如代码 6-1 所示。

代码 6-1　利用最小二乘法估计 $\hat{\beta}_0$ 和 $\hat{\beta}_1$

```
In[1]:    import numpy as np
          from scipy import optimize
          import statsmodels.api as sm
          fire = np.loadtxt('../data/fire.csv', delimiter=',')
          # 方法一
          x = fire[:,0]
          y = fire[:,1]
          def regula(p):
             a,b = p
             return y - a - b*x
          result = optimize.least_squares(regula,[0,0])
          print('回归参数的估计值为：',result.x)

Out[1]:   回归参数的估计值为： [ 10.27792856   4.91933072]

In[2]:    # 方法二
          X = sm.add_constant(fire[:,0])
          model = sm.OLS(fire[:,1], X)
          results = model.fit()
          print('回归参数的估计值为：',results.params)

Out[2]:   回归参数的估计值为： [ 10.27792855   4.91933073]
```

从代码 6-1 可以看出，$\hat{\beta}_0$的值约为 10.278，$\hat{\beta}_1$的值约为 4.919 3。

3. 显著性检验

得到一个实际问题的经验回归方程 $\hat{y}=\hat{\beta}_0+\hat{\beta}_1 x$ 后，还不能马上用它去做分析和预测，因为 $\hat{y}=\hat{\beta}_0+\hat{\beta}_1 x$ 是否真正可以描述变量 y 与 x 之间的统计规律，还需要对回归方程进行检验。在对回归方程进行检验时，通常需要用到正态性假设 $\varepsilon_i \sim N(0,\delta^2)$。下面介绍的 t 检验和 F 检验都是在此正态性假设下进行的。

（1）t 检验

在回归分析中，t 检验用于检验回归系数的显著性，原假设和备择假设如式（6-12）所示。

$$H_0:\beta_1=0, H_1:\beta_1\neq 0 \tag{6-12}$$

回归系数的显著性检验就是要检验自变量 x 对因变量 y 的影响程度是否显著。如果原假设 H_0 成立，则因变量 y 与自变量 x 之间并没有真正的线性关系，即自变量 x 的变化对因变量 y 并没有影响。

t 检验使用的检验统计量为 t 统计量，如式（6-13）所示。

$$t=\frac{\hat{\beta}_1}{\sqrt{\operatorname{var}\left(\hat{\beta}_1\right)}} \tag{6-13}$$

当原假设 H_0 成立时，$t=\frac{\hat{\beta}_1}{\sqrt{\operatorname{var}\left(\hat{\beta}_1\right)}}\sim t(n-2)$。

给定显著性水平 α，查 t 分布表可得到该显著性水平下对应的双侧检验的临界值为 $t_{\alpha/2}(n-2)$。当 $|t|\geqslant t_{\alpha/2}(n-2)$ 时，拒绝原假设 H_0，即一元线性回归成立；当 $|t|< t_{\alpha/2}(n-2)$ 时，不拒绝原假设 H_0，即一元线性回归不成立。

（2）F 检验

线性回归方程显著性的另外一种检验是 F 检验。F 检验根据平方和分解式直接由回归效果检验回归方程的显著性。原假设和备择假设如式（6-12）所示，平方和分解式如式（6-14）所示。

$$\sum_{i=1}^{n}(y_i-\overline{y})^2=\sum_{i=1}^{n}(\hat{y}_i-\overline{y})^2+\sum_{i=1}^{n}(y_i-\hat{y}_i)^2 \tag{6-14}$$

其中，$\sum_{i=1}^{n}(y_i-\overline{y})^2$ 称为总离差平方和，简记为 SST、$S_{总}$ 或 L_{yy}；$\sum_{i=1}^{n}(\hat{y}_i-\overline{y})^2$ 称为回归平方和，简记为 SSR 或 $S_{回}$，R 表示 Regression；$\sum_{i=1}^{n}(y_i-\hat{y}_i)^2$ 称为残差平方和，简记为 SSE 或 $S_{残}$。所以，式（6-14）可以简写为 $\mathrm{SST}=\mathrm{SSR}+\mathrm{SSE}$。

总离差平方和 SST 反映因变量 y 的波动程度（或称不确定性）。在建立了 y 对 x 的线性方程后，SST 就分解成 SSR 与 SSE 两个组成部分。其中，SSR 是由回归方程确定的，也就是由自变量x的波动引起的；SSE 是不能由自变量解释的波动，是由x之外的未加控制的因素引起的。所以，回归平方和 SSR 所占的比重越大，回归的效果越好，可以据此构造F检验的统计量，如式（6-15）所示。

$$F=\frac{\text{SSR}/1}{\text{SSE}/(n-2)} \tag{6-15}$$

在正态假设下，当原假设H_0成立时，该F服从自由度为$(1,n-2)$的F分布。给定显著性水平α，查表可得到F检验的临界值为$F_\alpha(1,n-2)$。当$F>F_\alpha(1,n-2)$时，拒绝原假设H_0，说明回归方程显著，x与y有显著的线性关系。另外也可以根据P值做检验，具体检验过程可以在方差分析表中进行，如表 6-3 所示。

表 6-3　方差分析表

方差来源	自由度	平方和	均方	F值	P值
回归	1	SSR	SSR / 1	$\frac{\text{SSR}/1}{\text{SSE}/(n-2)}$	$P(F>F值)=P值$
残差	$n-2$	SSE	SSE / $(n-2)$		
总和	$n-1$	SST			

在 Python 中，使用 OLS 类下的 fit 函数的 summary 方法可查看t检验和F检验的结果，以例 6-1 为例，如代码 6-2 所示。

代码 6-2　查看t检验和F检验的结果

```
In[3]:    print('检验的结果为：\n',results.summary())

Out[3]:   检验的结果为：
                               OLS Regression Results
          ==============================================================
          Dep. Variable:                y     R-squared:                 0.923
          Model:                      OLS     Adj. R-squared:            0.918
          Method:           Least Squares     F-statistic:               156.9
          Date:          Sat, 06 Jan 2018     Prob (F-statistic):     1.25e-08
          Time:                  16:52:49     Log-Likelihood:          -32.811
          No. Observations:            15     AIC:                       69.62
          Df Residuals:                13     BIC:                       71.04
          Df Model:                     1
          Covariance Type:   nonrobust
          ==============================================================
                       coef     std err     t     P>|t|     [0.025     0.975]
          --------------------------------------------------------------
```

```
const      10.2779     1.420     7.237     0.000     7.210    13.346
x           4.9193     0.393    12.525     0.000     4.071     5.768
==============================================================================
Omnibus:                        2.551   Durbin-Watson:                   1.318
Prob(Omnibus):                  0.279   Jarque-Bera (JB):                1.047
Skew:                          -0.003   Prob(JB):                        0.592
Kurtosis:                       1.706   Cond. No.                         9.13
==============================================================================
```

从代码 6-2 可以看出，$\hat{\beta}_0$ 的标准误差为 1.420，$\hat{\beta}_1$ 的标准误差为 0.393；t 统计量的值为 12.525，对应的 P 值为 0；F 统计量的值为 156.9，对应的 P 值为 1.25×10^{-8}。因为 t 统计量和 F 统计量对应的 P 值均小于显著性水平 0.05，所以应拒绝原假设 H_0，认为火灾损失 y 对距消防站距离 x 的一元线性回归的效果显著。

4．区间估计

在实际应用中，使用最小二乘法估计得到 β_0 和 β_1 的估计值后，研究者往往还希望给出回归系数的估计精度，即给出其置信水平为 $1-\alpha$ 的置信区间。置信区间的长度越短，说明估计值 $\hat{\beta}_0$、$\hat{\beta}_1$ 与 β_0、β_1 接近的程度越好，估计值就越精确；置信区间的长度越长，说明估计值 $\hat{\beta}_0$、$\hat{\beta}_1$ 与 β_0、β_1 接近的程度越差，估计值就越不精确。

易知 $t_i=\dfrac{\hat{\beta}_i}{\sqrt{\mathrm{var}\left(\hat{\beta}_i\right)}}\sim t(n-2)\ (i=0,1)$，对于给定的置信水平 $1-\alpha$，有式（6-16）成立。

$$P\left(\left|\frac{\hat{\beta}_i-\beta_i}{\sqrt{\mathrm{var}\left(\hat{\beta}_i\right)}}\right|\leqslant t_{\alpha/2}(n-2)\right)=1-\alpha \tag{6-16}$$

因此，$\hat{\beta}_i(i=0,1)$ 的区间估计为式（6-17）。

$$\left[\hat{\beta}_i-\sqrt{\mathrm{var}\left(\hat{\beta}_i\right)}t_{\frac{\alpha}{2}}(n-2),\hat{\beta}_i+\sqrt{\mathrm{var}\left(\hat{\beta}_i\right)}t_{\frac{\alpha}{2}}(n-2)\right] \tag{6-17}$$

以例 6-1 为例，求 $\hat{\beta}_0$ 和 $\hat{\beta}_1$ 的区间估计的步骤如下。

第一步：由代码 6-1 可知 $\hat{\beta}_0$、$\hat{\beta}_1$ 分别为 10.278、4.919 3，由代码 6-2 的结果可知 $\sqrt{\mathrm{var}\left(\hat{\beta}_0\right)}\approx1.42$，$\sqrt{\mathrm{var}\left(\hat{\beta}_1\right)}\approx0.393$。

第二步：已知显著性水平 $\alpha=0.05$，自由度为 $n-2=15-2=13$，查 t 分布表得临界值 $t_{\frac{\alpha}{2}}(13)=2.16$。

第三步：$\hat{\beta}_0$ 和 $\hat{\beta}_1$ 的置信度为 95%的置信区间分别为[10.278−1.42×2.16,10.278+1.42×2.16]≈[7.21,13.35]和[4.919 3−0.393×2.16,4.919 3+0.393×2.16]≈[4.07,5.77]。

6.1.2 多元线性回归

1. 多元线性回归模型

（1）一般形式

设随机变量 y 与一般变量 $x_1, x_2, \cdots, x_p$ 的线性回归模型为式（6-18）。

$$y = \beta_0 + \beta_1 x_1 + \beta_2 x_2 + \cdots + \beta_p x_p + \varepsilon \tag{6-18}$$

其中，$\beta_0, \beta_1, \cdots, \beta_p$ 是 $p+1$ 个未知参数，β_0 称为回归常数，$\beta_1, \cdots, \beta_p$ 称为回归系数；y 称为被解释变量（因变量），$x_1, x_2, \cdots, x_p$ 称为解释变量（自变量）；ε 是随机误差。当 $p=1$ 时，式（6-18）为一元线性回归模型；当 $p \geqslant 2$ 时，式（6-18）为多元线性回归模型。

对于一个实际问题，如果有 n 组观测数据 $(x_{i1}, x_{i2}, \cdots, x_{ip}; y_i)$ $(i=1,2,\cdots,n)$，则线性回归模型式（6-18）可表示为式（6-19）。

$$\begin{cases} y_1 = \beta_0 + \beta_1 x_{11} + \beta_2 x_{12} + \cdots + \beta_p x_{1p} + \varepsilon_1 \\ y_2 = \beta_0 + \beta_1 x_{21} + \beta_2 x_{22} + \cdots + \beta_p x_{2p} + \varepsilon_2 \\ \qquad \cdots\cdots\cdots\cdots \\ y_n = \beta_0 + \beta_1 x_{n1} + \beta_2 x_{n2} + \cdots + \beta_p x_{np} + \varepsilon_n \end{cases} \tag{6-19}$$

式（6-19）写成矩阵形式为 $\boldsymbol{Y} = \boldsymbol{X\beta} + \boldsymbol{\varepsilon}$，其中，$\boldsymbol{Y} = \begin{pmatrix} y_1 \\ y_2 \\ \vdots \\ y_n \end{pmatrix}$，$\boldsymbol{X} = \begin{pmatrix} 1 & x_{11} & x_{12} & \cdots & x_{1p} \\ 1 & x_{21} & x_{22} & \cdots & x_{2p} \\ \vdots & \vdots & \vdots & & \vdots \\ 1 & x_{n1} & x_{n2} & \cdots & x_{np} \end{pmatrix}$，

$\boldsymbol{\beta} = \begin{pmatrix} \beta_0 \\ \beta_1 \\ \vdots \\ \beta_p \end{pmatrix}$，$\boldsymbol{\varepsilon} = \begin{pmatrix} \varepsilon_1 \\ \varepsilon_2 \\ \vdots \\ \varepsilon_n \end{pmatrix}$。$\boldsymbol{X}$ 是一个 $n \times (p+1)$ 阶矩阵，称为回归设计矩阵或资料矩阵。

（2）基本假定

为了方便进行模型的参数估计，对于回归方程，式（6-19）有如下基本假定。

① 零均值假定。假定随机干扰项 $\boldsymbol{\varepsilon}$ 的期望向量或均值向量为零，即式（6-20）成立。

$$E(\varepsilon_i) = E\begin{pmatrix} \varepsilon_1 \\ \varepsilon_2 \\ \vdots \\ \varepsilon_n \end{pmatrix} = \begin{pmatrix} E(\varepsilon_1) \\ E(\varepsilon_2) \\ \vdots \\ E(\varepsilon_n) \end{pmatrix} = \begin{pmatrix} 0 \\ 0 \\ \vdots \\ 0 \end{pmatrix} = 0 \tag{6-20}$$

② 同方差和无序列相关假定。假定随机干扰项 $\boldsymbol{\varepsilon}$ 互不相关且方差相同，即式（6-21）或式（6-22）成立，其中 $\boldsymbol{I}_n$ 为 n 阶单位矩阵。

$$\begin{aligned} \operatorname{cov}(\varepsilon_i, \varepsilon_k) &= E\left[(\varepsilon_i - E\varepsilon_i)(\varepsilon_k - E\varepsilon_k)\right] \\ &= E(\varepsilon_i, \varepsilon_k) \\ &= \begin{cases} \delta^2, & i = k \\ 0, & i \neq k \end{cases} \quad (i,k = 1,2,\cdots,n) \end{aligned} \tag{6-21}$$

$$\begin{aligned}\mathrm{var}(\boldsymbol{\varepsilon}) &= E\left[(\boldsymbol{\varepsilon}-E\boldsymbol{\varepsilon})(\boldsymbol{\varepsilon}-E\boldsymbol{\varepsilon})^{\mathrm{T}}\right]=E\left(\boldsymbol{\varepsilon}\boldsymbol{\varepsilon}^{\mathrm{T}}\right)\\ &=\begin{pmatrix} E(\varepsilon_1\varepsilon_1) & E(\varepsilon_1\varepsilon_2) & \cdots & E(\varepsilon_1\varepsilon_n)\\ E(\varepsilon_2\varepsilon_1) & E(\varepsilon_2\varepsilon_2) & \cdots & E(\varepsilon_2\varepsilon_n)\\ \vdots & \vdots & & \vdots\\ E(\varepsilon_n\varepsilon_1) & E(\varepsilon_n\varepsilon_2) & \cdots & E(\varepsilon_n\varepsilon_n)\end{pmatrix}\\ &=\begin{pmatrix}\delta^2 & 0 & \cdots & 0\\ 0 & \delta^2 & \cdots & 0\\ \vdots & \vdots & & \vdots\\ 0 & 0 & \cdots & \delta^2\end{pmatrix}\\ &=\delta^2\boldsymbol{I}_n\end{aligned} \tag{6-22}$$

③ 随机干扰项 $\boldsymbol{\varepsilon}$ 与解释变量不相关假定，即 $\mathrm{cov}(x_{ij},\varepsilon_i)=0\ (j=2,3,\cdots,k;i=1,2,\cdots,n)$。

④ 无多重共线性假定。假定数据矩阵 $\boldsymbol{X}$ 列满秩，即 $\mathrm{rank}(\boldsymbol{X})=p$。

⑤ 正态性假定。假定随机干扰项 $\boldsymbol{\varepsilon}$ 服从正态分布，即 $\boldsymbol{\varepsilon}\sim N(0,\delta^2\boldsymbol{I}_n)$。

2. 参数估计

与一元线性回归模型参数的估计类似，多元线性回归模型未知参数的估计通常采用最小二乘法，使残差平方和 $\sum e_i^2=e^{\mathrm{T}}e$ 达到最小，即有式（6-23）成立。

$$Q\left(\hat{\boldsymbol{\beta}}\right)=e^{\mathrm{T}}e=\left(\boldsymbol{Y}-\boldsymbol{X}\hat{\boldsymbol{\beta}}\right)^{\mathrm{T}}\left(\boldsymbol{Y}-\boldsymbol{X}\hat{\boldsymbol{\beta}}\right) \tag{6-23}$$

对式（6-23）关于 $\hat{\boldsymbol{\beta}}$ 求偏导，并令其为零，可得式（6-24）。

$$\frac{\partial Q\left(\hat{\boldsymbol{\beta}}\right)}{\partial\hat{\boldsymbol{\beta}}}=-2\boldsymbol{X}^{\mathrm{T}}\left(\boldsymbol{Y}-\boldsymbol{X}\hat{\boldsymbol{\beta}}\right)=\boldsymbol{0} \tag{6-24}$$

式（6-24）整理后可得 $\left(\boldsymbol{X}^{\mathrm{T}}\boldsymbol{X}\right)\hat{\boldsymbol{\beta}}=\boldsymbol{X}^{\mathrm{T}}\boldsymbol{Y}$，称其为正则方程，所以有 $\hat{\boldsymbol{\beta}}=\left(\boldsymbol{X}^{\mathrm{T}}\boldsymbol{X}\right)^{-1}\boldsymbol{X}^{\mathrm{T}}\boldsymbol{Y}$，即为线性回归模型参数的最小二乘估计量。

例 6-2 参考例 5-12，试建立 y 关于 x_1、x_2 的线性回归方程。

解 由题意知，$\boldsymbol{X}^{\mathrm{T}}=\begin{pmatrix}1 & 1 & \cdots & 1\\ 76.0 & 91.5 & \cdots & 92.5\\ 50 & 20 & \cdots & 20\end{pmatrix}$，$\boldsymbol{Y}=\begin{pmatrix}120 & 141 & \cdots & 147\end{pmatrix}^{\mathrm{T}}$，所以可得

$$\begin{aligned}\hat{\boldsymbol{\beta}}&=\left(\boldsymbol{X}^{\mathrm{T}}\boldsymbol{X}\right)^{-1}\boldsymbol{X}^{\mathrm{T}}\boldsymbol{Y}\\ &=\left[\begin{pmatrix}1 & 76.0 & 50\\ 1 & 91.5 & 20\\ \vdots & \vdots & \vdots\\ 1 & 92.5 & 20\end{pmatrix}^{\mathrm{T}}\begin{pmatrix}1 & 76.0 & 50\\ 1 & 91.5 & 20\\ \vdots & \vdots & \vdots\\ 1 & 92.5 & 20\end{pmatrix}\right]^{-1}\begin{pmatrix}1 & 76.0 & 50\\ 1 & 91.5 & 20\\ \vdots & \vdots & \vdots\\ 1 & 92.5 & 20\end{pmatrix}^{\mathrm{T}}\begin{pmatrix}120\\ 141\\ \vdots\\ 147\end{pmatrix}\\ &\approx\begin{pmatrix}-62.96\\ 2.14\\ 0.4\end{pmatrix}\end{aligned}$$

则回归方程为 $\hat{y}=-62.96+2.14x_1+0.4x_2$ 。

基于 Python 利用最小二乘法求本例 $\hat{\boldsymbol{\beta}}$ ，如代码 6-3 所示。

代码 6-3　求 $\hat{\boldsymbol{\beta}}$

```
In[4]:   import numpy as np
         import statsmodels.api as sm
         blood = np.loadtxt('../data/blood.csv', delimiter=',')
         # 方法一，利用线性回归模型参数的最小二乘估计量求出参数估计值
         X = blood[:,0:2]
         X = np.c_[np.ones(13),X]  # 创建X矩阵
         Y = blood[:,2]  # 创建Y矩阵
         B1 = np.linalg.inv(np.dot(X.T,X))
         B2 = np.dot(B1,X.T)
         print('回归参数的估计值为：\n',np.dot(B2,Y))
Out[4]:  回归参数的估计值为：
          [-62.96335911   2.13655814   0.40021615]
In[5]:   # 方法二
         import statsmodels.api as sm
         X = sm.add_constant(X)
         model = sm.OLS(Y, X)
         results = model.fit()
         print('回归参数的估计值为：\n',results.params)
Out[5]:  回归参数的估计值为：
          [-62.96335911   2.13655814   0.40021615]
```

从代码 6-3 可以看出，$\hat{\beta}_0$ 的值约为–62.96，$\hat{\beta}_1$ 的值约为 2.14，$\hat{\beta}_2$ 的值约为 0.4。

3．显著性检验

（1）F 检验

对多元线性回归方程的显著性检验，主要是看自变量 $x_1,x_2,\cdots,x_p$ 从整体上对随机变量 y 是否有明显的影响，为此提出原假设和备择假设，如式（6-25）所示。

$$H_0:\beta_j=0,H_1:\beta_j(j=1,2,\cdots,p)\text{不全为零} \tag{6-25}$$

如果 H_0 被接受，则表明随机变量 y 与自变量 $x_1,x_2,\cdots,x_p$ 之间的关系由线性回归模型表示不合适。

类似于一元线性回归检验，为了建立对 H_0 进行检验的 F 统计量，仍然利用式（6-14）所示的总离差平方和，简写为 $\text{SST}=\text{SSR}+\text{SSE}$ 。构造 F 检验的统计量如式（6-26）所示。

$$F=\frac{\text{SSR}/p}{\text{SSE}/(n-p-1)} \tag{6-26}$$

在正态假设下，当原假设H_0成立时，F服从自由度为$(p,n-p-1)$的F分布。对给定的数据，计算出SSR和SSE，进而得到F值，方差分析表如表6-4所示，再由给定的显著性水平α查F分布表，得临界值$F_\alpha(p,n-p-1)$。

表6-4 方差分析表

方差来源	自由度	平方和	均方	F值	P值
回归	p	SSR	SSR/p	$\frac{\text{SSR}/p}{\text{SSE}/(n-p-1)}$	$P(F>F值)=P值$
残差	$n-p-1$	SSE	$\text{SSE}/(n-p-1)$		
总和	$n-1$	SST			

当$F>F_\alpha(p,n-p-1)$时，拒绝原假设H_0，认为在显著性水平α下，y与$x_1,x_2,\cdots,x_p$有显著的线性关系，即回归方程是显著的。反之，当$F\leqslant F_\alpha(p,n-p-1)$时，认为回归方程不显著。也可以根据$P$值做检验，当$P$值小于$\alpha$时，拒绝原假设$H_0$；当$P$值大于或等于$\alpha$时，不拒绝原假设$H_0$。

（2）t检验

在多元线性回归中，回归方程显著并不意味着每个自变量对y的影响都显著，所以需要对每个自变量进行显著性检验。

显然，如果某个自变量x_j对y的影响不显著，那么在回归模型中，它的系数β_j取值为零。因此，提出原假设和备择假设如式（6-27）所示。

$$H_0:\beta_j=0,\ H_1:\beta_j\neq 0\ (j=1,2,\cdots,p) \tag{6-27}$$

记$\text{var}\left(\hat{\beta}_j\right)=\delta^2\left(\boldsymbol{X}^{\text{T}}\boldsymbol{X}\right)^{-1}=\delta^2 c_{jj}$，可构造式(6-28)所示的统计量，其中$\hat{\delta}=\sqrt{\frac{1}{n-p-1}\sum_{i=1}^{n}e_i^2}$ $=\sqrt{\frac{1}{n-p-1}\sum_{i=1}^{n}(y_i-\hat{y}_i)^2}$是回归标准差。

$$t_j=\frac{\hat{\beta}_j}{\hat{\delta}\sqrt{c_{jj}}} \tag{6-28}$$

当原假设H_0成立时，式（6-28）服从自由度为$n-p-1$的t分布。由给定的显著性水平α查t分布表，得临界值$t_{\alpha/2}(n-p-1)$。$|t_j|>t_{\alpha/2}(n-p-1)$时，拒绝原假设$H_0$，认为$\beta_j$显著不为零，自变量$x_j$对$y$的线性效果显著；当$|t_j|<t_{\alpha/2}(n-p-1)$时，不拒绝原假设$H_0$，认为$\beta_j$为零，自变量$x_j$对$y$的线性效果不显著。

以例6-2为例，在Python中查看t检验和F检验的结果，如代码6-4所示。

代码6-4 查看t检验和F检验的结果

```
In[6]:  print('检验的结果为：\n',results.summary())
```

```
Out[6]:   检验的结果为:
                            OLS Regression Results
          ==============================================================================
          Dep. Variable:                  y   R-squared:                       0.946
          Model:                        OLS   Adj. R-squared:                  0.935
          Method:             Least Squares   F-statistic:                     87.84
          Date:            Wed, 10 Jan 2018   Prob (F-statistic):           4.53e-07
          Time:                    11:41:06   Log-Likelihood:                -30.372
          No. Observations:              13   AIC:                             66.74
          Df Residuals:                  10   BIC:                             68.44
          Df Model:                       2
          Covariance Type:        nonrobust
          ==============================================================================
                          coef    std err          t      P>|t|      [0.025      0.975]
          ------------------------------------------------------------------------------
          const       -62.9634     17.000     -3.704      0.004    -100.841     -25.086
          x1            2.1366      0.175     12.185      0.000       1.746       2.527
          x2            0.4002      0.083      4.810      0.001       0.215       0.586
          ==============================================================================
          Omnibus:                        0.167   Durbin-Watson:                   2.263
          Prob(Omnibus):                  0.920   Jarque-Bera (JB):                0.370
          Skew:                           0.089   Prob(JB):                        0.831
          Kurtosis:                       2.193   Cond. No.                     1.97e+03
          ==============================================================================
```

从代码 6-4 可以看出，$\hat{\beta}_0$ 的标准误差为 17，$\hat{\beta}_1$ 的标准误差为 0.175，$\hat{\beta}_2$ 的标准误差为 0.083；F 统计量的值为 87.84，对应的 P 值为 4.53×10^{-7}，P 值小于显著性水平 0.05，所以应拒绝原假设 H_0，说明回归方程显著。$\hat{\beta}_0$ 的 t 统计量 t_1 的值为 12.185，对应的 P 值为 0；$\hat{\beta}_1$ 的 t 统计量 t_2 的值为 4.810，对应的 P 值为 0.001。因为对应的 P 值均小于显著性水平 0.05，所以应拒绝原假设 H_0，认为血压的收缩压 y 对体重 x_1（kg）和年龄 x_2（岁）的多元线性回归效果显著。

4．区间估计

与一元线性回归类似，得到参数向量 $\boldsymbol{\beta}$ 的估计值 $\hat{\boldsymbol{\beta}}$ 后，还需要求出回归参数的估计精度，即构造一个以 $\hat{\beta}_j$ 为中心的区间，该区间以一定的概率包含 β_j。

类似于一元线性回归系数区间估计的推导过程，可得 β_j 的置信度为 $1-\alpha$ 的置信区间为式（6-29）。

$$\left[\hat{\beta}_j - t_{\frac{\alpha}{2}}(n-p-1)\hat{\delta}\sqrt{c_{jj}}, \hat{\beta}_j + t_{\frac{\alpha}{2}}(n-p-1)\hat{\delta}\sqrt{c_{jj}}\right] \tag{6-29}$$

以例 6-2 为例，求 $\hat{\beta}_0$、$\hat{\beta}_1$ 和 $\hat{\beta}_2$ 的区间估计的步骤如下。

第一步：由例 6-2 可知 $\hat{\beta}_0$、$\hat{\beta}_1$、$\hat{\beta}_2$ 分别为–62.963、2.14、0.4，由代码 6-4 可知，$\sqrt{\text{var}\left(\hat{\beta}_0\right)} \approx 17$，$\sqrt{\text{var}\left(\hat{\beta}_1\right)} \approx 0.175$，$\sqrt{\text{var}\left(\hat{\beta}_2\right)} \approx 0.083$。

第二步：已知显著性水平 $\alpha = 0.05$，自由度 $n-p-1=13-2-1=10$，查 t 分布表得临界值 $t_{\frac{\alpha}{2}}(10) = 2.228$。

第三步：$\hat{\beta}_0$、$\hat{\beta}_1$ 和 $\hat{\beta}_2$ 的置信度为 95%的置信区间分别为[–62.963–2.228 × 17, –62.963＋2.228 × 17] ≈ [–100.84, –25.09]、[2.14–2.228 × 0.175,2.14＋2.228 × 0.175] ≈ [1.75,2.53]和[0.4–2.228 × 0.083,0.4＋2.228 × 0.083] ≈ [0.2,0.6]。

6.1.3 Logistic 回归

1. Logistic 回归模型

Logistic 回归是由统计学家 David Cox 于 1958 年提出的。Logistic 回归实质是将数据拟合到一个 Logistic 函数中，从而预测事件发生的可能性。其因变量可以是二分类的，也可以是多分类的，二分类的更常用，也更加容易解释。实际应用中，最为常用的就是二分类的 Logistic 回归，故本小节仅介绍二分类 Logistic 回归。

Logistic 回归被用于各个领域，如机器学习、医学领域和社会科学等。例如，在临床医疗中，根据观测的患者各项指标，如性别、年龄、身体质量指数（BMI）和血液检测等，预测该患者是否患糖尿病。Logistic 回归也常通过社会调查来预测结果，例如，在选举美国总统时，美国媒体经常会用 Logistic 回归分析来预测选举结果。

设 y 是 0-1 型变量，$x_1, x_2, \cdots, x_p$ 是与 y 相关的自变量，y 是因变量。Logistic 回归研究的是 $x_1, x_2, \cdots, x_p$ 与 y 发生的概率之间的关系。记 y 取 1 的概率为 $p = P(y=1 \mid x_1, x_2, \cdots, x_p)$，取 0 的概率为 $1-p$，取 1 和取 0 的概率之比为 $\frac{p}{1-p}$，称为事件的优势比（Odds）。

将优势比取自然对数，得 $\ln\left(\frac{p}{1-p}\right)$，该变换称为 Logistic 变换，然后即可将问题转换为建立 $\ln\left(\frac{p}{1-p}\right)$ 与自变量 x 的线性回归模型，可表示为式（6-30）。

$$\ln\left(\frac{p}{1-p}\right) = \beta_0 + \beta_1 x_1 + \beta_2 x_2 + \cdots + \beta_p x_p \tag{6-30}$$

可得式（6-31）。

$$E\left(y\right) = p = f(\beta_0 + \beta_1 x_1 + \beta_2 x_2 + \cdots + \beta_p x_p) \tag{6-31}$$

其中，函数 $f(x)$ 是值域区间[0,1]内的单调增函数。Logistic 函数为式（6-32）。

$$f(x) = \frac{\mathrm{e}^x}{1+\mathrm{e}^x} = \frac{1}{1+\mathrm{e}^{-x}} \tag{6-32}$$

式（6-32）的图像如图 6-2 所示。

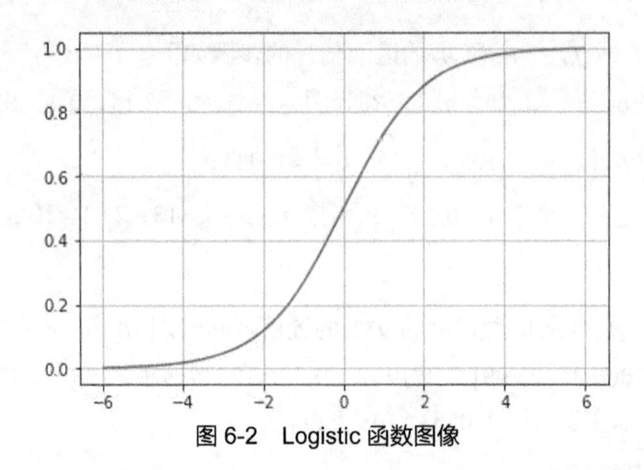

图 6-2　Logistic 函数图像

2．参数估计

回归系数通常使用极大似然估计。由于 y 符合均值为 $p=f(\beta_0+\beta_1x_1+\beta_2x_2+\cdots+\beta_px_p)$ 的 0-1 型分布，概率函数为 $P(y=1)=p$ ，$P(y=0)=1-p$ ，所以可以把 y 的概率函数写为式（6-33）。

$$P(y)=p^y(1-p)^{1-y}\ \ (y=0,1) \tag{6-33}$$

于是似然函数为式（6-34）。

$$L=\prod P(y)=\prod p^y(1-p)^{1-y} \tag{6-34}$$

对似然函数取自然对数，得式（6-35）。

$$\begin{aligned}\ln L&=\sum\left[y\ln p+(1-y)\ln(1-p)\right]\\&=\sum\left[y\ln\frac{p}{(1-p)}+\ln(1-p)\right]\end{aligned} \tag{6-35}$$

将式（6-31）和式（6-32）联立后代入式（6-35），可得式（6-36）。

$$\begin{aligned}\ln L=\sum\{&y(\beta_0+\beta_1x_1+\beta_2x_2+\cdots+\beta_px_p)-\\&\left[1+\exp(\beta_0+\beta_1x_1+\beta_2x_2+\cdots+\beta_px_p)\right]\}\end{aligned} \tag{6-36}$$

极大似然估计就是选取 $\beta_0,\beta_1,\beta_2,\cdots,\beta_p$ 的估计值 $\hat{\beta}_0,\hat{\beta}_1,\hat{\beta}_2,\cdots,\hat{\beta}_p$ ，使式（6-36）取得极大值，可对 $\beta_i\ (i=0,1,2,\cdots,p)$ 求偏导，并令等式为零，如式（6-37）所示。

$$\frac{\partial \ln L}{\partial \beta_j}=0\ \ (j=0,1,\cdots,p) \tag{6-37}$$

这样即可求得极大似然估计量 $\hat{\beta}_0,\hat{\beta}_1,\cdots,\hat{\beta}_p$ 。代回式（6-32）所示的 Logistic 函数，可得式（6-38），即可求出要估计的 y 的概率 p 。

$$E(y)=p=\frac{\mathrm{e}^{\hat{\beta}_0+\hat{\beta}_1x_1+\hat{\beta}_2x_2+\cdots+\hat{\beta}_px_p}}{1+\mathrm{e}^{\hat{\beta}_0+\hat{\beta}_1x_1+\hat{\beta}_2x_2+\cdots+\hat{\beta}_px_p}} \tag{6-38}$$

在 Python 中，使用 statsmodels 库中 discrete 模块的 discrete_model 子模块可以创建 Logit 类，该类下的 fit 函数可以实现极大似然估计，得到的结果为 BinaryResultsWrapper 类。BinaryResultsWrapper 类下的 summary 方法可展示参数估计值。Logit 类的语法格式如下。

```
class statsmodels.discrete.discrete_model.Logit(endog, exog, ** kwargs)
```

Logit 类的常用参数及说明如表 6-5 所示。

表 6-5　Logit 类的常用参数及其说明

参　数	说　明
endog	接收 array，表示因变量 y 的数据。无默认值
exog	接收 array，表示自变量的一个阵列，包括截距项（使用 statsmodels.tools.add_constant 函数添加）。无默认值

例 6-3　某班级一共有 20 名学生，假设他们用 0 ~ 6 小时的时间学习并参加考试。各学生的学习时间（x）与是否通过考试（y）的关系如表 6-6 所示，通过考试记为 1，未通过考试记为 0。试使用 Logistic 回归模型建立是否通过考试的概率与学习时间的关系。

表 6-6　学习时间与是否通过考试的关系

x	y
0.50	0
0.75	0
1.00	0
1.25	0
1.50	0
1.75	0
1.75	1
2.00	0
2.25	1
2.50	0
2.75	1
3.00	0
3.25	1
3.50	0
4.00	1
4.25	1
4.50	1
4.75	1
5.00	1
5.50	1

解 使用二分类 Logistic 回归来解决这个问题，因为因变量是由 1 和 0 表示的。此处通过 Logistic 变换使问题转变为线性回归问题，学生是否通过考试是 0-1 型变量，学习时间（x）是与 y 相关的确定性变量，则 y 与 x 的关系为

$$y = \frac{e^{\beta_0+\beta_1 x_1+\beta_2 x_2}}{1+e^{\beta_0+\beta_1 x_1+\beta_2 x_2}}$$

将表 6-6 的数据代入式（6-36）中可得

$$\ln L = \sum\left\{y(\beta_0+\beta_1 x_1+\beta_2 x_2)-\left(1+e^{\beta_0+\beta_1 x_1+\beta_2 x_2}\right)\right\}$$

现在所求的极大似然估计值 $\hat{\beta}_0,\hat{\beta}_1,\hat{\beta}_2$，就是使上式取得极大值时的 β_0,β_1,β_2。令

$$\frac{\partial \ln L}{\partial \beta_0}=0,\frac{\partial \ln L}{\partial \beta_1}=0,\frac{\partial \ln L}{\partial \beta_2}=0$$

解得 $\hat{\beta}_0 \approx -4.077\ 7$，$\hat{\beta}_1 \approx 1.504\ 6$，则最终回归方程为

$$E(y)=p=\frac{e^{-4.077\ 7+1.504\ 6x_1}}{1+e^{-4.077\ 7+1.504\ 6x_1}}$$

例如，对于学习 2 小时的学生，输入学习时间 $x_1=2$，则通过考试的估计概率为

$$\frac{e^{-4.077\ 7+1.504\ 6\times 2}}{1+e^{-4.077\ 7+1.504\ 6\times 2}} \approx 0.26$$

根据计算得到表 6-7 的数据，其显示了学习时间与通过考试的概率。

表 6-7 学习时间与通过考试的概率

学习时间	通过考试的概率
1	0.07
2	0.26
3	0.61
4	0.87
5	0.97

使用 Python 建立 Logistic 回归模型，如代码 6-5 所示。

代码 6-5 建立 Logistic 回归模型

```
In[7]:  import numpy as np
        import statsmodels.api as sm
        study = np.loadtxt('../data/study.csv', delimiter=',')
        X = sm.add_constant(study[:,0])  # 创建 X 矩阵
        model = sm.Logit(study[:,1],X)
        result = model.fit()  # 内部使用极大似然估计
        print('模型的结果为: \n',result.summary())

Out[7]: Optimization terminated successfully.
                 Current function value: 0.401494
```

```
        Iterations 7
模型的结果为:
                          Logit Regression Results
==============================================================================
Dep. Variable:                 y   No. Observations:                   20
Model:                     Logit   Df Residuals:                       18
Method:                      MLE   Df Model:                            1
Date:           Sat, 13 Jan 2018   Pseudo R-squ.:                  0.4208
Time:                   18:04:04   Log-Likelihood:                -8.0299
converged:                  True   LL-Null:                        -13.863
                                   LLR p-value:                  0.0006365
==============================================================================
                  coef   std err          z      P>|z|    [0.025    0.975]
------------------------------------------------------------------------------
Intercept      -4.0777     1.761     -2.316      0.021    -7.529    -0.626
x1              1.5046     0.629      2.393      0.017     0.272     2.737
==============================================================================
```

3. Z检验

对 Logistic 回归模型的回归系数进行显著性检验时，可以使用 Z 检验。原假设和备择假设如式（6-39）所示。

$$H_0:\beta_i=0, H_1:\beta_i\neq 0 \tag{6-39}$$

构造 Z 检验的统计量，如式（6-40）所示。

$$Z=\frac{\hat{\beta}_i}{\sqrt{\operatorname{var}\left(\hat{\beta}_i\right)}}\ (j=0,1,\cdots,p) \tag{6-40}$$

可以根据 P 值做检验，在显著性水平 α 下，当 $P<\alpha$ 时，拒绝原假设 H_0；当 $P\geqslant\alpha$ 时，不拒绝原假设 H_0。

在代码 6-5 的结果中，Logistic 回归模型的 Z 统计量的值为 2.393，对应的 P 值为 0.017，小于显著性水平 0.05，所以应拒绝原假设 H_0。这表示 Logistic 回归模型显著。

6.2 判别分析

判别分析是多元分析中用于判别样本所属类型的一种统计分析方法，即在已知研究对象用某种方法已经分成若干类的情况下，确定新的样本属于哪一类。使用判别分析处理问题时，通常要给出衡量新样本与各已知组别接近程度的函数式或描述指标，即判别函数。同时，也要指定一种判别准则，用于衡量新样本与各已知组别的接近程度。判别准则可以是统计性的，如决定新样本所属类别时，用到数理统计的显著性检验；也可以是确定性的，如决定样本归属时，只考虑判别函数值的大小。判别函数是按照一定的判别准则所建立的，本节将介绍距离判别准则、贝叶斯判别准则和费希尔判别准则。

6.2.1 距离判别

距离判别的基本思想是按就近原则进行归类。首先根据已知分类的数据分别计算各类的中心，即各类的均值，若任一新样本的观测值都与第 i 类的中心距离最近，就认为它属于第 i 类。用统计语言表述：已知总体 $G_1, G_2, \cdots, G_k$，先从每个总体中分别抽取 $n_1, n_2, \cdots, n_k$ 个样本，每个样本皆测量 p 个指标，对新样本 $\boldsymbol{x} = (x_1, x_2, \cdots, x_p)$ 计算 $\boldsymbol{x}$ 到 $G_1, G_2, \cdots, G_k$ 的距离，记为 $d(\boldsymbol{x}, G_1), d(\boldsymbol{x}, G_2), \cdots, d(\boldsymbol{x}, G_n)$，然后按距离最近准则判别归类。

距离判别准则方法直观、简单，适用于连续型变量的判别分类，对各类总体的分布没有特定的要求，适用于任意分布。

1. 两总体距离判别

（1）$\boldsymbol{\Sigma}_1 = \boldsymbol{\Sigma}_2 = \boldsymbol{\Sigma}$ 时的判别

设有两个总体 G_1 和 G_2，$\boldsymbol{x}$ 是一个 p 维新样本，定义新样本 $\boldsymbol{x}$ 到总体 G_1 及 G_2 的距离为 $d^2(\boldsymbol{x}, G_1)$ 和 $d^2(\boldsymbol{x}, G_2)$，当总体 G_1 和 G_2 为正态总体且协方差矩阵相等时，两距离表达式如式（6-41）和式（6-42）所示。

$$d^2(\boldsymbol{x}, G_1) = (\boldsymbol{x} - \boldsymbol{\mu}_1)^{\mathrm{T}} \boldsymbol{\Sigma}_1^{-1} (\boldsymbol{x} - \boldsymbol{\mu}_1) \tag{6-41}$$

$$d^2(\boldsymbol{x}, G_2) = (\boldsymbol{x} - \boldsymbol{\mu}_2)^{\mathrm{T}} \boldsymbol{\Sigma}_2^{-1} (\boldsymbol{x} - \boldsymbol{\mu}_2) \tag{6-42}$$

在式（6-41）和式（6-42）中，$\boldsymbol{\mu}_1$ 和 $\boldsymbol{\mu}_2$ 分别代表总体 G_1 和 G_2 的均值；$\boldsymbol{\Sigma}_1$ 和 $\boldsymbol{\Sigma}_2$ 分别代表总体 G_1 和 G_2 的协方差矩阵，且 $\boldsymbol{\Sigma}_1 = \boldsymbol{\Sigma}_2$。此时按如下判别规则进行判断：若 $\boldsymbol{x}$ 到总体 G_1 的距离小于 $\boldsymbol{x}$ 到总体 G_2 的距离，则认为 $\boldsymbol{x}$ 属于总体 G_1，反之则认为 $\boldsymbol{x}$ 属于总体 G_2；若 $\boldsymbol{x}$ 到总体 G_1 和 G_2 的距离相等，则让它待判，如式（6-43）所示。

$$\begin{cases} x \in G_1，若 d^2(\boldsymbol{x}, G_1) \leqslant d^2(\boldsymbol{x}, G_2) \\ x \in G_2，若 d^2(\boldsymbol{x}, G_1) > d^2(\boldsymbol{x}, G_2) \\ 待判，若 d^2(\boldsymbol{x}, G_1) = d^2(\boldsymbol{x}, G_2) \end{cases} \tag{6-43}$$

由于 $d^2(\boldsymbol{x}, G_1)$ 和 $d^2(\boldsymbol{x}, G_2)$ 中有相同的二次项 $\boldsymbol{x}^{\mathrm{T}} \boldsymbol{\Sigma}^{-1} \boldsymbol{x}$，所以可简化为式（6-43）。先考虑 $d^2(\boldsymbol{x}, G_1)$ 与 $d^2(\boldsymbol{x}, G_2)$ 之间的差，如式（6-44）所示。

$$\begin{aligned}
& d^2(\boldsymbol{x}, G_1) - d^2(\boldsymbol{x}, G_2) \\
&= (\boldsymbol{x} - \boldsymbol{\mu}_1)^{\mathrm{T}} \boldsymbol{\Sigma}_1^{-1} (\boldsymbol{x} - \boldsymbol{\mu}_1) - (\boldsymbol{x} - \boldsymbol{\mu}_2)^{\mathrm{T}} \boldsymbol{\Sigma}_2^{-1} (\boldsymbol{x} - \boldsymbol{\mu}_2) \\
&= \boldsymbol{x}^{\mathrm{T}} \boldsymbol{\Sigma}^{-1} \boldsymbol{x} - 2\boldsymbol{x}^{\mathrm{T}} \boldsymbol{\Sigma}^{-1} \boldsymbol{\mu}_1 + \boldsymbol{\mu}_1^{\mathrm{T}} \boldsymbol{\Sigma}^{-1} \boldsymbol{\mu}_1 - \left(\boldsymbol{x}^{\mathrm{T}} \boldsymbol{\Sigma}^{-1} \boldsymbol{x} - 2\boldsymbol{x}^{\mathrm{T}} \boldsymbol{\Sigma}^{-1} \boldsymbol{\mu}_2 + \boldsymbol{\mu}_2^{\mathrm{T}} \boldsymbol{\Sigma}^{-1} \boldsymbol{\mu}_2 \right) \\
&= 2\boldsymbol{x}^{\mathrm{T}} \boldsymbol{\Sigma}^{-1} (\boldsymbol{\mu}_2 - \boldsymbol{\mu}_1) + \boldsymbol{\mu}_1^{\mathrm{T}} \boldsymbol{\Sigma}^{-1} \boldsymbol{\mu}_1 - \boldsymbol{\mu}_2^{\mathrm{T}} \boldsymbol{\Sigma}^{-1} \boldsymbol{\mu}_2 \\
&= 2\boldsymbol{x}^{\mathrm{T}} \boldsymbol{\Sigma}^{-1} (\boldsymbol{\mu}_2 - \boldsymbol{\mu}_1) + (\boldsymbol{\mu}_1 + \boldsymbol{\mu}_2)^{\mathrm{T}} \boldsymbol{\Sigma}^{-1} (\boldsymbol{\mu}_1 - \boldsymbol{\mu}_2) \\
&= -2\left(\boldsymbol{x} - \frac{\boldsymbol{\mu}_1 + \boldsymbol{\mu}_2}{2} \right)^{\mathrm{T}} \boldsymbol{\Sigma}^{-1} (\boldsymbol{\mu}_1 - \boldsymbol{\mu}_2) \\
&= -2(\boldsymbol{x} - \overline{\boldsymbol{\mu}})^{\mathrm{T}} \boldsymbol{a} \\
&= -2\boldsymbol{a}^{\mathrm{T}} (\boldsymbol{x} - \overline{\boldsymbol{\mu}})
\end{aligned} \tag{6-44}$$

式（6-44）中，$\bar{\mu}=\frac{1}{2}(\mu_1+\mu_2)$是两个总体均值的平均值，$a=\Sigma^{-1}(\mu_1-\mu_2)$，令$W(x)=a^{\mathrm{T}}(x-\bar{\mu})$，则式（6-43）可简化为式（6-45）。

$$\begin{cases} x\in G_1，若W(x)\geqslant 0 \\ x\in G_2，若W(x)<0 \\ 待判，若W(x)=0 \end{cases} \tag{6-45}$$

此时，$W(x)$为两组距离判别的判别函数。另外，由于它是x的线性函数，故又称为线性判别函数，$\boldsymbol{a}$称为判别系数。

（2）$\Sigma_1\neq\Sigma_2$时的判别

如果$\Sigma_1\neq\Sigma_2$，则判别函数$W(x)$如式（6-46）所示。

$$\begin{aligned} W(x)&=d^2(x,G_1)-d^2(x,G_2) \\ &=(x-\mu_1)^{\mathrm{T}}\Sigma_1^{-1}(x-\mu_1)-(x-\mu_2)^{\mathrm{T}}\Sigma_2^{-1}(x-\mu_2) \end{aligned} \tag{6-46}$$

此时，$W(x)$是x的二次函数，相应的判别规则如式（6-47）所示。

$$\begin{cases} x\in G_1，若W(x)\leqslant 0 \\ x\in G_2，若W(x)>0 \\ 待判，若W(x)=0 \end{cases} \tag{6-47}$$

2. 多总体距离判别

设有k个总体$G_1,G_2,\cdots,G_k$，它们的均值分别为$\mu_1,\mu_2,\cdots,\mu_k$，协方差矩阵分别为$\Sigma_1(>0),\Sigma_2(>0),\cdots,\Sigma_k(>0)$，则$x$到总体$G_1,G_2,\cdots,G_k$的距离如式（6-48）所示。

$$d^2(x,G_i)=(x-\mu_i)^{\mathrm{T}}\Sigma_i^{-1}(x-\mu_i)\ (i=1,2,\cdots,k) \tag{6-48}$$

判别规则为式（6-49）。

$$x\in G_l，若d^2(x,G_l)=\min_{1\leqslant i\leqslant k}d^2(x,G_i) \tag{6-49}$$

若$\Sigma_1=\Sigma_2=\cdots=\Sigma_k$，则式（6-49）可进一步简化。由于式（6-50）中，$I_i=\Sigma^{-1}\mu_i$，$c_i=-\frac{1}{2}\mu_i^{\mathrm{T}}\Sigma^{-1}\mu_i\ (i=1,2,\cdots,k)$，所以此时式（6-49）等价于式（6-51）。

$$\begin{aligned} d^2(x,G_i)&=(x-\mu_i)^{\mathrm{T}}\Sigma^{-1}(x-\mu_i) \\ &=x^{\mathrm{T}}\Sigma^{-1}x-2\mu_i^{\mathrm{T}}\Sigma^{-1}x+\mu_i^{\mathrm{T}}\Sigma^{-1}\mu_i \\ &=x^{\mathrm{T}}\Sigma^{-1}x-2\left(I_i^{\mathrm{T}}x+c_i\right) \end{aligned} \tag{6-50}$$

$$x\in G_l，若I_l^{\mathrm{T}}x+c_l=\max_{1\leqslant i\leqslant k}\left(I_i^{\mathrm{T}}x+c_i\right) \tag{6-51}$$

此时，$I_i^{\mathrm{T}}x+c_i$为线性判别函数。

使用 scikit-learn 库中的 KNeighborsClassifier 类可以实现距离判别，其语法格式如下。

```
sklearn.neighbors.KNeighborsClassifier(n_neighbors=5, weights='uniform',
  algorithm='auto', leaf_size=30, p=2, metric='minkowski', metric_params=None,
  n_jobs=1, **kwargs)
```

KNeighborsClassifier 类的常用参数及说明如表 6-8 所示。

表 6-8 KNeighborsClassifier 类的常用参数及其说明

参数名称	说　明
n_neighbors	接收 int，表示指定 k 值。默认为 5
weights	接收特定 str，表示指定权重类型，可以为 uniform、distance。默认为 uniform
algorithm	接收特定 str，表示指定计算的算法。取值为 ball_tree 时，表示使用 BallTree 算法；取值为 kd_tree 时，表示使用 KDTree 算法；取值为 brute 时，表示使用暴力搜索法；取值为 auto 时，表示自动决定最合适的算法。默认为 auto
leaf_size	接收 int，表示指定 BallTree 或者 KDTree 叶节点规模。默认为 30
metric	接收特定 str，表示指定距离度量。默认为 minkowski
p	接收 int，表示指定在 minkowski 度量上的指数。如果 p=1，则对应曼哈顿距离；如果 p=2，则对应欧氏距离。默认为 2

例 6-4 使用 scikit-learn 库自带的 iris 数据集，根据距离判别准则，对该数据集进行分类。

解 如代码 6-6 所示。

代码 6-6 使用 scikit-learn 库自带的 iris 数据集求解距离判别过程

```
In[1]:  from sklearn import datasets
        from sklearn.neighbors import KNeighborsClassifier
        import numpy as np
        np.random.seed(1000)  # 设置随机种子
        iris = datasets.load_iris()  # 导入鸢尾花的数据集
        # 导入 150 个样本数据，每个样本的 4 个属性分别为花瓣的长、宽，花萼的长、宽
        iris_x = iris.data
        # 导入 150 个样本数据的标签
        iris_y = iris.target
        # 产生一个随机打乱的 0~149 的一维数组
        indices = np.random.permutation(len(iris_x))
        # 随机选取 140 个样本作为训练数据集
        iris_x_train = iris_x[indices[:-10]]
        iris_y_train = iris_y[indices[:-10]]
        # 剩下的 10 个样本作为测试数据集
        iris_x_test = iris_x[indices[-10:]]
        iris_y_test = iris_y[indices[-10:]]

        # 定义一个距离判别分类器对象
```

```
knn = KNeighborsClassifier()
# 调用该对象的训练方法
knn.fit(iris_x_train, iris_y_train)
# 调用该对象的测试方法
iris_y_predict = knn.predict(iris_x_test)
print('测试数据集的预测标签为: \n ',
     iris.target_names[iris_y_predict])
```

```
Out[1]:  测试数据集的预测标签为:
 ['virginica' 'setosa' 'setosa' 'versicolor' 'virginica' 'setosa'
 'versicolor' 'versicolor' 'versicolor' 'versicolor']
```

```
In[2]:  print('测试数据集的正确标签为: \n ',
     iris.target_names[iris_y_test])
```

```
Out[2]:  测试数据集的正确标签为:
 ['virginica' 'setosa' 'setosa' 'versicolor' 'virginica' 'setosa'
 'versicolor' 'versicolor' 'versicolor' 'versicolor']
```

```
In[3]:  # 调用该对象的打分方法，计算出准确率
score = knn.score(iris_x_test,iris_y_test,sample_weight=None)
print('准确率为: ',score)
```

```
Out[3]:  准确率为: 1.0
```

6.2.2 贝叶斯判别

距离判别准则虽然简单，便于使用，但是也有它明显的不足之处：一是距离判别准则与各总体出现的机会大小（先验概率）完全无关；二是距离判别准则没有考虑错判造成的损失，这是不合理的。贝叶斯判别准则正是为了解决这两方面的问题而提出的。

设有 k 个总体 $G_1,G_2,\cdots,G_k$，各自的分布密度函数 $f_1(x),f_2(x),\cdots,f_k(x)$ 互不相同。假设 k 个总体各自出现的概率分别为 $q_1,q_2,\cdots,q_k$（先验概率），且 $q_i \geqslant 0$，$\sum_{i=1}^{k} q_i = 1$。根据贝叶斯理论，$\boldsymbol{x}$ 属于 G_i 的后验概率（即当样本 $\boldsymbol{x}$ 已知时，它属于 G_i 的概率），如式（6-52）所示。

$$P\left(G_i \mid \boldsymbol{x}\right)=\frac{p_i f_i(\boldsymbol{x})}{\sum_{j=1}^{k} p_j f_j(\boldsymbol{x})} \quad (i=1,2,\cdots,k) \tag{6-52}$$

最大后验概率法采用式（6-53）所示的判别规则。

$$\boldsymbol{x} \in G_l，若 P\left(G_l \mid \boldsymbol{x}\right)=\max_{1 \leqslant i \leqslant k} P\left(G_i \mid \boldsymbol{x}\right) \tag{6-53}$$

假设各总体都是正态的，即 $G_i \sim N_p\left(\boldsymbol{\mu}_{\mathrm{i}}, \boldsymbol{\Sigma}_i\right)$，$\boldsymbol{\Sigma}_i>0\ (i=1,2,\cdots,k)$。此时，总体 G_i 的概率密度为式（6-54）。

$$f_i(\boldsymbol{x})=(2\pi)^{-\frac{p}{2}}\left|\boldsymbol{\Sigma}_i\right|^{-\frac{1}{2}}\exp\left[-0.5d^2\left(\boldsymbol{x},G_i\right)\right] \tag{6-54}$$

其中，$d^2\left(\boldsymbol{x},G_i\right)=(\boldsymbol{x}-\boldsymbol{\mu}_i)^{\mathrm{T}}\boldsymbol{\Sigma}_i^{-1}(\boldsymbol{x}-\boldsymbol{\mu}_i)$ 是 $\boldsymbol{x}$ 到 G_i 的距离。将式（6-54）代入式（6-52），可得到后验概率的计算公式，如式（6-55）所示。

$$P\left(G_i\mid\boldsymbol{x}\right)=\frac{\exp\left[-\frac{1}{2}D^2\left(\boldsymbol{x},G_i\right)\right]}{\sum_{j=1}^{k}\exp\left[-\frac{1}{2}D^2\left(\boldsymbol{x},G_j\right)\right]}\ (i=1,2,\cdots,k) \tag{6-55}$$

其中，$D^2\left(\boldsymbol{x},G_i\right)$、$g_i$、$h_i$ 的值分别如式（6-56）、式（6-57）、式（6-58）所示。

$$D^2\left(\boldsymbol{x},G_i\right)=d^2\left(\boldsymbol{x},G_i\right)+g_i+h_i \tag{6-56}$$

$$g_i=\begin{cases}\ln\left|\boldsymbol{\Sigma}_i\right|，若\boldsymbol{\Sigma}_1,\boldsymbol{\Sigma}_2,\cdots,\boldsymbol{\Sigma}_k不全相等\\0，若\boldsymbol{\Sigma}_1=\boldsymbol{\Sigma}_2=\cdots=\boldsymbol{\Sigma}_k=\boldsymbol{\Sigma}\end{cases} \tag{6-57}$$

$$h_i=\begin{cases}-2\ln p_i，若p_1,p_2,\cdots,p_k不全相等\\0，若p_1=p_2=\cdots=p_k=p\end{cases} \tag{6-58}$$

此时，称 $D^2\left(\boldsymbol{x},G_i\right)$ 为 $\boldsymbol{x}$ 到 G_i 的广义平方距离。由式（6-55）可知，在正态性假定下，判别规则式（6-53）也可等价于式（6-59）。

$$\boldsymbol{x}\in G_l，若D^2\left(\boldsymbol{x},G_l\right)=\min_{1\leqslant i\leqslant k}D^2\left(\boldsymbol{x},G_i\right) \tag{6-59}$$

当 $\boldsymbol{\Sigma}_1=\boldsymbol{\Sigma}_2=\cdots=\boldsymbol{\Sigma}_k=\boldsymbol{\Sigma}$ 时，式（6-55）可简化为式（6-60）。

$$P\left(G_i\mid\boldsymbol{x}\right)=\frac{\exp\left(\boldsymbol{I}_i^{\mathrm{T}}\boldsymbol{x}+c_i+\ln p_i\right)}{\sum_{j=1}^{k}\exp\left(\boldsymbol{I}_j^{T}\boldsymbol{x}+c_j+\ln p_j\right)}\ (i=1,2,\cdots,k) \tag{6-60}$$

式（6-60）中，$\boldsymbol{I}_i=\boldsymbol{\Sigma}^{-1}\boldsymbol{\mu}_i$，$c_i=-\frac{1}{2}\boldsymbol{\mu}_i^{\mathrm{T}}\boldsymbol{\Sigma}^{-1}\boldsymbol{\mu}_i\ (i=1,2,\cdots,k)$，此时，式（6-53）将等价于式（6-61）。

$$\boldsymbol{x}\in G_l，若\boldsymbol{I}_l^{\mathrm{T}}\boldsymbol{x}+c_l+\ln p_l=\max_{1\leqslant i\leqslant k}\boldsymbol{I}_i^{\mathrm{T}}\boldsymbol{x}+c_i+\ln p_i \tag{6-61}$$

使用 scikit-learn 库中的 MultinomialNB 类可以实现贝叶斯判别，其语法格式如下。

```
class sklearn.naive_bayes.MultinomialNB(alpha=1.0, fit_prior=True,
 class_ prior=None)
```

MultinomialNB 类的常用参数及说明如表 6-9 所示。

表 6-9　MultinomialNB 类的常用参数及其说明

参数名称	说　明
alpha	接收 float，表示指定 α 值。默认为 1
class_prior	接收 array，表示指定每个分类的先验概率。如果指定了该参数，则每个分类的先验概率不再从数据集中学得。默认为 None

例 6-5　使用 scikit-learn 库自带的 iris 数据集，根据贝叶斯判别准则，对该数据集进行

分类。

解　如代码 6-7 所示。

代码 6-7　使用 scikit-learn 库自带的 iris 数据集求解贝叶斯判别过程

```
In[4]:  from sklearn import datasets
        from sklearn.naive_bayes import MultinomialNB
        import numpy as np
        np.random.seed(1000)  # 设置随机种子
        iris = datasets.load_iris()
        iris_x = iris.data
        iris_y = iris.target
        indices = np.random.permutation(len(iris_x))
        # 随机选取 140 个样本作为训练数据集
        iris_x_train = iris_x[indices[:-10]]
        iris_y_train = iris_y[indices[:-10]]
        # 剩下的 10 个样本作为测试数据集
        iris_x_test = iris_x[indices[-10:]]
        iris_y_test = iris_y[indices[-10:]]

        # 定义一个贝叶斯判别分类器对象
        bayes = MultinomialNB()
        # 调用该对象的训练方法
        bayes.fit(iris_x_train, iris_y_train)
        # 调用该对象的测试方法
        iris_y_predict = bayes.predict(iris_x_test)
        print('测试数据集的预测标签为：\n ',
              iris.target_names[iris_y_predict])
```

```
Out[4]: 测试数据集的预测标签为：
         ['virginica' 'setosa' 'setosa' 'virginica' 'virginica' 'setosa'
         'versicolor' 'versicolor' 'versicolor' 'virginica']
```

```
In[5]:  print("测试数据集的正确标签为：\n",
              iris.target_names[iris_y_test])
```

```
Out[5]: 测试数据集的正确标签为：
         ['virginica' 'setosa' 'setosa' 'versicolor' 'virginica' 'setosa'
         'versicolor' 'versicolor' 'versicolor' 'versicolor']
```

```
In[6]:  # 调用该对象的打分方法，计算出准确率
```

```
score = bayes.score(iris_x_test,iris_y_test,sample_weight=None)
print('准确率为：',score)
```

```
Out[6]:    准确率为： 0.8
```

6.2.3 费希尔判别

费希尔判别准则也称为 LDA 判别准则，其基本思想是降维：用 p 维向量 $\boldsymbol{x}=(x_1,x_2,\cdots,x_p)^{\mathrm{T}}$ 的少数几个线性组合 $y_1=\boldsymbol{a}_1{}^{\mathrm{T}}\boldsymbol{x},y_2=\boldsymbol{a}_2{}^{\mathrm{T}}\boldsymbol{x},\cdots,y_r=\boldsymbol{a}_r{}^{\mathrm{T}}\boldsymbol{x}$,（一般 r 明显小于 p ）来代替原始的 p 个向量 $x_1,x_2,\cdots,x_p$ ，并根据这 r 个判别函数 $y_1,y_2,\cdots,y_r$ 对样本的归属做出判别或将各组分离。

在确定需使用的 r 个判别函数 $y_1,y_2,\cdots,y_r$ 之后，可制定相应的判别规则。依据 $(y_1,y_2,\cdots,y_r)$ 值，判别新样本归属于离它最近的那一组，判别规则为式（6-62）。

$$\boldsymbol{x}\in G_l,\sum_{j=1}^{r}(y_j-\overline{y}_{lj})^2=\min_{1\leqslant i\leqslant k}\sum_{j=1}^{r}(y_j-\overline{y}_{ij})^2 \tag{6-62}$$

使用 scikit-learn 库中的 LinearDiscriminantAnalysis 类可以实现费希尔判别，其语法格式如下。

```
class sklearn.discriminant_analysis.LinearDiscriminantAnalysis(solver='svd', shrinkage=None, priors=None, n_components=None, store_covariance=False, tol=0.0001)
```

LinearDiscriminantAnalysis 类的常用参数及说明如表 6-10 所示。

表 6-10 LinearDiscriminantAnalysis 类的常用参数及说明

参数名称	说明
solver	接收特定 str，指定求解的算法。取值为 svd 时，表示奇异值分解；取值为 lsqr 时，表示最小平方差算法；取值为 eigen 时，表示特征值分解算法。默认为 svd
shrinkage	接收 auto 或者 float，该参数通常在训练样本数量小于特征数量的场合下使用。该参数只有在 solver=lsqr 或 eigen 时才有意义。接收 auto 时，表示自动决定该参数大小；接收 float 时，表示指定该参数大小；接收 None 时，表示不使用该参数。默认为 None
priors	接收 array，表示数组中的元素依次指定了每个类别的先验概率；如果为 None，则认为每个类的先验概率相等。默认为 None
n_components	接收 int，指定数据降维后的维度。默认为 None
store_covariance	接收 bool，表示是否计算每个类别的协方差矩阵。默认为 False

例 6-6 使用 scikit-learn 库自带的 iris 数据集，根据费希尔判别准则，对该数据集进行分类。

解 如代码 6-8 所示。

代码 6-8 使用 scikit-learn 库自带的 iris 数据集实现费希尔判别

```
In[7]:  from sklearn import datasets
        from sklearn.discriminant_analysis \
        import LinearDiscriminantAnalysis
        import numpy as np

        np.random.seed(1000)
        iris = datasets.load_iris()
        iris_x = iris.data
        iris_y = iris.target
        indices = np.random.permutation(len(iris_x))

        # 随机选取 140 个样本作为训练数据集
        iris_x_train = iris_x[indices[:-10]]
        iris_y_train = iris_y[indices[:-10]]
        # 剩下的 10 个样本作为测试数据集
        iris_x_test = iris_x[indices[-10:]]
        iris_y_test = iris_y[indices[-10:]]

        # 定义一个费希尔判别分类器对象
        fisher = LinearDiscriminantAnalysis()
        # 调用该对象的训练方法
        fisher.fit(iris_x_train, iris_y_train)
        # 调用该对象的测试方法
        iris_y_predict = fisher.predict(iris_x_test)
        print('测试数据集的预测标签为：\n ',
             iris.target_names[iris_y_predict])
```

```
Out[7]: 测试数据集的预测标签为：
         ['virginica' 'setosa' 'setosa' 'versicolor' 'virginica' 'setosa'
         'versicolor' 'versicolor' 'versicolor' 'versicolor']
```

```
In[8]:  print('测试数据集的正确标签为：\n ',
             iris.target_names[iris_y_test])
```

```
Out[8]: 测试数据集的正确标签为：
         ['virginica' 'setosa' 'setosa' 'versicolor' 'virginica' 'setosa'
         'versicolor' 'versicolor' 'versicolor' 'versicolor']
```

```
In[9]:  # 调用该对象的打分方法，计算出准确率
        score = fisher.score(iris_x_test,iris_y_test,
```

```
                sample_weight= None)
print('准确率为：',score)
```

```
Out[9]:    准确率为： 1.0
```

6.3 聚类分析

聚类分析是一类将数据所对应的研究对象进行分类的统计方法。这一类方法的共同特点是，事先不知道类别的个数与结构；进行分析的数据是表明对象之间的相似性或相异性的数据，将这些数据看成对对象“距离”远近的一种度量，将距离近的对象归入一类，不同类对象之间的距离较远。

聚类分析根据对象的不同分为 Q 型聚类分析和 R 型聚类分析，其中，Q 型聚类是指对样本的聚类，R 型聚类是指对变量的聚类。本节主要介绍 Q 型聚类。

6.3.1 距离和相似系数

进行聚类时可使用的方法很多，而这些方法的选择往往与变量的类型有关。通常变量按测量尺度的不同可以分为以下 3 类。

（1）间隔变量。变量用连续的量来表示，如长度、重量、温度等。

（2）有序变量。变量度量时不用明确的数量表示，而是用等级来表示，如某产品分为一等品、二等品、三等品等。

（3）名义变量。变量用一些类表示，这些类之间既无等级关系也无数量关系，如性别、职业、产品的型号等。

对于间隔变量，距离常用来度量样本之间的相似性，相似系数常用来度量变量之间的相似性。此外，相似系数也常用来度量伴有有序变量或名义变量的样本之间的相似性。

1．距离

设 $\boldsymbol{x}=(x_1,x_2,\cdots,x_p)^{\mathrm{T}}$ 和 $\boldsymbol{y}=(y_1,y_2,\cdots,y_p)^{\mathrm{T}}$ 为两个样本，则所定义的距离一般应满足以下 3 个条件。

（1）非负性：$d(\boldsymbol{x},\boldsymbol{y})\geqslant 0$，$d(\boldsymbol{x},\boldsymbol{y})=0$ 当且仅当 $\boldsymbol{x}=\boldsymbol{y}$。

（2）对称性：$d(\boldsymbol{x},\boldsymbol{y})=d(\boldsymbol{y},\boldsymbol{x})$。

（3）三角不等式：$d(\boldsymbol{x},\boldsymbol{y})\leqslant d(\boldsymbol{x},\boldsymbol{z})+d(\boldsymbol{z},\boldsymbol{y})$。

在聚类过程中，相距较近的样本点倾向于归为一类，相距较远的样本点应归属于不同的类。最常用的是 Minkowski 距离，如式（6-63）所示，其中 $q>0$。

$$d(\boldsymbol{x},\boldsymbol{y})=\left(\sum_{i=1}^{p}|x_i-y_i|^q\right)^{1/q} \tag{6-63}$$

对于 $q\geqslant 1$，式（6-63）有以下 3 种特殊形式。

（1）当 $q=1$ 时，$d(\boldsymbol{x},\boldsymbol{y})=\sum_{i=1}^{p}|x_i-y_i|$，称为绝对值距离（Manhattan Distance），常称为

“城市街区”距离。

（2）当 $q=2$ 时，$d(\boldsymbol{x},\boldsymbol{y})=\left(\sum_{i=1}^{p}|x_i-y_i|^2\right)^{1/2}=\sqrt{(\boldsymbol{x}-\boldsymbol{y})^{\mathrm{T}}(\boldsymbol{x}-\boldsymbol{y})}$，称为欧氏距离（Euclidean Distance），是聚类分析中最常用的一种距离。

（3）当 $q=\infty$ 时，$d(\boldsymbol{x},\boldsymbol{y})=\max\limits_{1\leqslant i\leqslant p}\sum_{i=1}^{p}|x_i-y_i|$，称为切比雪夫距离（Chebyshev Distance）。

当各变量的单位不同或变异性相差很大时，不应直接采用 Minkowski 距离，而应先对各变量的数据做标准化处理，然后用标准化后的数据计算距离。

使用 SciPy 库 spatial 模块下的 distance 子模块可以计算距离，使用该子模块下的 pdist 函数可以计算 n 维空间中观测值之间的距离，其语法格式如下。

```
scipy.spatial.distance.pdist(X, metric='euclidean', p=None, w=None, V=None, VI=None)
```

pdist 函数常用的参数及说明如表 6-11 所示。

表 6-11 pdist 函数常用的参数及说明

参数	说明
X	接收 ndarray，表示需要计算距离的数据。无默认值
metric	接收 str 或 function，表示进行计算距离的方法。取值为 euclidean 时，表示欧氏距离；取值为 minkowski 时，表示 Minkowski 距离；取值为 cityblock 时，表示绝对值距离；取值为 cosine 时，表示夹角余弦等。默认为 euclidean

例 6-7 设有 5 个样本 $(x_1,x_2,\cdots,x_5)$，每个样本只测量了一个指标，分别是 1、2、5、9、13，请采用绝对值距离求这 5 个样本的距离矩阵。

解 根据绝对值距离公式，有如下的距离矩阵。

$$
\begin{array}{c} \\ x_1\\x_2\\x_3\\x_4\\x_5\end{array}
\begin{array}{c}
\begin{array}{ccccc} x_1 & x_2 & x_3 & x_4 & x_5 \end{array}\\
\begin{pmatrix}
|1-1| & & & & \\
|1-2| & |2-2| & & & \\
|1-5| & |2-5| & |5-5| & & \\
|1-9| & |2-9| & |5-9| & |9-9| & \\
|1-13| & |2-13| & |5-13| & |9-13| & |13-13|
\end{pmatrix}
\end{array}
=
\begin{array}{c} \\ x_1\\x_2\\x_3\\x_4\\x_5\end{array}
\begin{array}{c}
\begin{array}{ccccc} x_1 & x_2 & x_3 & x_4 & x_5 \end{array}\\
\begin{pmatrix}
0 & & & & \\
1 & 0 & & & \\
4 & 3 & 0 & & \\
8 & 7 & 4 & 0 & \\
12 & 11 & 8 & 4 & 0
\end{pmatrix}
\end{array}
$$

使用 Python 求出本例的距离矩阵，如代码 6-9 所示。

代码 6-9 求距离矩阵

```
In[1]:  import numpy as np
        from scipy import spatial
        data = np.array([[1,2,5,9,13]])
        dist1 = spatial.distance.pdist(data.T,'cityblock')
        print('距离矩阵为：\n', dist1)
```

```
Out[1]:     距离矩阵为:
            [ 1.   4.   8.  12.   3.   7.  11.   4.   8.   4 ]
```

2. 相似系数

在对变量进行聚类时，常常采用相似系数进行变量之间相似性的度量，相似系数（或其绝对值）越大，认为变量之间的相似性程度就越高，反之越低。聚类时，相似系数高的变量聚类倾向于归为一类，相似系数低的变量归属不同的类。

变量 x_i 与 x_j 的相似系数用 c_{ij} 来表示，它的定义一般满足以下 3 个条件。

（1）$c_{ij}=\pm 1$，当且仅当 $x_i = ax_j + b$，$a(\neq 0)$ 和 b 是常数时。

（2）$c_{ij} \leqslant 1$，对一切 i、j 适用。

（3）$c_{ij} = c_{ji}$，对一切 i、j 适用。

常用的相似系数之一是夹角余弦。

设 θ_{ij} 是 $\mathbf{R}^n$ 中变量 x_i 的观测向量 $(x_{1i}, x_{2i}, \cdots, x_{ni})^{\mathrm{T}}$ 与变量 x_j 的观测向量 $(x_{1j}, x_{2j}, \cdots, x_{nj})^{\mathrm{T}}$ 之间的夹角，定义 x_i 与 x_j 的相似系数为 $\cos\theta_{ij}$，记为 $c_{ij}(1)$，则有式（6-64）成立。

$$c_{ij}(1) = \cos\theta_{ij} = \frac{\sum_{k=1}^{n} x_{ki} x_{kj}}{\sqrt{\left(\sum_{k=1}^{n} x_{ki}^2\right)\left(\sum_{k=1}^{n} x_{kj}^2\right)}} \tag{6-64}$$

例 6-8 某篮球联赛共计 257 名篮球运动员，表 6-12 展示了他们的赛季场均得分（PPG）、场均篮板（RPG）和场均助攻（ARG）的前 10 条记录，试采用夹角余弦度量每个球员之间的相似度。

表 6-12 球员场均得分篮板助攻数据

PPG	RPG	ARG
18.3	3.6	9.6
21.9	9.8	2.7
8.1	8.1	1.6
15.7	10.0	0.5
0.2	0.6	2.5
18.7	8.5	2.8
2.7	1.3	0.9
23.0	1.2	2.8
17.2	3.8	14.5
13.3	9.9	2.2

在 Python 中采用夹角余弦度量变量之间的相似度，如代码 6-10 所示。

代码 6-10 求变量之间的相似度

```
In[2]:  import scipy.cluster.hierarchy as sch
        ball = np.loadtxt('../data/basketball.csv ', delimiter= ',')
        dist2 = sch.distance.pdist(ball,'cosine')
        print('每个变量之间的相似度为：\n', dist2)

Out[2]: 每个变量之间的相似度为：
         [ 0.08784095    0.20554827    0.15998659  ...    0.0228912
        0.27088262 0.22936317]
```

6.3.2 系统聚类法

系统聚类法也称为层次聚类法，其基本思想为：开始时将 n 个样本各自为一类，并规定样本之间的距离和类与类之间的距离，然后将距离最近的两类合并成一个新类，再计算新类与其他类的距离；重复进行两个最近类的合并，每次减少一类，直至所有样本合并成一类。

以下用 d_{ij} 表示第 i 个样本与第 j 个样本的距离，其中，$G_1,G_2,\cdots,G_n$ 表示类，D_{KL} 表示 G_k 与 G_L 的距离。本小节所介绍的系统聚类法中，所有方法一开始的每个样本都自成一类，类与类之间的距离与样本之间的距离相同，即 $D_{KL}=d_{KL}$，即最初的距离矩阵全部相同，记为 $\boldsymbol{D}_{(0)}=d_{ij}$。

1. 最短距离法

定义 6-1 定义类与类之间的距离为两类最近样本间的距离，即式（6-65），这种系统聚类法称为**最短距离法或单连接法**（Single Linkage Method），如图 6-3 所示。

$$D_{KL}=\min_{i\in G_k,j\in G_L} d_{ij} \tag{6-65}$$

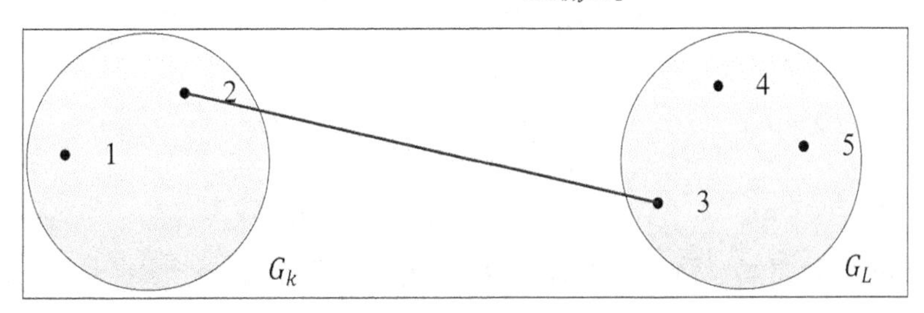

图 6-3 最短距离法，$D_{KL}=d_{23}$

最短距离法聚类的步骤如下。

第一步：规定样本之间的距离，计算 n 个样本的距离矩阵 $\boldsymbol{D}_{(0)}$，它是一个对称矩阵。

第二步：选择 $\boldsymbol{D}_{(0)}$ 中的最小元素，设为 D_{KL}，则将 G_k 和 G_L 合并成一个新类，记为 G_M，即 $G_M=G_k\cup G_L$。

第三步：计算新类 G_M 与任一类 G_J 之间距离的递推公式为式（6-66），在 $\boldsymbol{D}_{(0)}$ 中，G_k 和 G_L 所在的行和列合并成一个新行及新列，对应 G_M，该行及该列上的新距离值由式（6-66）

求得，其余行列上的距离值不变。这样就得到新的距离矩阵，记为 $\boldsymbol{D}_{(1)}$。

$$\begin{aligned} D_{MJ} &= \min_{i\in G_M, j\in G_J} d_{ij} \\ &= \min\left\{ \min_{i\in G_K, j\in G_L} d_{ij}, \min_{i\in G_L, j\in G_J} d_{ij} \right\} \\ &= \min\left\{ D_{KJ}, D_{LJ} \right\} \end{aligned} \tag{6-66}$$

第四步：对 $\boldsymbol{D}_{(1)}$ 重复第二步和第三步得到 $\boldsymbol{D}_{(2)}$，直至所有元素合并成一类为止。

使用 SciPy 库 cluster 模块的 hierarchy 子模块可以实现系统聚类，使用该子模块下的 linkage 函数可以实现最短距离法、最长距离法、类平均法和重心法等，其语法格式如下。

```
scipy.cluster.hierarchy.linkage(y, method='single', metric='euclidean')
```

linkage 函数常用的参数及说明如表 6-13 所示。

表 6-13 linkage 函数常用的参数及其说明

参数	说明
y	接收 ndarray，表示需要进行聚类的数据。无默认值
method	接收 str，表示计算聚类的方法。取值为 single 时，表示最短距离法；取值为 complete 时，代表最长距离法；取值为 average 时，表示类平均法；取值为 ward 时，表示离差平方和法（Ward 方法）等。默认为 single
metric	接收 str 或 function，表示在 y 是观测向量集合的情况下使用的计算距离的方法，方法的选择可参见 6.3.1 小节介绍的 pdist 函数。默认为 euclidean

例 6-9 对例 6-7 的 5 个样本 $(x_1, x_2, \cdots, x_5)$ 采用最短距离法进行聚类。

解 每个样本自为一类，由例 6-7 可得 $\boldsymbol{D}_{(0)}$ 为

$$\boldsymbol{D}_{(0)} = \begin{array}{c} \\ G_1 \\ G_2 \\ G_3 \\ G_4 \\ G_5 \end{array} \begin{array}{c} \begin{array}{ccccc} G_1 & G_2 & G_3 & G_4 & G_5 \end{array} \\ \begin{pmatrix} 0 & & & & \\ 1 & 0 & & & \\ 4 & 3 & 0 & & \\ 8 & 7 & 4 & 0 & \\ 12 & 11 & 8 & 4 & 0 \end{pmatrix} \end{array}$$

$\boldsymbol{D}_{(0)}$ 最小的元素是 $D_{12}=1$，则将 G_1 和 G_2 合并成新类 G_6，根据式（6-66）计算 G_6 与其他类之间的距离为

$$\boldsymbol{D}_{(1)} = \begin{array}{c} \\ G_6 \\ G_3 \\ G_4 \\ G_5 \end{array} \begin{array}{c} \begin{array}{cccc} G_6 & G_3 & G_4 & G_5 \end{array} \\ \begin{pmatrix} 0 & & & \\ 3 & 0 & & \\ 7 & 4 & 0 & \\ 11 & 8 & 4 & 0 \end{pmatrix} \end{array}$$

$\boldsymbol{D}_{(1)}$ 最小的元素是 $D_{63}=3$，则将 G_6 和 G_3 合并成新类 G_7，根据式（6-66）计算 G_7 与其他类之间的距离为

$$
\boldsymbol{D}_{(2)} = \begin{array}{c} \\ G_7 \\ G_4 \\ G_5 \end{array} \begin{array}{c} \begin{array}{ccc} G_7 & G_4 & G_5 \end{array} \\ \begin{pmatrix} 0 & & \\ 4 & 0 & \\ 8 & 4 & 0 \end{pmatrix} \end{array}
$$

$\boldsymbol{D}_{(2)}$ 最小的元素是 $D_{74} = D_{45} = 4$，则将 G_7 、G_4 和 G_5 合并成新类 G_8，这时 5 个样本聚为一类，聚类过程终止。

在 Python 中采用最短距离法对本例数据进行聚类，如代码 6-11 所示。

代码 6-11　采用最短距离法进行聚类

In[3]:

```
import matplotlib.pylab as plt
plt.rcParams['font.sans-serif']=['SimHei']  # 用来正常显示中文标签
plt.rcParams['axes.unicode_minus']=False  # 用来正常显示负号

Min = sch.linkage(dist1, method='single')  # 方法一
# 方法二
Min = sch.linkage(data.T, method='single', metric='cityblock')
P = sch.dendrogram(Min)
plt.xlabel('类别标签')
plt.ylabel('距离')
plt.savefig('../tmp/最短距离法聚类结果.png')
plt.show()
```

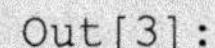

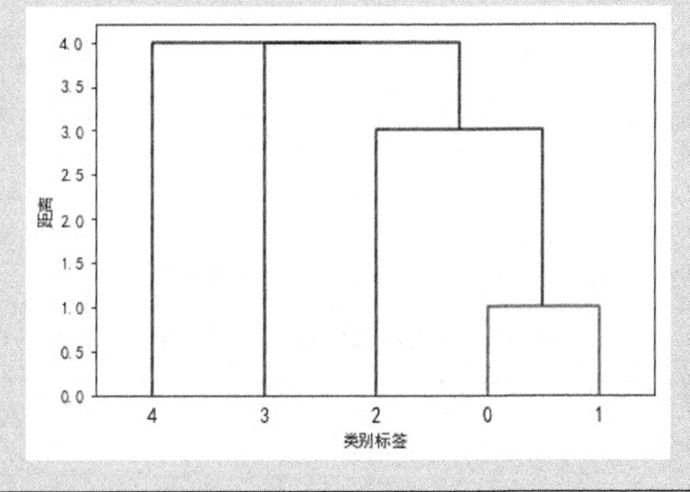

2. 最长距离法

定义 6-2　定义类与类之间的距离为两类最远样本间的距离，即式（6-67），这种系统聚类法称为**最长距离法**或**完全连接法**（Complete Linkage Method），如图 6-4 所示。

$$
D_{KL} = \max_{i \in G_k, j \in G_L} d_{ij} \qquad (6\text{-}67)
$$

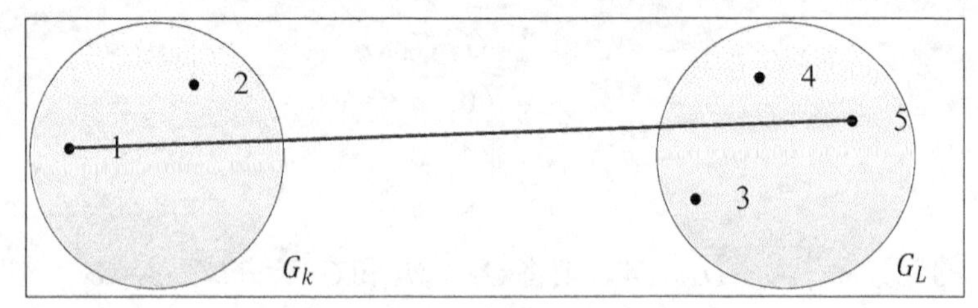

图 6-4 最长距离法，$D_{KL}=d_{15}$

最短距离法和最长距离法的并类步骤的区别在于类间距离的递推公式不同。设将 G_k 和 G_L 合并成一个新类 G_M，则 G_M 与任一类 G_J 之间距离的递推公式为式（6-68）。

$$D_{MJ}=\max\left\{D_{KJ},D_{LJ}\right\} \tag{6-68}$$

例 6-10 对例 6-7 的 5 个样本 $(x_1,x_2,\cdots,x_5)$ 采用最长距离法进行聚类。

解 每个样本自为一类，由例 6-7 可得 $\boldsymbol{D}_{(0)}$ 为

$$\boldsymbol{D}_{(0)}=\begin{matrix} & G_1 & G_2 & G_3 & G_4 & G_5 \\ G_1 & 0 & & & & \\ G_2 & 1 & 0 & & & \\ G_3 & 4 & 3 & 0 & & \\ G_4 & 8 & 7 & 4 & 0 & \\ G_5 & 12 & 11 & 8 & 4 & 0 \end{matrix}$$

$\boldsymbol{D}_{(0)}$ 最小的元素是 $D_{12}=1$，则将 G_1 和 G_2 合并成新类 G_6，根据式（6-68）计算 G_6 与其他类之间的距离为

$$\boldsymbol{D}_{(1)}=\begin{matrix} & G_6 & G_3 & G_4 & G_5 \\ G_6 & 0 & & & \\ G_3 & 4 & 0 & & \\ G_4 & 8 & 4 & 0 & \\ G_5 & 12 & 8 & 4 & 0 \end{matrix}$$

$\boldsymbol{D}_{(1)}$ 最小的元素是 $D_{63}=D_{34}=D_{45}=4$，则将 G_6、G_3、G_4、G_5 合并成新类 G_7。这时 5 个样本聚为一类，聚类过程终止。

Python 中采用最长距离法对本例数据进行聚类，如代码 6-12 所示。

代码 6-12 采用最长距离法进行聚类

```
In[4]:  Max1 = sch.linkage(dist1, method='complete')  # 方法一
        Max1 = sch.linkage(data.T, method='complete',
                       metric= 'cityblock')  # 方法二
        P = sch.dendrogram(Max1)
        plt.xlabel('类别标签')
        plt.ylabel('距离')
        plt.savefig('../tmp/最长距离法聚类结果 1.png')
        plt.show()
```

Out[4]:

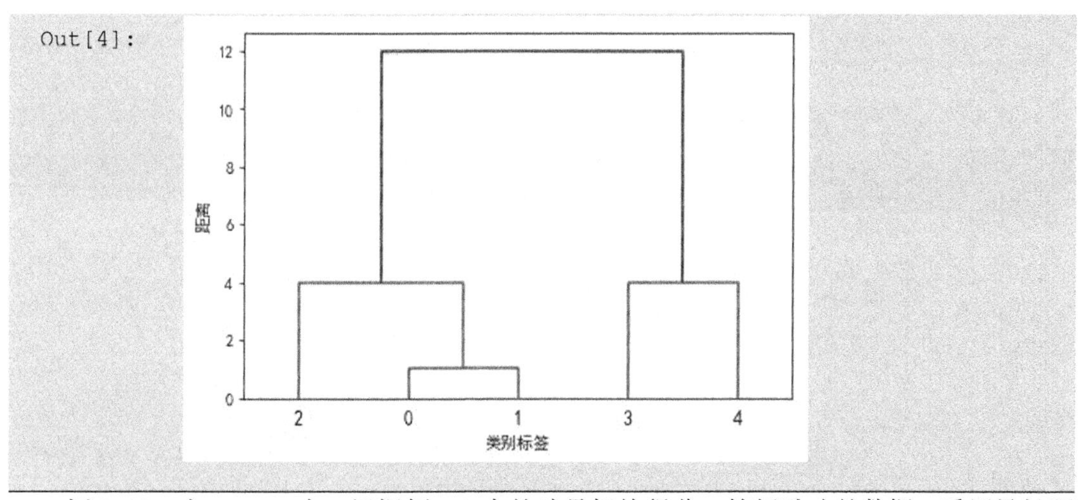

例 6-11 在 Python 中，根据例 6-8 中的球员场均得分、篮板助攻的数据，采用最长距离法对球员进行聚类，如代码 6-13 所示。

代码 6-13 采用最长距离法进行聚类

In[5]:

```
Max2 = sch.linkage(dist2, method='complete')  # 方法一
Max2 = sch.linkage(ball, method='complete',
                   metric='cosine')  # 方法二
P = sch.dendrogram(Max2)
plt.xlabel('类别标签')
plt.ylabel('距离')
plt.savefig('../tmp/最长距离法聚类结果 2.png')
plt.show()
```

Out[5]:

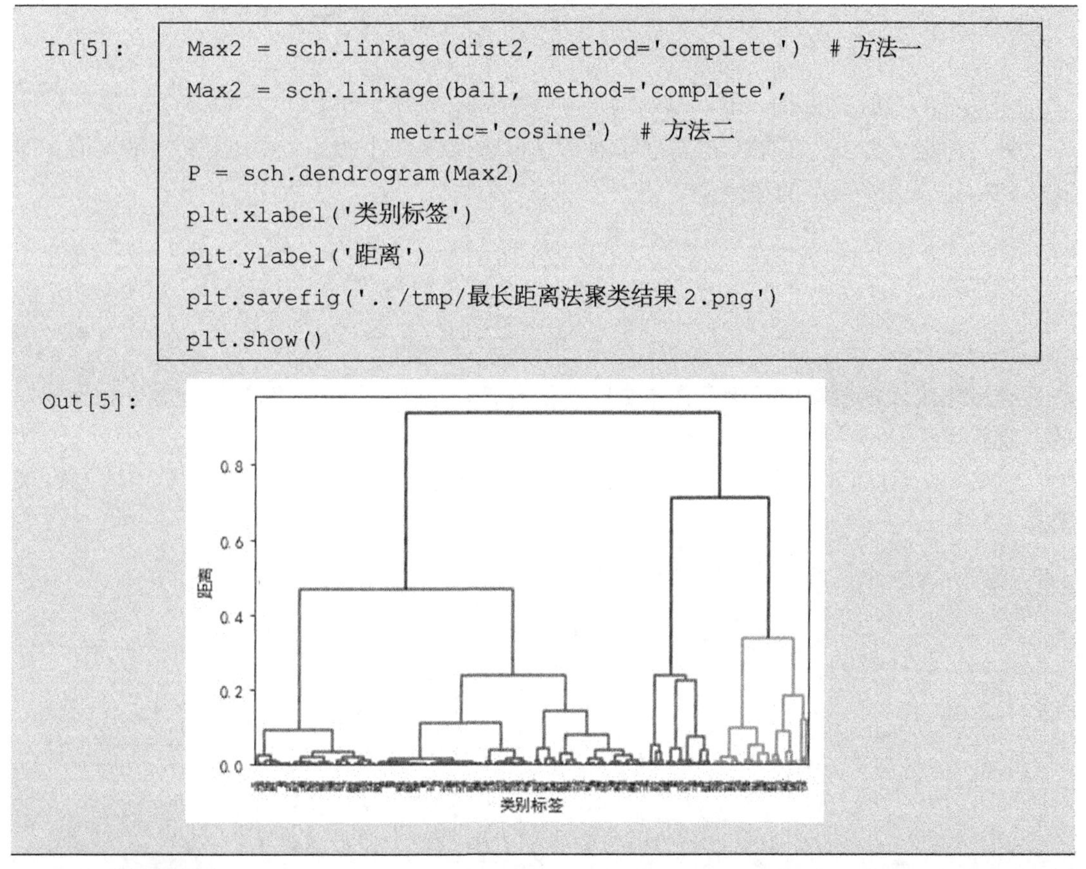

3. 类平均法

类平均法或平均连接法（Average Linkage Method）有两种定义，一种定义方法是把类与类之间的距离定义为所有样本对之间的平均距离，即定义 G_k 和 G_L 之间的距离为式（6-69）。

$$D_{KL}=\frac{1}{n_K n_L}\sum_{i\in G_k,j\in G_L} d_{ij} \tag{6-69}$$

其中，n_K 和 n_L 分别为类 G_k 和 G_L 的样本个数，d_{ij} 为 G_k 中的样本 i 与 G_L 中的样本 j 之间的距离，如图 6-5 所示，它的一个递推公式为式（6-70）。

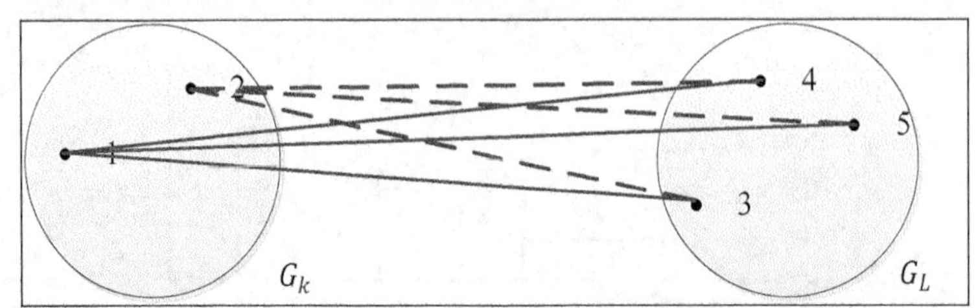

图 6-5　类平均法，$D_{KL}=\dfrac{d_{13}+d_{14}+d_{15}+d_{23}+d_{24}+d_{25}}{6}$

$$\begin{aligned}D_{MJ}&=\frac{1}{n_M n_J}\sum_{i\in G_M,j\in G_J} d_{ij}\\&=\frac{1}{n_M n_J}\left(\sum_{i\in G_K,j\in G_J} d_{ij}+\sum_{i\in G_L,j\in G_J} d_{ij}\right)\\&=\frac{n_K}{n_M}D_{KJ}+\frac{n_L}{n_M}D_{LJ}\end{aligned} \tag{6-70}$$

另一种定义方法是定义类与类之间的平方距离为样本对之间的平方距离的平均值，即式（6-71）。式（6-71）的递推公式如式（6-72）所示。

$$D_{KL}^2=\frac{1}{n_K n_L}\sum_{i\in G_k,j\in G_L} d_{ij}^2 \tag{6-71}$$

$$D_{MJ}^2=\frac{n_K}{n_M}D_{KJ}^2+\frac{n_L}{n_M}D_{LJ}^2 \tag{6-72}$$

类平均法较好地利用了所有样本之间的信息，在很多情况下，它被认为是一种比较好的系统聚类法。

例 6-12　对例 6-7 的 5 个样本 $(x_1,x_2,\cdots,x_5)$ 采用式（6-71）所示的类平均法进行聚类。

解　每个样本自为一类，由例 6-7 可得 $\boldsymbol{D}_{(0)}^2$ 为

$$\boldsymbol{D}_{(0)}^2=\begin{matrix} & G_1 & G_2 & G_3 & G_4 & G_5\\ G_1 & 0 & & & & \\ G_2 & 1^2 & 0 & & & \\ G_3 & 4^2 & 3^2 & 0 & & \\ G_4 & 8^2 & 7^2 & 4^2 & 0 & \\ G_5 & 12^2 & 11^2 & 8^2 & 4^2 & 0\end{matrix}=\begin{matrix} & G_1 & G_2 & G_3 & G_4 & G_5\\ G_1 & 0 & & & & \\ G_2 & 1 & 0 & & & \\ G_3 & 16 & 9 & 0 & & \\ G_4 & 64 & 49 & 16 & 0 & \\ G_5 & 144 & 121 & 64 & 16 & 0\end{matrix}$$

$\boldsymbol{D}_{(0)}^2$ 最小的元素是 $D_{12}=1$，则将 G_1 和 G_2 合并成新类 G_6，计算 G_6 与其他类之间的距离。此时 $n_1=n_2=1$，$n_6=2$，根据式（6-72）计算可得

$$
\boldsymbol{D}_{(1)}^2 = \begin{matrix} & G_6 & G_3 & G_4 & G_5 \\ G_6 & 0 & & & \\ G_3 & 12.5 & 0 & & \\ G_4 & 56.5 & 16 & 0 & \\ G_5 & 132.5 & 64 & 16 & 0 \end{matrix}
$$

$\boldsymbol{D}_{(1)}^2$ 最小的元素是 $D_{63}=12.5$，则将 G_6 和 G_3 合并成新类 G_7，计算 G_7 与其他类之间的距离。此时 $n_1=n_2=n_3=1, n_7=3$，根据式（6-72）计算可得

$$
\boldsymbol{D}_{(2)}^2 = \begin{matrix} & G_7 & G_4 & G_5 \\ G_7 & 0 & & \\ G_4 & 43 & 0 & \\ G_5 & 109.67 & 16 & 0 \end{matrix}
$$

$\boldsymbol{D}_{(2)}^2$ 最小的元素是 $D_{45}=16$，则将 G_4 和 G_5 合并成新类 G_8，计算 G_8 与其他类之间的距离。此时 $n_1=n_2=n_3=n_4=n_5=1$，$n_8=2$，根据式（6-72）计算可得

$$
\boldsymbol{D}_{(3)}^2 = \begin{matrix} & G_7 & G_8 \\ G_7 & 0 & \\ G_8 & 76.335 & 0 \end{matrix}
$$

最后将 G_7 和 G_8 合并成 G_9。这时，5 个样本聚为一类，聚类过程终止。

在 Python 中采用类平均法对本例数据进行聚类，如代码 6-14 所示。

代码 6-14　采用类平均法进行聚类

```
In[6]:  Ave1 = sch.linkage(dist1, method='average')  # 方法一
        Ave1 = sch.linkage(data.T, method='average',
                      metric= 'cityblock')  # 方法二
        P = sch.dendrogram(Ave1)
        plt.xlabel('类别标签')
        plt.ylabel('距离')
        plt.savefig('../tmp/类平均法聚类结果 1.png')
        plt.show()
```

Out[6]:

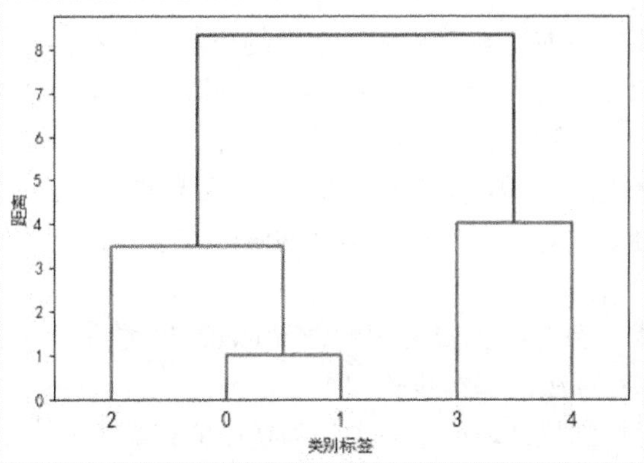

例 6-13 在 Python 中，对例 6-8 中的球员场均得分、篮板助攻的数据采用类平均法对球员进行聚类。

解 如代码 6-15 所示。

代码 6-15 采用类平均法进行聚类

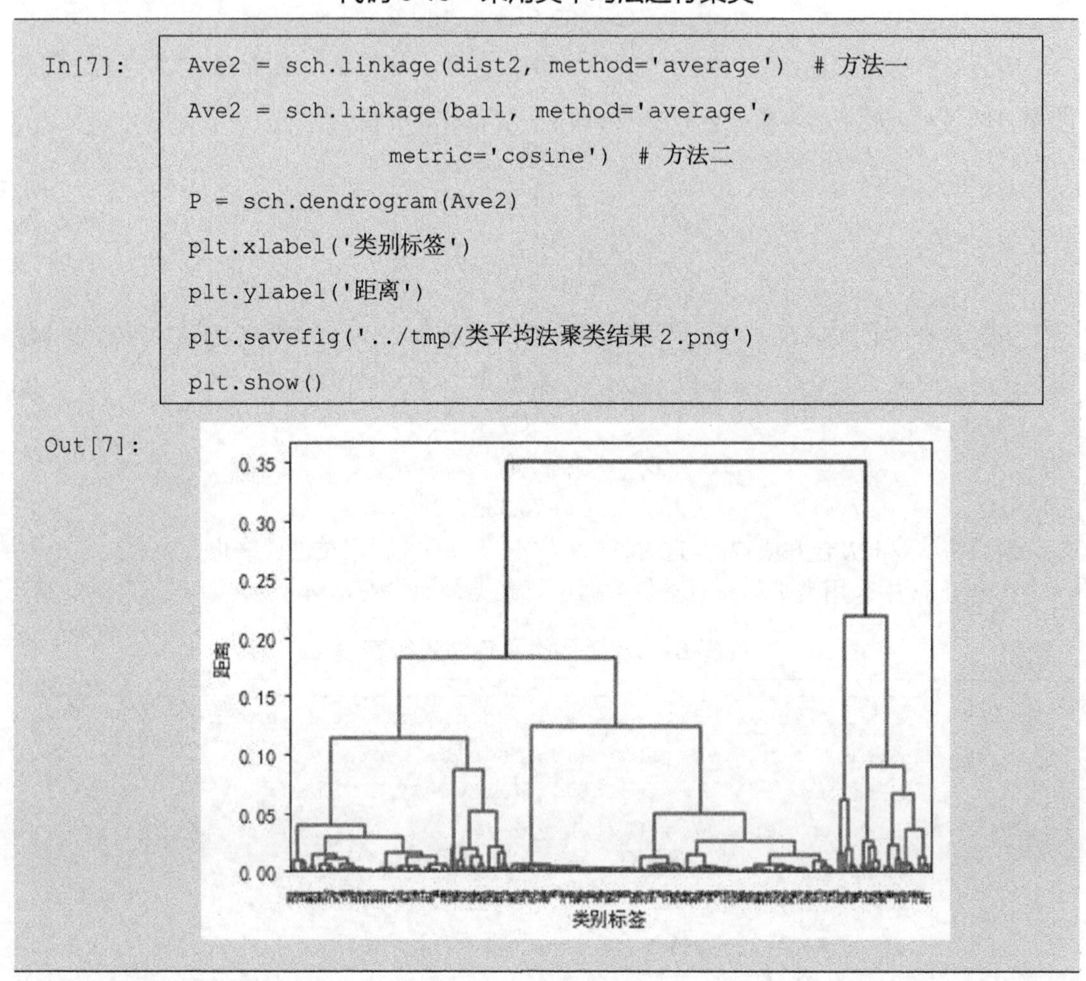

```
In[7]:  Ave2 = sch.linkage(dist2, method='average')  # 方法一
        Ave2 = sch.linkage(ball, method='average',
                           metric='cosine')  # 方法二
        P = sch.dendrogram(Ave2)
        plt.xlabel('类别标签')
        plt.ylabel('距离')
        plt.savefig('../tmp/类平均法聚类结果 2.png')
        plt.show()
Out[7]:
```


6.3.3 动态聚类法

在系统聚类法中，对于那些先前已被“错误”聚类的样本，将不再提供重新聚类的机会，而动态聚类法却允许样本从一个类移动到另一个类中。此外，与建立在距离矩阵基础上的系统聚类法相比，动态聚类法具有计算量较小、占用计算机内存较少和方法简单的优点。

动态聚类法又称为逐步聚类法，其基本思想是选择一批凝聚点或给出一个初始的聚类，让样本按某种原则向凝聚点凝聚，对凝聚点进行不断的修改或迭代，直至分类比较合理或迭代稳定为止。

动态聚类法有很多种，本小节介绍比较常用的 K-Means 聚类法。该方法是由麦奎因（MacQueen）提出并命名的一种算法，基本步骤如下。

第一步：从 n 个样本数据中随机选取 k 个对象作为初始的聚类中心。

第二步：分别计算每个样本到各个聚类质心的距离，将样本分配到距离最近的那个聚类中心类别中。

第三步：所有样本分配完成后，重新计算 k 个聚类的中心。

第四步：与前一次计算得到的 k 个聚类中心比较，如果聚类中心发生变化，转第二步，否则转第五步。

第五步：当中心不再发生变化时，停止并输出聚类结果。

使用 SciPy 库 cluster 模块的 vq 子模块可以实现 K-Means 聚类。使用该子模块下的 kmeans 函数或 kmeans2 函数可以返回最终的聚类中心，语法格式如下。

```
scipy.cluster.vq.kmeans(obs, k_or_guess, iter=20, thresh=1e-05,
    check_finite= True);
scipy.cluster.vq.kmeans2(data, k, iter=10, thresh=1e-05, minit='random',
    missing='warn', check_finite=True)
```

kmeans 函数常用的参数及说明如表 6-14 所示。

表 6-14 kmeans 函数常用的参数及说明

参　数	说　明
obs	接收 ndarray，表示需要进行聚类的数据。无默认值
k_or_guess	接收 int 或 ndarray，表示聚类的个数。无默认值
iter	接收 int，表示迭代次数。默认为 20

kmeans2 函数常用的参数及说明如表 6-15 所示。

表 6-15 kmeans2 函数常用的参数及说明

参　数	说　明
data	接收 ndarray，表示需要进行聚类的数据。无默认值
k	接收 int 或 ndarray，表示聚类的个数。无默认值
iter	接收 int，表示迭代次数。默认为 10

在使用 kmeans 函数或 kmeans2 函数聚类前，都需用 whiten 函数对数据的每个变量的观测值进行单位化，语法格式如下。

```
scipy.cluster.vq.whiten(obs, check_finite = True)
```

whiten 函数常用的参数及说明如表 6-16 所示。

表 6-16 whiten 函数常用的参数及说明

参　数	说　明
obs	接收 ndarray，表示需要进行单位化的数据。无默认值

例 6-14 在 Python 中，对例 6-8 中的球员场均得分、篮板助攻的数据采用 K-Means 聚类法对球员进行聚类，指定聚类的个数 $k=2$，如代码 6-16 所示。

代码 6-16 采用 K-Means 聚类法进行聚类

In[8]:
```
import numpy as np
import scipy.cluster.vq as vq
import matplotlib.pylab as plt
ball = np.loadtxt('../data/basketball.csv', delimiter= ',')
data1 = vq.whiten(ball)  # 对数据进行单位化

# 方法一
kmeans_cent1 = vq.kmeans2(data1, 2)
print('聚类中心为：\n', kmeans_cent1[0])

# 方法二
kmeans_cent2 = vq.kmeans(data1, 2)
print('聚类中心为：\n', kmeans_cent2[0])

# 绘制出单位化后聚类中心的散点图
p = plt.figure(figsize=(9,9))
for i in range(3):
    for j in range(3):
        ax = p.add_subplot(3,3,i*3+1+j)
        plt.scatter(data1[:, j], data1[:, i])
        plt.scatter(kmeans_cent2[0][:, j],
                    kmeans_cent2[0][:, i], c='r')
plt.savefig('../tmp/K-Means 聚类法聚类结果.png')
plt.show()
```

Out[8]:
```
聚类中心为：
 [[ 2.36212818  0.73777185  1.79732701]
 [ 1.07155555  1.63578212  0.56101919]]
聚类中心为：
 [[1.8495202  2.58496979 0.56199797]
 [1.54269539 0.65480578 1.33849183]]
```

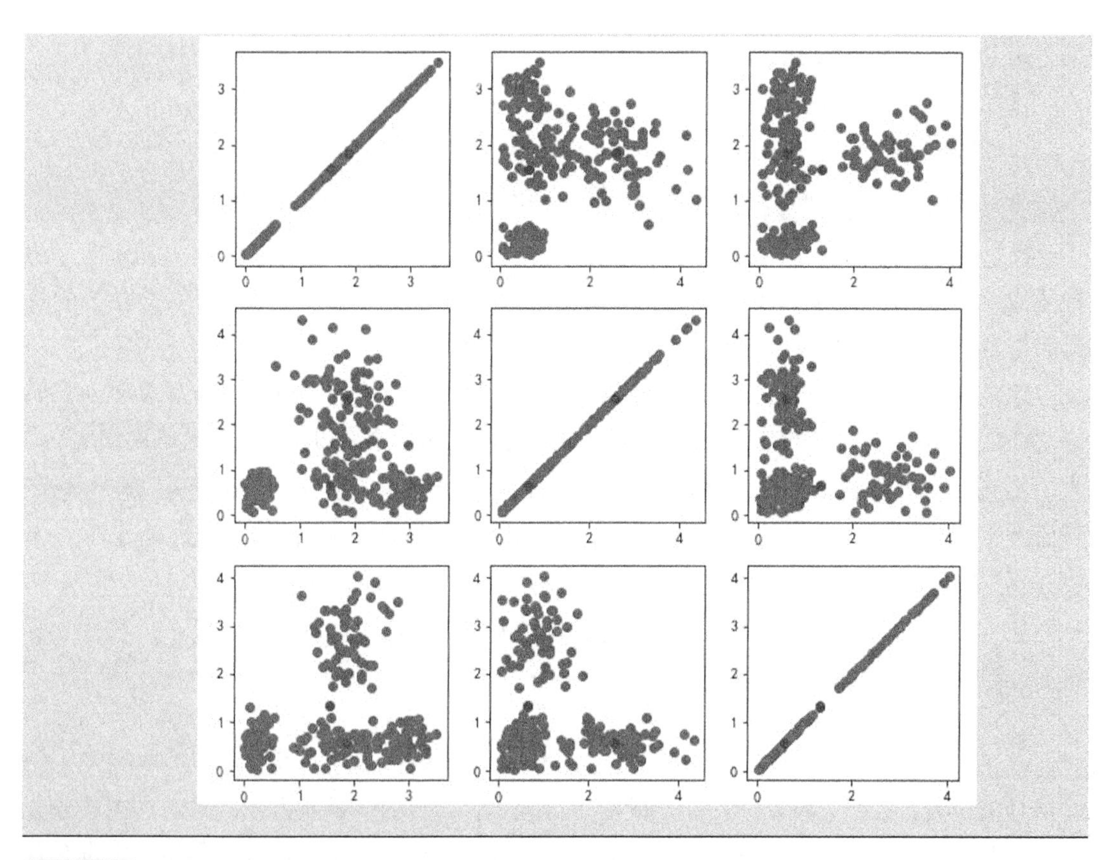

6.4 主成分分析

数据分析中涉及的变量往往较多，且在高维空间中研究样本的分布规律，势必增加分析问题的复杂性。在多数情况下，这些变量彼此之间存在着一定程度甚至相当高程度的相关性，这就使包含在观测数据中的信息在一定程度上有所重叠，正是这种变量间信息的重叠增加了分析问题的复杂性。

主成分分析就是一种通过降维技术把多个原始变量重新组合成少数几个互不相关的主成分（综合变量）的统计方法。这些主成分能够反映原始变量的绝大部分信息，通常表示为原始变量的某种线性组合。

6.4.1 总体主成分

1. 主成分的定义

设 $\boldsymbol{x}=(x_1,x_2,\cdots,x_p)^{\mathrm{T}}$ 为一个 p 维随机向量，并假定二阶矩阵存在，记 $\boldsymbol{\mu}=E(\boldsymbol{x})$，$\boldsymbol{\Sigma}=V(\boldsymbol{x})$，进行式（6-73）所示的线性变换。

$$
\begin{cases}
y_1 = a_{11}x_1 + a_{21}x_2 + \cdots + a_{p1}x_p = \boldsymbol{a}_1^{\mathrm{T}} x \\
y_2 = a_{12}x_1 + a_{22}x_2 + \cdots + a_{p2}x_p = \boldsymbol{a}_2^{\mathrm{T}} \boldsymbol{x} \\
\cdots\cdots\cdots\cdots \\
y_p = a_{1p}x_1 + a_{2p}x_2 + \cdots + a_{pp}x_p = \boldsymbol{a}_p^{\mathrm{T}} x
\end{cases}
\qquad (6\text{-}73)
$$

式（6-73）有以下约束条件。

（1）$\boldsymbol{a}_i^{\mathrm{T}}\boldsymbol{a}_i = a_{1i}{}^2 + a_{2i}{}^2 + \cdots + a_{pi}{}^2 = 1\ (i=1,2,\cdots,p)$。

（2）当$i>1$时，$\mathrm{cov}(y_i, y_j) = 0\ (j=1,2,\cdots,i-1)$，即$y_i$与$y_j$不相关。

（3）$\mathrm{var}\left(y_i\right) = \max\limits_{\boldsymbol{a}^{\mathrm{T}}\boldsymbol{a}=1,\mathrm{cov}(y_i,y_j)=0} \mathrm{var}\left(\boldsymbol{a}^{\mathrm{T}}\boldsymbol{x}\right)\ (j=1,2,\cdots,i-1)$。

这里的$y_1, y_2, \cdots, y_p$在本章中有其实际意义。设$\lambda_1, \lambda_2, \cdots, \lambda_p (\lambda_1 \geqslant \lambda_2 \geqslant \cdots \geqslant \lambda_p \geqslant 0)$为$\boldsymbol{\Sigma}$的特征值，$\boldsymbol{t}_1, \boldsymbol{t}_2, \cdots, \boldsymbol{t}_p$为相应的一组正交单位特征向量，$x_1, x_2, \cdots, x_p$的主成分就是以$\boldsymbol{\Sigma}$的特征向量为系数的线性组合，它们互不相关，其方差为$\boldsymbol{\Sigma}$的特征值。

定义 6-3 当$\boldsymbol{a}_1 = \boldsymbol{t}_1$时，$V\left(y_1\right) = \boldsymbol{a}_1^{\mathrm{T}} \boldsymbol{\Sigma} \boldsymbol{a}_1 = \lambda_1$达到最大值，所求的$y_1 = \boldsymbol{t}_1^{\mathrm{T}} \boldsymbol{x}$就是**第一主成分**。如果第一主成分所含信息不够多，不足以代表原始的p个变量，则需要再考虑使用y_2。为了使y_2所含的信息与y_1不重叠，要求$\mathrm{cov}(y_1, y_2) = 0$。当$\boldsymbol{a}_2 = \boldsymbol{t}_2$时，$V\left(y_2\right) = \boldsymbol{a}_2^{\mathrm{T}} \boldsymbol{\Sigma} \boldsymbol{a}_2 = \lambda_2$达到最大值，所求的$y_2 = \boldsymbol{t}_2^{\mathrm{T}} \boldsymbol{x}$就是**第二主成分**。类似的，可以再定义第三主成分，直至第p主成分。一般，$\boldsymbol{x}$的**第$\boldsymbol{i}$主成分**是指约束条件下的$y_i = \boldsymbol{t}_i^{\mathrm{T}} \boldsymbol{x}$。

记$\boldsymbol{y} = (y_1, y_2, \cdots, y_p)^{\mathrm{T}}$，主成分向量$\boldsymbol{y}$与原始向量$\boldsymbol{x}$的关系为$y = \boldsymbol{T}^{\mathrm{T}} \boldsymbol{x}$，其中$\boldsymbol{T} = (t_1, t_2, \cdots, t_p)$。

第i主成分y_i在总方差$\sum\limits_{i=1}^{p} \lambda_i$中的比例$\lambda_i / \sum\limits_{i=1}^{p} \lambda_i$称为主成分$y_i$的**贡献率**，第一主成分$y_1$的贡献率最大，表明它解释原始变量的能力最强，$y_2 \sim y_p$的解释能力依次减弱。主成分分析的目的就是为了减少变量的个数，因而一般不会使用所有p个主成分，忽略一些带有较小方差的主成分不会给总方差带来太大的影响。

前m个主成分的贡献率之和在总方差中的比例$\sum\limits_{i=1}^{m} \lambda_i / \sum\limits_{i=1}^{p} \lambda_i$称为主成分$y_1, y_2, \cdots, y_m$的**累计贡献率**，它表明了$y_1, y_2, \cdots, y_m$解释原始变量的能力。通常取较小（相对于$p$）的$m$，可使得累计贡献率达到一个较高的百分比（如 80%～90%），此时，$y_1, y_2, \cdots, y_m$可代替$x_1, x_2, \cdots, x_p$，从而达到降维的目的，而信息的损失却不多。

例 6-15 设$\boldsymbol{x} = (\boldsymbol{x}_1, \boldsymbol{x}_2, \boldsymbol{x}_3)^{\mathrm{T}}$为 40 个随机生成的三维数据，其中$\boldsymbol{x}_1 \sim N(0,4)$，$\boldsymbol{x}_2 \sim N(2,1)$，$\boldsymbol{x}_3 \sim N(1,10)$。试对该数据做主成分分析，求出$\boldsymbol{x}$的特征值、特征向量及主成分的贡献率。

解 随机生成 40 个三维数据，用 Python 计算出协方差矩阵，如代码 6-17 所示。

代码 6-17 计算 40 个三维数据的协方差矩阵

```
In[1]:  import numpy as np
        random = np.loadtxt("../data/random.csv",delimiter = ",").T
        # 计算协方差矩阵 Covariance Matrix
        cov_mat = np.cov(random)
        print('协方差矩阵：\n', cov_mat)
```

```
Out[1]:    协方差矩阵:
             [[ 2.31472802 -0.01659731 -0.1117694 ]
             [-0.01659731  0.99550289  0.10692141]
             [-0.1117694   0.10692141  7.63116319]]
```

根据代码 6-17 的结果可得到 x 的协方差矩阵为 $\boldsymbol{\Sigma} \approx \begin{pmatrix} 2.315 & -0.017 & -0.112 \\ -0.017 & 0.996 & 0.107 \\ -0.112 & 0.107 & 7.631 \end{pmatrix}$。

用 Python 计算本例特征值及特征向量，如代码 6-18 所示。

代码 6-18　计算 40 个三维数据的特征值及特征向量

```
In[2]:    # 计算特征值和特征向量
          eig_val_cov, eig_vec_cov = np.linalg.eig(cov_mat)
          print('特征值：', eig_val_cov)
          print('特征向量：\n', eig_vec_cov)
Out[2]:    特征值： [ 7.6352442   2.31253533  0.99361458]
          特征向量：
            [[ 0.02105023 -0.99971552 -0.01121415]
            [-0.0161502   0.01087515 -0.99981043]
            [-0.99964797 -0.02122735  0.01591668]]
```

根据代码 6-18 的结果可得到特征值为 $\lambda_1 \approx 7.635$， $\lambda_2 \approx 2.313$， $\lambda_3 \approx 0.994$。相应的特征向量为 $\boldsymbol{t}_1 \approx \begin{pmatrix} 0.021 \\ -0.016 \\ -1.000 \end{pmatrix}$， $\boldsymbol{t}_2 \approx \begin{pmatrix} -1.000 \\ 0.011 \\ -0.021 \end{pmatrix}$， $\boldsymbol{t}_3 \approx \begin{pmatrix} -0.011 \\ -1.000 \\ 0.016 \end{pmatrix}$。

相应的主成分为

$$y_1 = 0.021x_1 - 0.016x_2 - 0.1000x_3$$
$$y_2 = -1.000x_1 + 0.011x_2 - 0.021x_3$$
$$y_3 = -0.011x_1 - 1.000x_2 + 0.016x_3$$

进一步用 Python 计算各主成分的贡献率及前 m 个主成分的累计贡献率，如代码 6-19 所示。

代码 6-19　计算 40 个三维数据的主成分的贡献率及累计贡献率

```
In[3]:    # 计算贡献率
          for i in range(0, len(eig_val_cov)):
              contribution = eig_val_cov[i]/sum(eig_val_cov)
              print('第{}主成分的贡献率：{}'.format(i+1,contribution))
Out[3]:    第 1 主成分的贡献率：0.6978310194227293
```

```
        第 2 主成分的贡献率：0.21135655137723444
        第 3 主成分的贡献率：0.09081242920003622
In[4]:  # 计算累计贡献率
        for i in range(1, len(eig_val_cov)):
            accumulated_contribution = sum(eig_val_cov[:i])/
                                       sum(eig_val_cov)
            print('前{}个主成分的累计贡献率：{}'.format(i,
                accumulated_contribution))
Out[4]: 前 1 个主成分的累计贡献率：0.6978310194227293
        前 2 个主成分的累计贡献率：0.9091875707999637
```

根据代码 6-19 的结果，可得到主成分的贡献率如表 6-17 所示，累计贡献率如表 6-18 所示（表中最后一行是通过计算得到的）。

表 6-17　从协方差矩阵出发求得的主成分的贡献率

主　成　分	贡　献　率
y_1	0.698
y_2	0.211
y_3	0.091

表 6-18　从协方差矩阵出发求得的前 m 个主成分的累计贡献率

前 m 个主成分	累计贡献率
1	0.698
2	0.909
3	1

2．主成分的性质

（1）主成分向量的协方差矩阵 $V(\boldsymbol{y})=\boldsymbol{\Lambda}$。

该性质表明主成分向量的协方差矩阵为对角矩阵，$\boldsymbol{\Lambda}=\text{diag}(\lambda_1,\lambda_2,\cdots,\lambda_p)$，即 $V(y_i)=\lambda_i\ (i=1,2,\cdots,p)$，且 $y_1,y_2,\cdots,y_p$ 互不相关。

（2）主成分的总方差 $\sum_{i=1}^{p}\sigma_{ii}=\sum_{i=1}^{p}\lambda_i$，$\sum_{i=1}^{p}\sigma_{ii}$ 为原始变量 $x_1,x_2,\cdots,x_p$ 的总方差。

该性质表明总方差可表述为互不相关的主成分 $y_1,y_2,\cdots,y_p$ 的方差之和 $\sum_{i=1}^{p}\lambda_i$，且存在 $m\ (m<p)$ 使 $\sum_{i=1}^{p}\sigma_{ii}\approx\sum_{i=1}^{m}\lambda_i$，即 p 个原始变量所提供的总信息（总方差）的绝大部分信息只需用前 m 个主成分来代替。

（3）主成分 y_k 与原始变量 x_i 的相关系数 $\rho(y_k,x_i)=\frac{t_{ik}\sqrt{\lambda_k}}{\sqrt{\sigma_{ii}}}$ $(i,k=1,2,\cdots,p)$，称为因子载荷量。

（4）$\sum_{k=1}^{p}\rho^2(y_k,x_i)=\sum_{i=1}^{p}\frac{t_{ik}^2\lambda_k}{\sigma_{ii}}=1$ $(i,k=1,2,\cdots,p)$，因 $y_1,y_2,\cdots,y_p$ 互不相关，故 x_i 与 $y_1,y_2,\cdots,y_p$ 的全相关系数的平方和等于 1。

（5）$\sum_{k=1}^{p}\sigma_{ii}\rho^2(y_k,x_i)=\lambda_k$ $(i,k=1,2,\cdots,p)$，主成分 y_k 对应的每一列关于自变量相关系数的加权平方和为 λ_k，即为 $V(y_i)$。

3. 从相关矩阵出发求主成分

通常有两种情形不适合直接从协方差矩阵出发进行主成分分析：一种是各变量的单位不全相同的情形；另一种是各变量的单位虽相同，但其变量方差的差异很大的情形。对这两种情形，通常首先将原始变量进行标准化处理，然后从标准化变量（一般已无单位）的协方差矩阵出发求主成分。

最常用的标准化变换是令 $x_i^*=\frac{x_i-\mu_i}{\sqrt{\sigma_{ii}}}$ $(i=1,2,\cdots,p)$，这时标准化的随机向量 $\boldsymbol{x}^*=(x_1^*,x_2^*,\cdots,x_p^*)^{\mathrm{T}}$ 的协方差矩阵 $\boldsymbol{\Sigma}^*$ 就是原随机向量 $\boldsymbol{x}$ 的相关矩阵 $\boldsymbol{R}$，从相关矩阵 $\boldsymbol{R}$ 出发求得的主成分记为 $\boldsymbol{y}^*=(y_1^*,y_2^*,\cdots,y_p^*)^{\mathrm{T}}$，则 y_i^* 有以下性质。

（1）$V(y^*)=\boldsymbol{\Lambda}^*=\mathrm{diag}(\lambda_1^*,\lambda_2^*,\cdots,\lambda_p^*)$，其中 $\lambda_1^*,\lambda_2^*,\cdots,\lambda_p^*(\lambda_1^*\geqslant\lambda_2^*\geqslant\cdots\geqslant\lambda_p^*)$ 为相关矩阵 $\boldsymbol{R}$ 的特征值。

（2）$\sum_{i=1}^{p}\lambda_i^*=p$。

（3）$\rho(y_k^*,x_i^*)=t_{ik}^*\sqrt{\lambda_k^*}$ $(i,k=1,2,\cdots,p)$，其中，$\boldsymbol{t}_k^*=(t_{1k}^*,t_{2k}^*,\cdots,t_{pk}^*)^{\mathrm{T}}$ 是相关矩阵 $\boldsymbol{R}$ 对应于 λ_k^* 的单位正交特征向量。

（4）$\sum_{k=1}^{p}\rho^2(y_k^*,x_i^*)=\sum_{i=1}^{p}(t_{ik}^*)^2\lambda_k^*=1$ $(i,k=1,2,\cdots,p)$。

（5）$\sum_{k=1}^{p}\rho^2(y_k^*,x_i^*)=\sum_{i=1}^{p}(t_{ik}^*)^2\lambda_k^*=\lambda_k^*$ $(i,k=1,2,\cdots,p)$。

例 6-16 从相关矩阵出发，求例 6-15 中 $\boldsymbol{x}$ 的主成分。

解 用 Python 计算 40 个三维数据的相关矩阵，如代码 6-20 所示。

代码 6-20 计算 40 个三维数据的相关矩阵

```
In[5]:  # 计算相关矩阵 Correlation Matrix
        cor_mat = np.corrcoef(random)
        print('相关矩阵：\n', cor_mat)
```

```
Out[5]:   相关矩阵：
           [[ 1.         -0.01093368 -0.02659363]
           [-0.01093368  1.          0.03879252]
           [-0.02659363  0.03879252  1.        ]]
```

根据代码 6-20 的结果，得到 $\boldsymbol{x}$ 的相关矩阵为 $\boldsymbol{R} \approx \begin{pmatrix} 1 & -0.011 & -0.027 \\ -0.011 & 1 & 0.039 \\ -0.027 & -0.039 & 1 \end{pmatrix}$。

用 Python 计算特征值及特征向量，如代码 6-21 所示。

代码 6-21　从相关矩阵出发计算 40 个三维数据的特征值及特征向量

```
In[6]:    # 计算特征值和特征向量
          eig_val_cor, eig_vec_cor = np.linalg.eig(cor_mat)
          print('特征值：', eig_val_cor)
          print('特征向量：\n', eig_vec_cor)
```

```
Out[6]:   特征值： [ 1.05254481  0.98988025  0.95757494]
          特征向量：
           [[-0.4594177   0.83233046  0.31009898]
           [ 0.58744661  0.54659054 -0.59677908]
           [ 0.66621458  0.09200427  0.74006307]]
```

根据代码 6-21 的结果，得到特征值为 $\lambda_1^* \approx 1.053$，$\lambda_2^* \approx 0.990$，$\lambda_3^* \approx 0.958$。相应的特征向量为 $\boldsymbol{t}_1^* \approx \begin{pmatrix} -0.459 \\ -0.587 \\ 0.666 \end{pmatrix}$，$\boldsymbol{t}_2^* \approx \begin{pmatrix} 0.832 \\ 0.547 \\ 0.092 \end{pmatrix}$，$\boldsymbol{t}_3^* \approx \begin{pmatrix} 0.310 \\ -0.597 \\ 0.740 \end{pmatrix}$。

相应的主成分为

$$
\begin{aligned}
y_1^* &= -0.459x_1^* - 0.587x_2^* + 0.666x_3^* \\
y_2^* &= 0.832x_1^* + 0.547x_2^* + 0.092x_3^* \\
y_3^* &= 0.310x_1^* - 0.597x_2^* + 0.740x_3^*
\end{aligned}
$$

进一步用 Python 计算各主成分的贡献率及前 m 个主成分的累计贡献率，如代码 6-22 所示。

代码 6-22　计算 40 个三维数据的主成分的贡献率及累计贡献率

```
In[7]:    # 计算贡献率
          for i in range(0, len(eig_val_cor)):
              contribution = eig_val_cor[i]/sum(eig_val_cor)
```

```
        print('第{}主成分的贡献率：{}'.format(i+1,contribution))
Out[7]: 第 1 主成分的贡献率：0.3508482703227853
        第 2 主成分的贡献率：0.32996008411552563
        第 3 主成分的贡献率：0.31919164556168905
In[8]:  # 计算累计贡献率
        for i in range(1, len(eig_val_cor)):
            accumulated_contribution = (sum(eig_val_cor[:i])/
                                        sum(eig_val_cor))
            print('前{}个主成分的累计贡献率： {}'.format(i,
                accumulated_contribution))
Out[8]: 前 1 个主成分的累计贡献率： 0.3508482703227853
        前 2 个主成分的累计贡献率： 0.680808354438311
```

根据代码 6-22 的结果，可得到主成分的贡献率如表 6-19 所示，得到的累计贡献率如表 6-20 所示（表中最后一行是通过计算得到的）。

表 6-19 从相关矩阵出发求得的主成分的贡献率

主 成 分	贡 献 率
y_1^*	0.351
y_2^*	0.330
y_3^*	0.319

表 6-20 从相关矩阵出发求得的前 m 个主成分的累计贡献率

前 m 个主成分	累计贡献率
1	0.351
2	0.681
3	1

比较例 6-16 中从相关矩阵 $\boldsymbol{R}$ 出发求主成分与例 6-15 中从协方差矩阵 $\boldsymbol{\Sigma}$ 出发求主成分的计算结果，可以发现，从 $\boldsymbol{R}$ 出发求得的主成分 y_1^* 的贡献率与从 $\boldsymbol{\Sigma}$ 出发求得的主成分 y_1 的贡献率存在明显差异。事实上，原始变量方差之间的差异越大，贡献率的差异也越明显，这说明数据标准化后的结论完全可能发生很大的变化，因此标准化并不是无关紧要的。

6.4.2 样本主成分

在实际问题中，总体的协方差矩阵 $\boldsymbol{\Sigma}$ 和相关矩阵 $\boldsymbol{R}$ 都是未知的，需要通过样本来进行估计，此时求出的主成分称为样本主成分。

设 $\boldsymbol{X}=(\boldsymbol{x}_1,\boldsymbol{x}_2,\cdots,\boldsymbol{x}_n)^{\mathrm{T}}$ 为来自总体的样本，数据矩阵如式（6-74）所示。

$$\boldsymbol{X}=\begin{pmatrix} x_{11} & x_{12} & \cdots & x_{1p} \\ x_{21} & x_{22} & \cdots & x_{2p} \\ \vdots & \vdots & & \vdots \\ x_{n1} & x_{n2} & \cdots & x_{np} \end{pmatrix} \tag{6-74}$$

相应的样本协方差矩阵如式（6-75）所示，样本相关矩阵如式（6-76）所示。

$$\boldsymbol{S}=\frac{1}{n-1}\sum_{i=1}^{n}(\boldsymbol{x}_i-\overline{\boldsymbol{x}})(\boldsymbol{x}_i-\overline{\boldsymbol{x}})^{\mathrm{T}}=(s_{ij})_{p\times p} \tag{6-75}$$

$$\hat{\boldsymbol{R}}=(r_{ij})_{p\times p} \tag{6-76}$$

式（6-75）中，$\overline{\boldsymbol{x}}=\frac{1}{n}\sum_{i=1}^{n}\boldsymbol{x}_i$ 为样本均值。式（6-76）中，$r_{ij}=\frac{s_{ij}}{\sqrt{s_{ii}}\sqrt{s_{jj}}}\ (i,j=1,\cdots,p)$。

用样本协方差矩阵 $\boldsymbol{S}$ 作为总体协方差矩阵 $\boldsymbol{\Sigma}$ 的估计，或用样本相关矩阵 $\hat{\boldsymbol{R}}$ 作为总体相关矩阵 $\boldsymbol{R}$ 的估计，再按照求总体主成分的方法，即可获得样本主成分。

类似于总体主成分，$\lambda_i/\sum_{i=1}^{p}\lambda_i$ 称为样本主成分 y_i 的**贡献率**，$\sum_{i=1}^{m}\lambda_i/\sum_{i=1}^{p}\lambda_i$ 称为样本主成分 $y_1,y_2,\cdots,y_m\ (m<p)$ 的**累计贡献率**。

例 6-17 在某中学的某年级随机抽取 30 名学生，测量其身高（x_1）、体重（x_2）、胸围（x_3）和坐高（x_4），其中前 10 名中学生的数据如表 6-21 所示。请对这 30 名中学生的身体 4 项指标数据做主成分分析。

表 6-21 前 10 名中学生身体的 4 项指标数据

序号	x_1	x_2	x_3	x_4
1	148	41	72	78
2	139	34	71	76
3	160	49	77	86
4	149	36	67	79
5	159	45	80	86
6	142	31	66	76
7	153	43	76	83
8	150	43	77	79
9	151	42	77	80
10	139	31	68	74

解 各变量的单位虽相同，但其变量方差的差异较大，即各变量数据间的数值大小相差大，所以这里从相关矩阵出发求样本主成分，如代码 6-23 所示。

代码 6-23 对中学生数据进行样本主成分分析

In[9]:
```
# 读取数据
student = np.loadtxt('../data/student.csv', delimiter = ',',
                     skiprows = 1, usecols = (1,2,3,4))
# 计算相关矩阵 Correlation Matrix
cor_mat = np.corrcoef(student.T)
print('相关矩阵: \n', cor_mat)
```

Out[9]:
```
相关矩阵:
 [[ 1.          0.86316211  0.73211187  0.92046237]
 [ 0.86316211  1.          0.89650582  0.88273132]
 [ 0.73211187  0.89650582  1.          0.78288269]
 [ 0.92046237  0.88273132  0.78288269  1.        ]]
```

In[10]:
```
# 计算特征值和特征向量
eig_val_cor, eig_vec_cor = np.linalg.eig(cor_mat)
print('特征值: ', eig_val_cor)
print('特征向量: \n', eig_vec_cor)
```

Out[10]:
```
特征值: [ 3.541098    0.31338316  0.06610989  0.07940895]
特征向量:
 [[ 0.49696605  0.54321279  0.50574706 -0.44962709]
 [ 0.51457053 -0.2102455  -0.69084365 -0.46233003]
 [ 0.48090067 -0.7246214   0.46148842  0.17517651]
 [ 0.50692846  0.36829406 -0.2323433   0.74390834]]
```

In[11]:
```
# 把特征值从大到小排序
eig = eig_val_cor[np.argsort(-eig_val_cor)]
print('排序后的特征值: \n', eig)
# 计算贡献率
for i in range(0, len(eig)):
    contribution = eig[i]/sum(eig)
    print('第{}主成分的贡献率: {}'.format(i+1,contribution))
```

Out[11]:
```
排序后的特征值:
 [ 3.541098    0.31338316  0.07940895  0.06610989]
第 1 主成分的贡献率: 0.8852744992809177
第 2 主成分的贡献率: 0.07834578938104811
第 3 主成分的贡献率: 0.019852238408582412
第 4 主成分的贡献率: 0.016527472929451826
```

```
In[12]:  # 计算累计贡献率
         for i in range(1, len(eig)):
             accumulated_contribution = sum(eig[:i])/sum(eig)
             print('前{}个主成分的累计贡献率： {}'.format(i,
                 accumulated_contribution))
Out[12]: 前1个主成分的累计贡献率： 0.8852744992809177
         前2个主成分的累计贡献率： 0.9636202886619658
         前3个主成分的累计贡献率： 0.9834725270705482
```

根据代码 6-23 的结果可得到数据的特征值、特征向量及贡献率，如表 6-22 所示。

表 6-22　学生数据的样本主成分分析结果

特征向量	$\hat{t}_1^*$	$\hat{t}_2^*$	$\hat{t}_3^*$	$\hat{t}_4^*$
x_1^*：身高	−0.497	0.543	0.506	−0.450
x_2^*：体重	−0.515	−0.210	−0.691	−0.462
x_3^*：胸围	−0.481	−0.725	0.461	0.175
x_4^*：坐高	−0.507	0.368	−0.232	0.744
特征值	3.541	0.313	0.079	0.066
贡献率	0.885	0.078	0.020	0.017
累计贡献率	0.885	0.964	0.983	1

由计算结果可知，前两个主成分的累计贡献率已经达到 96.4%，所以舍去后两个主成分可以达到降维的目的。前两个主成分分别为

$$y_1^* = -0.497x_1^* - 0.515x_2^* - 0.481x_3^* - 0.507x_4^*$$
$$y_2^* = 0.543x_1^* - 0.210x_2^* - 0.725x_3^* + 0.368x_4^*$$

第一主成分对应的系数同号，且它们的绝对值都接近 0.5，它反映了学生身材的魁梧程度。身材高大的学生，4 个特征都比较大，主成分的值较小（因为系数都为负值）；身材矮小的学生，4 个特征都比较小，主成分的值较大，因此第一主成分可以称为大小因子。第二主成分是身高和坐高与体重和胸围的差，由于体重系数的绝对值较小，因此第二主成分的值可以看作是高度与维度的差值。第二主成分的值越大，说明学生越“细高”；值越小，说明学生越“矮胖”，因此第二主成分可以称为体型因子。

6.5 因子分析

因子分析是主成分分析的推广和发展，是将具有错综复杂关系的变量综合为少数几个因子，以再现原始变量与因子之间的相互关系；根据不同的因子还可以对变量进行分类，也属于多元分析中降维处理的一种统计方法。例如，一个学生的英语、数学、语文成绩都

很好，那么潜在的共性因子可能是智力水平高。因此，因子分析的过程其实就是寻找共性因子和个性因子并得到最优解释的过程。

例 6-18 表 6-23 所示为各参赛队男子径赛运动记录的部分数据，8 项径赛运动分别是 100 m（x_1）、200 m（x_2）、400 m（x_3）、800 m（x_4）、1 500 m（x_5）、5 000 m（x_6）、10 000 m（x_7）、马拉松（x_8），$x_1 \sim x_3$ 的单位为秒，$x_4 \sim x_8$ 的单位为分。

表 6-23 8 项男子径赛运动记录的部分数据

teams	x_1	x_2	x_3	x_4	x_5	x_6	x_7	x_8
1	10.39	20.81	46.84	1.81	3.7	14.04	29.36	137.72
2	10.31	20.06	44.84	1.74	3.57	13.28	27.66	128.3
3	10.44	20.81	46.82	1.79	3.6	13.26	27.72	135.9
4	10.34	20.68	45.04	1.73	3.6	13.22	27.45	129.95
5	10.28	20.58	45.91	1.8	3.75	14.68	30.55	146.62
6	10.22	20.43	45.21	1.73	3.66	13.62	28.62	133.13
7	10.64	21.52	48.3	1.8	3.85	14.45	30.28	139.95
8	10.17	20.22	45.68	1.76	3.63	13.55	28.09	130.15
9	10.34	20.8	46.2	1.79	3.71	13.61	29.3	134.03
10	10.51	21.04	47.3	1.81	3.73	13.9	29.13	133.53

显然，这 8 项径赛运动的成绩可以归为速度因子、耐力因子两种，具体的因子分析过程将在后面介绍。

6.5.1 正交因子模型

1. 数学模型

设 $\boldsymbol{x}=(x_1,x_2,\cdots,x_p)^{\mathrm{T}}$ 为一个 p 维随机向量，其均值为 $\boldsymbol{\mu}=(\mu_1,\mu_2,\cdots,\mu_p)^{\mathrm{T}}$，协方差矩阵为 $\boldsymbol{\Sigma}=(\sigma_{ii})$。

因子分析的一般模型如式（6-77）所示。

$$\begin{cases} x_1=\mu_1+a_{11}f_1+a_{12}f_2+\cdots+a_{1m}f_m+\varepsilon_1 \\ x_2=\mu_2+a_{21}f_1+a_{22}f_2+\cdots+a_{2m}f_m+\varepsilon_2 \\ \cdots\cdots\cdots\cdots \\ x_p=\mu_p+a_{p1}f_1+a_{p2}f_2+\cdots+a_{pm}f_m+\varepsilon_p \end{cases} \tag{6-77}$$

式（6-77）所示的模型可以用矩阵表示，如式（6-78）所示，可简记为式（6-79）。

$$\begin{pmatrix} x_1 \\ x_2 \\ \vdots \\ x_p \end{pmatrix}=\begin{pmatrix} \mu_1 \\ \mu_2 \\ \vdots \\ \mu_p \end{pmatrix}+\begin{pmatrix} a_{11} & a_{12} & \cdots & a_{1m} \\ a_{21} & a_{22} & \cdots & a_{2m} \\ \vdots & \vdots & & \vdots \\ a_{p1} & a_{p2} & \cdots & a_{pm} \end{pmatrix}\begin{pmatrix} f_1 \\ f_2 \\ \vdots \\ f_m \end{pmatrix}+\begin{pmatrix} \varepsilon_1 \\ \varepsilon_2 \\ \vdots \\ \varepsilon_p \end{pmatrix} \tag{6-78}$$

$$x = \mu + Af + \varepsilon \tag{6-79}$$

式（6-79）中，$f = (f_1, f_2, \cdots, f_m)^{\mathrm{T}}$ 为公共因子向量，$\varepsilon = (\varepsilon_1, \varepsilon_2, \cdots, \varepsilon_p)^{\mathrm{T}}$ 为特殊因子向量，$A = (a_{ij})$ 为因子载荷矩阵。一般模型满足式（6-80），称为正交因子模型。

$$\begin{cases} E(f) = \mathbf{0} \\ V(f) = I \\ E(\varepsilon) = \mathbf{0} \\ V(\varepsilon) = \Lambda = \mathrm{diag}\left(\sigma_1^2, \sigma_2^2, \cdots, \sigma_p^2\right) \\ \mathrm{cov}(f, \varepsilon) = E\left(f\varepsilon^{\mathrm{T}}\right) = \mathbf{0} \end{cases} \tag{6-80}$$

2. 正交因子模型的性质

（1）x 的协方差矩阵 Σ 的分解如式（6-81）所示。

$$\Sigma = V(Af) + V(\varepsilon) = AV(f)A^{\mathrm{T}} + V(\varepsilon) = AA^{\mathrm{T}} + \Lambda \tag{6-81}$$

由于 Λ 是对角矩阵，故 Σ 的非对角线元素可由 A 的元素确定，即因子载荷完全决定了原始变量之间的协方差。如果 x 为各变量已经标准化了的随机向量，则 Σ 就是相关矩阵 R，即有式（6-82）成立。

$$R = AA^{\mathrm{T}} + \Lambda \tag{6-82}$$

（2）模型不受单位的影响。

使 x 的单位变化，若 $x^* = Cx$ 且 $C = \mathrm{diag}(c_1, c_2, \cdots, c_p)$ $(c_i > 0, i = 1, 2, \cdots, p)$，则有式（6-83）成立。

$$x^* = C\mu + CAf + C\varepsilon = \mu^* + A^*f + \varepsilon^* \tag{6-83}$$

式（6-83）中，$\mu^* = C\mu$，$A^* = CA$，$\varepsilon^* = C\varepsilon$。

式（6-83）描述的模型也能够满足类似于式（6-80）的假定，如式（6-84）所示。

$$\begin{cases} E(f) = \mathbf{0} \\ V(f) = I \\ E(\varepsilon^*) = \mathbf{0} \\ V(\varepsilon^*) = \Lambda^* \\ \mathrm{cov}(f, \varepsilon^*) = \mathrm{cov}(f, \varepsilon)C^{\mathrm{T}} = \mathbf{0} \end{cases} \tag{6-84}$$

式（6-84）中，$\Lambda^* = \mathrm{diag}\left(\sigma_1^{*2}, \sigma_2^{*2}, \cdots, \sigma_p^{*2}\right)$，$\sigma_i^{*2} = c_i^2\sigma_i^2$。因此，单位变换后的新模型仍为正交因子模型。

（3）因子载荷不唯一。

设 T 为任一 $m \times m$ 正交矩阵，则式（6-79）可以表示为式（6-85）。

$$x = \mu + ATT^{\mathrm{T}}f + \varepsilon = \mu + A^*f^* + \varepsilon \tag{6-85}$$

式（6-85）中，$A^* = AT$，$f^* = T^{\mathrm{T}}f$。式（6-85）仍满足类似于式（6-80）的假定，如式（6-86）所示。

$$\begin{cases} E\left(\boldsymbol{f}^{*}\right)=\boldsymbol{T}^{\mathrm{T}} E(\boldsymbol{f})=\mathbf{0} \\ V\left(\boldsymbol{f}^{*}\right)=\boldsymbol{T}^{\mathrm{T}} V(\boldsymbol{f}) \boldsymbol{T}=\boldsymbol{T}^{\mathrm{T}} \boldsymbol{T}=\boldsymbol{I} \\ E(\boldsymbol{\varepsilon})=\mathbf{0} \\ V(\boldsymbol{\varepsilon})=\boldsymbol{\Lambda}^{*} \\ \operatorname{cov}\left(\boldsymbol{f}^{*}, \boldsymbol{\varepsilon}\right)=E\left(\boldsymbol{f}^{*} \boldsymbol{\varepsilon}^{\mathrm{T}}\right)=\boldsymbol{T}^{\mathrm{T}} E\left(\boldsymbol{f} \boldsymbol{\varepsilon}^{\mathrm{T}}\right)=\mathbf{0} \end{cases} \tag{6-86}$$

这里的$\boldsymbol{\Sigma}$也可以分解为$\boldsymbol{\Sigma}=\boldsymbol{A}^{*}\boldsymbol{A}^{*\mathrm{T}}+\boldsymbol{\Lambda}$，显然，因子载荷矩阵$\boldsymbol{A}$不是唯一的。

3．因子载荷矩阵的统计意义

（1）$\boldsymbol{A}$的元素a_{ij}。

由式（6-79）可得式（6-87），也可表达为式（6-88）。

$$\operatorname{cov}(\boldsymbol{x}, \boldsymbol{f})=\operatorname{cov}(\boldsymbol{A f}+\varepsilon, \boldsymbol{f})=\boldsymbol{A} V(\boldsymbol{f})+\operatorname{cov}(\varepsilon, \boldsymbol{f})=\boldsymbol{A} \tag{6-87}$$

$$\operatorname{cov}\left(x_{i}, f_{j}\right)=a_{ij} \quad (i=1,2, \cdots, p ; j=1,2, \cdots, m) \tag{6-88}$$

a_{ij}是x_i与f_j之间的协方差。如果$\boldsymbol{x}$为各变量已标准化的随机向量，则a_{ij}是x_i与f_j之间的相关系数。

（2）$\boldsymbol{A}$的行元素平方和$h_i^2=\sum_{j=1}^{m}a_{ij}^2$。

对式（6-78）各等式两边取方差，得到式（6-89）。

$$\begin{aligned} V\left(x_{i}\right) &=a_{i1}^{2} V\left(f_{1}\right)+a_{i2}^{2} V\left(f_{2}\right)+\cdots+a_{im}^{2} V\left(f_{m}\right)+V\left(\varepsilon_{i}\right) \\ &=a_{i1}^{2}+a_{i2}^{2}+\cdots+a_{im}^{2}+\sigma_{i}^{2} \end{aligned} \tag{6-89}$$

令$h_i^2=\sum_{j=1}^{m}a_{ij}^2 \ (i=1,2,\cdots,p)$，则可以得到式（6-90）。

$$\sigma_{ii}=h_{i}^{2}+\sigma_{i}^{2} \tag{6-90}$$

式（6-90）中，h_i^2反映了公共因子对x_i的影响，可以看作是公共因子f_j对x_i的方差贡献，称为共性方差；σ_i^2是特殊因子ε_i对x_i的方差贡献，称为特殊方差。当$\boldsymbol{x}$为各变量已标准化的随机向量时，$\sigma_{ii}=1$，即有式（6-91）成立。

$$h_{i}^{2}+\sigma_{i}^{2}=1 \tag{6-91}$$

（3）$\boldsymbol{A}$的列元素平方和$g_j^2=\sum_{i=1}^{p}a_{ij}^2$。

由式（6-89）可得式（6-92）。

$$\begin{aligned} V\left(x_{i}\right) &=\sum_{i=1}^{p} a_{i1}^{2} V\left(f_{1}\right)+\sum_{i=1}^{p} a_{i2}^{2} V\left(f_{2}\right)+\cdots+\sum_{i=1}^{p} a_{im}^{2} V\left(f_{m}\right)+\sum_{i=1}^{p} V\left(\varepsilon_{i}\right) \\ &=g_{1}^{2}+g_{2}^{2}+\cdots+g_{m}^{2}+\sum_{i=1}^{p} \sigma_{i}^{2} \end{aligned} \tag{6-92}$$

式（6-92）中，g_j^2反映了公共因子f_j对x_i的影响，可以看作是公共因子f_j对x_i的总方差贡献。

6.5.2 参数估计

设 $\boldsymbol{x}=(\boldsymbol{x}_1,\boldsymbol{x}_2,\cdots,\boldsymbol{x}_p)^{\mathrm{T}}$ 为一组 p 维样本，其均值和协方差矩阵估计分别如式（6-93）和式（6-94）所示。

$$\overline{\boldsymbol{x}}=\frac{1}{n}\sum_{i=1}^{n}x_i \tag{6-93}$$

$$\boldsymbol{S}=\frac{1}{n-1}\sum_{i=1}^{n}(\boldsymbol{x}_i-\overline{\boldsymbol{x}})(\boldsymbol{x}_i-\overline{\boldsymbol{x}})^{\mathrm{T}} \tag{6-94}$$

为了建立因子模型，需要估计因子载荷矩阵 $\boldsymbol{A}=(a_{ij})_{p\times m}$ 和特殊方差矩阵 $\boldsymbol{D}=\mathrm{diag}\left(\sigma_1^2,\sigma_2^2,\cdots,\sigma_p^2\right)$。常用的参数估计方法有主成分法、主因子法和极大似然法等。本小节主要介绍主成分法和主因子法。

1. 主成分法

设样本方差矩阵 $\boldsymbol{S}$ 的特征值依次为 $\hat{\lambda}_1,\hat{\lambda}_2,\cdots,\hat{\lambda}_p\left(\hat{\lambda}_1\geqslant\hat{\lambda}_2\geqslant\cdots\geqslant\hat{\lambda}_p\geqslant 0\right)$，相应的正交单位特征向量为 $\hat{\boldsymbol{t}}_1,\hat{\boldsymbol{t}}_2,\cdots,\hat{\boldsymbol{t}}_p$。选取相对较小的因子数 m，并使得累计贡献率 $\sum_{i=1}^{m}\hat{\lambda}_i/\sum_{i=1}^{p}\hat{\lambda}_i$ 达到一个较高的百分比，此时 $\hat{\lambda}_{m+1},\cdots,\hat{\lambda}_p$ 已经相对较小，所以 $\boldsymbol{S}$ 可做近似分解，如式（6-95）所示。

$$\begin{aligned}\boldsymbol{S}&=\hat{\lambda}_1\hat{\boldsymbol{t}}_1\hat{\boldsymbol{t}}_1^{\mathrm{T}}+\cdots+\hat{\lambda}_m\hat{\boldsymbol{t}}_m\hat{\boldsymbol{t}}_m^{\mathrm{T}}+\hat{\lambda}_{m+1}\hat{\boldsymbol{t}}_{m+1}\hat{\boldsymbol{t}}_{m+1}^{\mathrm{T}}+\cdots\hat{\lambda}_p\hat{\boldsymbol{t}}_p\hat{\boldsymbol{t}}_p^{\mathrm{T}}\\&\approx\hat{\lambda}_1\hat{\boldsymbol{t}}_1\hat{\boldsymbol{t}}_1^{\mathrm{T}}+\cdots+\hat{\lambda}_m\hat{\boldsymbol{t}}_m\hat{\boldsymbol{t}}_m^{\mathrm{T}}+\hat{\boldsymbol{D}}\\&=\hat{\boldsymbol{A}}\hat{\boldsymbol{A}}^{\mathrm{T}}+\hat{\boldsymbol{D}}\end{aligned} \tag{6-95}$$

式（6-95）中，$\hat{\boldsymbol{A}}=\left(\sqrt{\hat{\lambda}_1}\hat{\boldsymbol{t}}_1,\cdots,\sqrt{\hat{\lambda}_m}\hat{\boldsymbol{t}}_m\right)=(a_{ij})_{p\times m}$，$\hat{\boldsymbol{D}}=\mathrm{diag}\left(\hat{\sigma}_1^2,\hat{\sigma}_2^2,\cdots,\hat{\sigma}_p^2\right)$，$\hat{\sigma}_i^2=s_{ii}-\sum_{j=1}^{m}\hat{a}_{ij}^2$ $(i=1,2,\cdots,p)$。这里的 $\hat{\boldsymbol{A}}$ 和 $\hat{\boldsymbol{D}}$ 就是因子模型的一个解。因子载荷矩阵 $\hat{\boldsymbol{A}}$ 的第 j 列与从 $\boldsymbol{S}$ 出发求得的第 j 个主成分的系数向量仅相差一个倍数 $\sqrt{\hat{\lambda}_i}$ $(1,2,\cdots,m)$，因此这个解称为**主成分解**。

$\boldsymbol{S}-\left(\hat{\boldsymbol{A}}\hat{\boldsymbol{A}}^{\mathrm{T}}+\hat{\boldsymbol{D}}\right)$ 则称为残差矩阵，它的对角线元素为零，当其他非对角线元素都很小时，可以认为取 m 个因子的模型很好地拟合了原始数据。

例 6-19 使用例 6-18 中的数据，在前 m 个特征值的比重大于 90%的标准下求主成分解。

解 如代码 6-24 所示。

代码 6-24 使用主成分法对数据进行因子分析

```
In[1]:  import numpy as np
        # 读取数据
        sport = np.loadtxt('../data/sport.csv',delimiter = ',',
                           skiprows = 1,usecols = (1,2,3,4,5,6,7,8))
        # 计算相关矩阵Correlation Matrix
```

```
cor_mat = np.corrcoef(sport.T)
# print('相关矩阵：\n', cor_mat)

# 将 cor_mat 以 csv 格式存储
np.savetxt('../tmp/cor_mat.csv', cor_mat, delimiter = ',')

# 计算特征值和特征向量
eig_value_pcm, eig_vector_pcm = np.linalg.eig(cor_mat)
# 把特征值从大到小排序
eig_pcm = eig_value_pcm[np.argsort(-eig_value_pcm)]
print('排序后的特征值：\n', eig_pcm)
```

Out[1]:
```
排序后的特征值：
 [ 6.62214613  0.87761829  0.15932114  0.12404939  0.07988027
0.06796515  0.04641953  0.0226001 ]
```

In[2]:
```
# 确定公共因子的个数 m，这里使用前 m 个特征值的比重大于 90%的标准
for m in range(1,len(eig_pcm)):
    if eig_pcm[:m].sum()/eig_pcm.sum() >= 0.9:
        print('特征值的比重大于 90%时，','m={}'.format(m))
        break
```

Out[2]:
```
特征值的比重大于 90%时， m=2
```

In[3]:
```
# 计算因子载荷矩阵 A
a1 = np.sqrt(eig_value_pcm[0])*eig_vector_pcm[:,0]
a2 = np.sqrt(eig_value_pcm[1])*eig_vector_pcm[:,1]
A_pcm = np.vstack((a1,a2)).T
A_pcm = np.mat(A_pcm)
print('因子载荷矩阵： \n', A_pcm)
```

Out[3]:
```
因子载荷矩阵：
 [[-0.81718497  0.53105812]
 [-0.86716652  0.43245706]
 [-0.91520118  0.23258563]
 [-0.94875449  0.01164452]
 [-0.95937139 -0.1309633 ]
 [-0.93766329 -0.29231413]
 [-0.94383533 -0.28747025]
 [-0.87989646 -0.41122586]]
```

```
In[4]:  # 计算特殊因子方差 σ^2 和共性方差 h^2 的估计
        h_pcm = np.zeros(8)  # 共性方差
        D_pcm = np.mat(np.eye(8))  # 特殊因子方差
        for i in range(8):
           a = A_pcm[i,:]*A_pcm[i,:].T
           h_pcm[i] = a[0,0]
           D_pcm[i,i] = 1-h_pcm[i]
        print('共性方差： \n', h_pcm)
        print('特殊因子方差： \n', np.diag(D_pcm))
        # 计算残差矩阵
        cancha_mat_pcm = cor_mat - A_pcm*A_pcm.T - D_pcm
        # 将 cancha_ma_pcmt 以 csv 格式存储
        np.savetxt('../tmp/cancha_mat_pcm.csv', cancha_mat_pcm,
                   delimiter = ',')
        # print('残差矩阵:\n', cancha_mat_pcm)
Out[4]: 共性方差:
         [ 0.949814    0.93899688  0.89168928  0.90027067  0.93754485
        0.96466  0.97346426  0.94332449]
        特殊因子方差:
         [ 0.050186    0.06100312  0.10831072  0.09972933  0.06245515
        0.03534  0.02653574  0.05667551]
```

根据代码 6-24 的结果可以得出主成分解，如表 6-24 所示。

表 6-24　当 $m=2$ 时的主成分解

变　量	因子 f_1	因子 f_2	共性方差 $\hat{h}_i^2$
x_1（100 m）	−0.817	0.531	0.950
x_2（200 m）	−0.867	0.432	0.939
x_3（400 m）	−0.915	0.233	0.892
x_4（800 m）	−0.949	0.012	0.900
x_5（1 500 m）	−0.959	−0.131	0.938
x_6（5 000 m）	−0.938	−0.292	0.965
x_7（10 000 m）	−0.944	−0.287	0.973
x_8（马拉松）	−0.880	−0.411	0.943

观察表 6-24 中的主成分解，会发现两因子的共性方差估计都很大，说明两因子能够解释各变量方差的绝大部分。该主成分解对应的残差矩阵如表 6-25 所示。

表 6-25 相应于 $m=2$ 的主成分解的残差矩阵

	0	1	2	3	4	5	6	7
0	0.000	−0.016	−0.030	−0.025	−0.014	0.008	0.014	0.019
1	−0.016	0.000	−0.043	−0.021	0.000	0.009	0.002	0.011
2	−0.030	−0.043	0.000	−0.001	−0.012	−0.012	−0.010	−0.005
3	−0.025	−0.021	−0.001	0.000	0.009	−0.023	−0.023	−0.024
4	−0.014	0.000	−0.012	0.009	0.000	−0.010	−0.008	−0.032
5	0.008	0.009	−0.012	−0.023	−0.010	0.000	0.006	−0.013
6	0.014	0.002	−0.010	−0.023	−0.008	0.006	0.000	−0.006
7	0.019	0.011	−0.005	−0.024	−0.032	−0.013	−0.006	0.000

观察表 6-25 中的残差矩阵，可以发现矩阵中的元素都很小，说明选取的两因子模型很好地拟合了该数据。

由主成分法的计算结果可知，因子 f_1 在所有变量上有非常接近的（负）载荷，反映运动员的总体实力。f_1 的值越大，表明实力越强。因子 f_2 在所有变量上的载荷逐个减小，代表速度与耐力的对比。f_2 的值越小，表明速度相对于耐力越好。

2. 主因子法

主因子法是对主成分法的修正。根据正交因子模型性质（1）中的式（6-82），可以得到式（6-96）。

$$\boldsymbol{R}^* = \boldsymbol{R} - \boldsymbol{D} = \boldsymbol{A}\boldsymbol{A}^{\mathrm{T}} \tag{6-96}$$

式（6-96）中，$\boldsymbol{R}^*$ 为 $\boldsymbol{x}$ 的约相关矩阵。$\boldsymbol{R}^*$ 中的对角线元素是 h_i^2，而不是 1，非对角线元素和 $\boldsymbol{R}$ 中的是完全一样的，并且 $\boldsymbol{R}^*$ 也是一个特征值非负的对称矩阵。

设 $\hat{\sigma}_i^2$ 是特殊方差 σ_i^2 的一个合适的初始估计，则约相关矩阵可估计，如式（6-97）所示。

$$\hat{\boldsymbol{R}}^* = \hat{\boldsymbol{R}} - \hat{\boldsymbol{D}} = \begin{pmatrix} \hat{h}_1^2 & r_{12} & \cdots & r_{1p} \\ r_{21} & \hat{h}_2^2 & \cdots & r_{2p} \\ \vdots & \vdots & & \vdots \\ r_{p1} & r_{p2} & \cdots & \hat{h}_p^2 \end{pmatrix} \tag{6-97}$$

式（6-97）中，$\hat{\boldsymbol{R}} = (r_{ij})_{p\times p}$，$\hat{\boldsymbol{D}} = \mathrm{diag}\left(\hat{\sigma}_1^2, \hat{\sigma}_2^2, \cdots, \hat{\sigma}_p^2\right)$，$\hat{h}_i^2 = 1 - \hat{\sigma}_i^2$ 是 h_i^2 的初始估计。样本的约相关矩阵 $\hat{\boldsymbol{R}}^*$ 的特征值依次为 $\hat{\lambda}_1^*, \hat{\lambda}_2^*, \cdots, \hat{\lambda}_p^* \left(\hat{\lambda}_1^* \geqslant \hat{\lambda}_2^* \geqslant \cdots \geqslant \hat{\lambda}_p^* \geqslant 0\right)$，相应的正交单位特征向量为 $\hat{\boldsymbol{t}}_1^*, \hat{\boldsymbol{t}}_2^*, \cdots, \hat{\boldsymbol{t}}_p^*$。取前 m 个特征值可得 $\boldsymbol{A}$ 的主因子解，如式（6-98）所示。

$$\hat{\boldsymbol{A}}=\left(\sqrt{\hat{\lambda}_1^*}\hat{\boldsymbol{t}}_1^*,\sqrt{\hat{\lambda}_2^*}\hat{\boldsymbol{t}}_2^*,\cdots,\sqrt{\hat{\lambda}_m^*}\hat{\boldsymbol{t}}_m^*\right) \quad (6\text{-}98)$$

由此可以重新估计特殊方差，σ_i^2 的最终估计如式（6-99）所示。

$$\hat{\sigma}_i^2=1-\hat{h}_i^2=1-\sum_{j=1}^{m}\hat{a}_{ij}^2 \ \left(i=1,2,\cdots,p\right) \quad (6\text{-}99)$$

如果希望得到拟合程度更好的解，可以将式（6-99）中的 $\hat{\sigma}_i^2$ 作为特殊方差的初始估计重复上述步骤，直至得到稳定的解。该估计方法称为迭代因子法。

特殊方差 σ_i^2（或共性方差 h_i^2）的常用初始值估计方法有如下几种。

（1）取 $\hat{\sigma}_i^2=\frac{1}{r^{ii}}$，其中 r^{ii} 是 $\hat{\boldsymbol{R}}^{-1}$ 的第 i 个对角线元素。此时，共性方差的估计为 $\hat{h}_i^2=1-\hat{\sigma}_i^2$，其是 x_i 与其他 $p-1$ 个变量的复相关系数的平方。该方法一般要求 $\hat{\boldsymbol{R}}$ 满秩。

（2）取 $\hat{h}_i^2=\max_{j\neq i}|r_{ij}|$，此时 $\hat{\sigma}_i^2=1-\hat{h}_i^2$。

（3）$\hat{h}_i^2=1$，此时 $\hat{\sigma}_i^2=0$，得到的 $\hat{\boldsymbol{A}}$ 是一个主成分解。

例 6-20 使用例 6-18 中的数据，取 $m=2$，求主因子解。

解 选用 x_i 与其他 7 个变量的复相关系数的平方作为 h_i^2 的初始估计值，对数据做因子分析，如代码 6-25 所示。

代码 6-25 使用主因子法做因子分析

```
In[5]:    # 读取数据
          sport = np.loadtxt('../data/sport.csv', delimiter = ',',
                             skiprows = 1, usecols = (1,2,3,4,5,6,7,8))
          # 计算相关矩阵 Correlation Matrix
          cor_mat = np.corrcoef(sport.T)
          # 设置特殊方差 σ^2 的初始估计
          D_estimated = np.diag(1/np.diag((np.mat(cor_mat).I)))
          # 计算约相关矩阵 R*
          R_yue = cor_mat - D_estimated

          # 计算特征值和特征向量
          eig_value_fm, eig_vector_fm = np.linalg.eig(R_yue)
          # 将特征值从大到小排序
          eig_fm = eig_value_fm[np.argsort(-eig_value_fm)]
          print('排序后的特征值：\n', eig_fm)
Out[5]:   排序后的特征值：
           [   6.53017050e+00      7.77833570e-01      5.05910740e-02
```

```
 6.12216657e-03          -1.35498577e-02          -1.48507931e-02
 -3.55553704e-02  -5.32171257e-02]
```

In[6]:

```
# 计算因子载荷矩阵 A
a1 = np.sqrt(eig_value_fm[0])*eig_vector_fm[:,0]
a2 = np.sqrt(eig_value_fm[1])*eig_vector_fm[:,1]
A_fm = np.vstack((a1,a2)).T
A_fm = np.mat(A_fm)
print('因子载荷矩阵：\n', A_fm)
```

Out[6]:

```
因子载荷矩阵：
 [[-0.80688051  0.49602464]
 [-0.85785026  0.41211834]
 [-0.89970476  0.21600757]
 [-0.93857683  0.02386917]
 [-0.95567614 -0.11432049]
 [-0.9383177  -0.28212239]
 [-0.94616758 -0.28119691]
 [-0.87396916 -0.37813843]]
```

In[7]:

```
# 计算特殊因子方差 σ^2 和共性方差 h^2 的估计
h_fm = np.zeros(8)  # 共性方差
D_fm = np.mat(np.eye(8))  # 特殊因子方差
for i in range(8):
    a = A_fm[i,:]*A_fm[i,:].T
    h_fm[i] = a[0,0]
    D_fm[i,i] = 1-h_fm[i]
print('共性方差：\n', h_fm)
print('特殊因子方差：\n', np.diag(D_fm))
# 计算残差矩阵
cancha_mat_fm = cor_mat - A_fm * A_fm.T - D_fm
print('残差矩阵:\n', cancha_mat_fm)
# 将 cancha_mat_fm 以 csv 格式存储
np.savetxt('../tmp/cancha_mat_fm.csv', cancha_mat_fm,
           delimiter = ',')
```

Out[7]:

```
共性方差：
 [ 0.8970966   0.90574859  0.85612793  0.8814962   0.92638605
```

```
0.96003314  0.97430479  0.90681076]
特殊因子方差：
[ 0.1029034   0.09425141  0.14387207  0.1185038   0.07361395
0.03996686  0.02569521  0.09318924]
```

根据代码 6-25 的结果可以得出主因子解，如表 6-26 所示。

表 6-26　当 $m=2$ 时的主因子解

变　量	因子载荷 f_1	因子载荷 f_2	共性方差 $\hat{h}_i^2$
x_1（100 m）	−0.807	0.496	0.897
x_2（200 m）	−0.858	0.412	0.906
x_3（400 m）	−0.890	0.216	0.856
x_4（800 m）	−0.939	0.024	0.881
x_5（1 500 m）	−0.956	−0.114	0.926
x_6（5 000 m）	−0.938	−0.282	0.960
x_7（10 000 m）	−0.946	−0.281	0.974
x_8（马拉松）	−0.874	−0.378	0.907

观察表 6-26 中的主因子解，可以发现其与主成分解类似，因此因子的解释也是相同的。该主因子解对应的残差矩阵如表 6-27 所示。

表 6-27　相应于 $m=2$ 的主因子解的残差矩阵

	0	1	2	3	4	5	6	7
0	0.000	0.026	0.008	−0.013	−0.014	0.002	0.009	0.002
1	0.026	0.000	−0.010	−0.008	0.002	0.007	0.001	0.002
2	0.008	−0.010	0.000	0.021	0.000	−0.005	−0.003	0.000
3	−0.013	−0.008	0.021	0.000	0.024	−0.010	−0.012	−0.005
4	−0.014	0.002	0.000	0.024	0.000	−0.001	−0.002	−0.013
5	0.002	0.007	−0.005	−0.010	−0.001	0.000	0.007	0.005
6	0.009	0.001	−0.003	−0.012	−0.002	0.007	0.000	0.010
7	0.002	0.002	0.000	−0.005	−0.013	0.005	0.010	0.000

比较表 6-25 中主成分解的残差矩阵与表 6-27 中主因子解的残差矩阵，可以看出，主因子解拟合得更好。

6.5.3 因子旋转

因子模型的参数估计完成之后，还需对模型中的公共因子进行合理的解释，以便更好地理解因子。但估计方法所求出的公共因子的典型代表变量并不突出，容易使公共因子的实际意义含糊不清，不利于解释。针对这种现象，常常通过旋转因子的方法来达到简化其结构的目的。

因子是否易于解释，取决于因子载荷矩阵 $\boldsymbol{A}$ 的元素结构。如果从相关矩阵出发求得 $\boldsymbol{A}$，那么 $\boldsymbol{A}$ 的元素在 $(-1,1)$ 区间上。如果载荷矩阵 $\boldsymbol{A}$ 的所有元素都接近 0 或 ± 1，那么模型的因子易于解释；反之，如果载荷矩阵 $\boldsymbol{A}$ 的元素多数居中，那么模型的因子不易解释。所以需要对因子载荷矩阵 $\boldsymbol{A}$ 进行旋转，使因子载荷矩阵 $\boldsymbol{A}$ 的列或行的元素平方值向 0 和 1 两极分化。

因子旋转有正交旋转和斜交旋转两类，本小节只介绍正交旋转。正交矩阵 $\boldsymbol{T}$ 的不同选取法构成了正交旋转的不同方法，如四次方最大法、方差最大法、等量最大法，其中使用最普遍的是方差最大法。

对公共因子做正交旋转 $\boldsymbol{f}^* = \boldsymbol{T}^{\mathrm{T}}\boldsymbol{f}$ 的同时，载荷矩阵也相应地变为 $\boldsymbol{A}^* = \boldsymbol{AT}$，记 $\boldsymbol{A} = (\boldsymbol{a}_1, \boldsymbol{a}_2, \cdots, \boldsymbol{a}_p)^{\mathrm{T}}$，$\boldsymbol{A}^* = (\boldsymbol{a}_1^*, \boldsymbol{a}_2^*, \cdots, \boldsymbol{a}_p^*)^{\mathrm{T}}$，于是 $\boldsymbol{a}_i^* = \boldsymbol{T}^{\mathrm{T}}\boldsymbol{a}_i \quad (i = 1,2,\cdots,p)$。

若 $d_{ij} = \dfrac{a_{ij}^*}{h_i}$、$\bar{d}_j = \dfrac{1}{p}\sum_{i=1}^{p} d_{ij}^2$ 成立，其中 $\boldsymbol{A}^* = (a_{ij}^*)$，则第 j 列元素平方的**相对方差**如式（6-100）所示。

$$V_j = \frac{1}{p}\sum_{i=1}^{p}\left(d_{ij}^2 - \bar{d}_j\right)^2 \qquad (6\text{-}100)$$

$\dfrac{a_{ij}^*}{h_i}$ 可以消除公共因子对各原始变量方差贡献率的不同影响，d_{ij}^2 可以消除 d_{ij} 符号不同的影响。**方差最大旋转法**就是选择正交矩阵 $\boldsymbol{T}$，使得矩阵 $\boldsymbol{A}^*$ 所有的 m 个列元素平方的相对方差之和达到最大，如式（6-10）所示。

$$V = V_1 + V_2 + \cdots + V_m \qquad (6\text{-}101)$$

例 6-21 对例 6-19 和例 6-20 中求得的因子载荷矩阵进行旋转，并分析旋转后的因子载荷矩阵。

解 采用方差最大旋转法对例 6-19 和例 6-20 中求得的因子载荷矩阵进行旋转，如代码 6-26 所示。

代码 6-26 对主成分法和主因子法求得的因子载荷矩阵 $\boldsymbol{A}$ 分别应用方差最大旋转法

```
In[8]:  # 定义方差最大法 varimax 函数
        def varimax(Phi, gamma = 1.0, q = 20, tol = 1e-6):
            from scipy import eye, asarray, dot, sum
            from scipy.linalg import svd
            p,k = Phi.shape
            R = eye(k)
```

```
    d=0
    for i in range(q):
        d_old = d
        Lambda = dot(Phi, R)
        u,s,vh = svd(dot(Phi.T,asarray(Lambda)**3 - (gamma/p) *
                        dot(Lambda,
                        np.diag(np.diag(dot(Lambda. T,Lambda))))))
        R = dot(u,vh)
        d = sum(s)
        if d_old!=0 and d/d_old < 1 + tol: break
    return dot(Phi, R)
# 计算主成分法旋转后的因子载荷合计
A_xuanzhuan_pcm = varimax(A_pcm)
print('旋转后的主成分法求得的因子载荷矩阵：\n',A_xuanzhuan_pcm)
```

```
Out[8]:  旋转后的主成分法求得的因子载荷矩阵：
 [[-0.30789702  0.92466936]
 [-0.40844569  0.87873147]
 [-0.5706041   0.75239633]
 [-0.73457435  0.60055907]
 [-0.83177754  0.49567224]
 [-0.91539014  0.35597876]
 [-0.91719639  0.36361386]
 [-0.94435176  0.2269895 ]]
```

```
In[9]:  # 计算主成分法旋转后的因子载荷合计
        A_xuanzhuan_fm = varimax(A_fm)
        print('旋转后的主因子法求得的因子载荷矩阵：\n',A_xuanzhuan_fm)
```

```
Out[9]:  旋转后的主因子法求得的因子载荷矩阵：
 [[-0.32917733  0.88810973]
 [-0.42104951  0.85350214]
 [-0.57495318  0.72495295]
 [-0.72405917  0.597691  ]
 [-0.82275225  0.4994645 ]
 [-0.9125871   0.35667622]
 [-0.91819515  0.3622464 ]
 [-0.92115801  0.24140977]]
```

根据代码 6-26 的结果可以知道，经过旋转后，因子有了较为明确的意义。主成分法和主因子法的因子载荷经过因子旋转之后给出了大致相同的结果，$x_1^*,x_2^*,\cdots,x_8^*$ 在因子 f_1^* 上的载荷依次增大，在因子 f_2^* 上的载荷依次减小，于是可以称 f_1^* 为耐力因子，称 f_2^* 为速度因子。

6.5.4　因子得分

前文已经介绍了从样本的协方差 $\boldsymbol{S}$ 或相关矩阵 $\boldsymbol{R}$ 来得到公共因子和因子载荷，并对公共因子进行合理解释。如果得到的公共因子还是难以解释，或者希望得到更好的解释，那么可以尝试做因子旋转，使公共因子有更鲜明的实际意义。在一些情况下，所做的这些已经能够达到因子分析的目的，可以解决用公共因子的线性组合来表示一组观测变量的有关问题。而在另一些情况下，还希望使用这些因子做其他研究，比如把得到的因子作为自变量来进行回归分析，对样本进行分类或评价，这就需要给出每一样本关于 m 个公共因子的得分。本小节将介绍一种常用的因子得分估计方法——回归法。

假设变量 $\boldsymbol{X}$ 为标准化变量，公共因子 $\boldsymbol{f}$ 也已标准化，则公共因子 $\boldsymbol{f}$ 对变量的回归方程如式（6-102）所示。

$$\boldsymbol{f}=\boldsymbol{BX}+\varepsilon \tag{6-102}$$

式（6-102）中，$\boldsymbol{B}=(b_{ij})_{m\times p}$ 为回归系数矩阵。

估计式（6-102）的回归系数 b_{ij}，但 $\boldsymbol{f}$ 是不可观测的，所以由式（6-103）可得回归系数矩阵 $\boldsymbol{B}$，如式（6-104）所示。其中，$\boldsymbol{A}=(a_{ij})_{p\times m}$ 为因子载荷矩阵，$\boldsymbol{R}=(r_{ij})_{p\times p}$ 为相关矩阵。

$$\boldsymbol{A}=E\left(\boldsymbol{Xf}^{\mathrm{T}}\right)=E\left[\boldsymbol{X}\left(\boldsymbol{BX}+\varepsilon\right)^{\mathrm{T}}\right]=E\left(\boldsymbol{XX}^{\mathrm{T}}\right)\boldsymbol{B}^{\mathrm{T}}=\boldsymbol{RB}^{\mathrm{T}} \tag{6-103}$$

$$\boldsymbol{B}=\boldsymbol{A}^{\mathrm{T}}\boldsymbol{R}^{-1} \tag{6-104}$$

于是，利用回归法所建立的公共因子对变量的回归方程如式（6-105）所示。

$$\hat{\boldsymbol{f}}=\boldsymbol{BX}=\boldsymbol{A}^{\mathrm{T}}\boldsymbol{R}^{-1}\boldsymbol{X} \tag{6-105}$$

式（6-105）是因子得分函数的计算公式，将各个样本的变量值代入式（6-105），可以得到各个样本的因子得分。

例 6-22　根据例 6-19 和例 6-21 的数据，计算因子得分。

解　将数据标准化，并对主成分法求得的因子载荷矩阵进行因子旋转，计算旋转后的因子得分，如代码 6-27 所示。

代码 6-27　计算因子得分

```
In[10]:  # 样本数据标准化
         import scipy.stats as ss
         sport_ss = np.array(ss.zscore(sport))
         # 计算因子得分
         defen = A_xuanzhuan_pcm.T * np.mat(cor_mat).I * \
               np.mat(sport_ss).T
```

```
# 将 defen 以 CSV 格式存储
np.savetxt('../tmp/defen.csv', defen, delimiter = ',')
print('因子得分:\n',dcfcn.T)
```

```
Out[10]:  因子得分:
                 0         1
          0  -0.311922 -0.226472
          1   0.604996 -0.780188
          2   0.574648  0.212668
          3   0.801863 -0.278410
          4  -1.413333 -1.307614
          5   0.047247 -0.921037
          6  -0.431933  0.698744
          …
          53  0.297153 -1.279840
          54 -3.494829  0.165736
```

注：此处部分结果已省略。

根据代码 6-27 的结果可知，每个队伍两个因子的得分数值分别按因子得分 $\hat{f}_1$、$\hat{f}_2$ 数值大小由高到低排序。按照 $\hat{f}_1$ 进行排序反映了运动员的耐力由好到差，按照 $\hat{f}_2$ 进行排序反映了运动员的速度由快到慢。

6.6 典型相关分析

两个随机变量 X、Y 的相关性可用它们的相关系数 $\rho_{X,Y}=\dfrac{\operatorname{cov}(X,Y)}{\sqrt{\operatorname{var}(X)\operatorname{var}(Y)}}$ 来度量。但在许多实际问题中，需要研究多个变量间的相关性。比如，在变量组 $(X_1,X_2,\cdots,X_p)$ 和 $(Y_1,Y_2,\cdots,Y_q)$ 中，虽然每个 X_i 与每个 Y_j 之间的相关性也反映了两组变量中各对数据之间的联系，但不能反映这两组变量整体之间的相关性，而且使用这么多相关系数来整体描述两组变量之间的相关性显得过于烦琐。

典型相关分析由霍特林提出，其基本思想和主成分分析非常相似：首先在每组变量中找出变量的线性组合，使两组的线性组合之间具有最大的相关系数；然后选取和最初挑选的这对线性组合不相关的线性组合，使其配对，并选取相关系数最大的一对，如此继续下去，直到两组变量之间的相关性被提取完毕为止。被选出的线性组合称为典型变量，它们的相关系数称为典型相关系数。典型相关系数度量了两组变量之间相关关系的强度。

6.6.1 总体典型相关

设 $\boldsymbol{X}=(X_1,X_2,\cdots,X_p)^{\mathrm{T}}$ 和 $\boldsymbol{Y}=(Y_1,Y_2,\cdots,Y_q)^{\mathrm{T}}$ 是两组随机向量，令式(6-106)、式(6-107)、

式（6-108）、式（6-109）成立。

$$\mathrm{var}(\boldsymbol{X})=E\left[\boldsymbol{X}-E(\boldsymbol{X})\right][\boldsymbol{X}-E(\boldsymbol{X})]^{\mathrm{T}}=\boldsymbol{\Sigma}_{11} \tag{6-106}$$

$$\mathrm{var}(\boldsymbol{Y})=E\left[\boldsymbol{Y}-E(\boldsymbol{Y})\right][\boldsymbol{Y}-E(\boldsymbol{Y})]^{\mathrm{T}}=\boldsymbol{\Sigma}_{22} \tag{6-107}$$

$$\mathrm{cov}(\boldsymbol{X},\boldsymbol{Y})=E\left[\boldsymbol{X}-E(\boldsymbol{X})\right][\boldsymbol{Y}-E(\boldsymbol{Y})]^{\mathrm{T}}=\boldsymbol{\Sigma}_{12} \tag{6-108}$$

$$\mathrm{cov}(\boldsymbol{Y},\boldsymbol{X})=E\left[\boldsymbol{Y}-E(\boldsymbol{Y})\right][\boldsymbol{X}-E(\boldsymbol{X})]^{\mathrm{T}}=\boldsymbol{\Sigma}_{21} \tag{6-109}$$

则有式（6-110）成立。

$$\boldsymbol{\Sigma}=\begin{pmatrix}\boldsymbol{\Sigma}_{11} & \boldsymbol{\Sigma}_{12}\\ \boldsymbol{\Sigma}_{21} & \boldsymbol{\Sigma}_{22}\end{pmatrix} \tag{6-110}$$

式（6-110）中，$\boldsymbol{\Sigma}_{12}=\boldsymbol{\Sigma}_{21}{}^{\mathrm{T}}$，且$\boldsymbol{\Sigma}$是$(X_1,X_2,\cdots,X_p,Y_1,Y_2,\cdots,Y_q)^{\mathrm{T}}$的协方差矩阵。

考虑U和V两组变量的线性组合，如式（6-111）所示，由于式（6-112）成立，所以U和V的相关系数如式（6-113）所示。

$$\begin{cases}U=\boldsymbol{a}^{\mathrm{T}}\boldsymbol{X}=a_1X_1+a_2X_2+\cdots+a_pX_p\\ V=\boldsymbol{b}^{\mathrm{T}}\boldsymbol{Y}=b_1Y_1+b_2Y_2+\cdots+b_qY_q\end{cases} \tag{6-111}$$

$$\begin{cases}\mathrm{var}(U)=\mathrm{var}\left(\boldsymbol{a}^{\mathrm{T}}\boldsymbol{X}\right)=\boldsymbol{a}^{\mathrm{T}}\boldsymbol{\Sigma}_{11}\boldsymbol{a}\\ \mathrm{var}(V)=\mathrm{var}\left(\boldsymbol{b}^{\mathrm{T}}\boldsymbol{Y}\right)=\boldsymbol{b}^{\mathrm{T}}\boldsymbol{\Sigma}_{22}\boldsymbol{b}\\ \mathrm{cov}(U,V)=\mathrm{cov}\left(\boldsymbol{a}^{\mathrm{T}}\boldsymbol{X},\boldsymbol{b}^{\mathrm{T}}\boldsymbol{Y}\right)=\boldsymbol{a}^{\mathrm{T}}\boldsymbol{\Sigma}_{12}\boldsymbol{b}\end{cases} \tag{6-112}$$

$$\rho_{U,V}=\frac{\boldsymbol{a}^{\mathrm{T}}\boldsymbol{\Sigma}_{12}\boldsymbol{b}}{\sqrt{\boldsymbol{a}^{\mathrm{T}}\boldsymbol{\Sigma}_{11}\boldsymbol{a}}\sqrt{\boldsymbol{b}^{\mathrm{T}}\boldsymbol{\Sigma}_{22}\boldsymbol{b}}} \tag{6-113}$$

典型相关分析即确定$\boldsymbol{a}$和$\boldsymbol{b}$，使得$\rho_{U,V}$达到最大。

由式（6-113）可以看出，如果$\boldsymbol{a}$和$\boldsymbol{b}$同时乘以非零常数C，U和V的相关系数不变，故可对$\boldsymbol{a}$和$\boldsymbol{b}$做如式（6-114）所示的约束。

$$\boldsymbol{a}^{\mathrm{T}}\boldsymbol{\Sigma}_{11}\boldsymbol{a}=1,\quad \boldsymbol{b}^{\mathrm{T}}\boldsymbol{\Sigma}_{22}\boldsymbol{b}=1 \tag{6-114}$$

于是，典型相关分析即在式（6-114）的约束之下确定$\boldsymbol{a}$和$\boldsymbol{b}$，使得$\rho_{U,V}$达到最大，此时称U和V为典型变量。

如果一对U和V还不足以反映$\boldsymbol{X}$和$\boldsymbol{Y}$之间的相关性，那么可进一步构造与U和V互不相关的另一对典型变量，第k对典型变量间的相关系数称为第k个典型相关系数。

定理 6-1 若$\boldsymbol{X}=(X_1,X_2,\cdots,X_p)^{\mathrm{T}}$和$\boldsymbol{Y}=(Y_1,Y_2,\cdots,Y_q)^{\mathrm{T}}$，$\mathrm{var}(\boldsymbol{X})=\boldsymbol{\Sigma}_{11}$，$\mathrm{var}(\boldsymbol{Y})=\boldsymbol{\Sigma}_{22}$，$\mathrm{cov}(\boldsymbol{X},\boldsymbol{Y})=\boldsymbol{\Sigma}_{12}$，则$\boldsymbol{X}$和$\boldsymbol{Y}$的第$k$对典型变量为$U_k=\boldsymbol{e}_k{}^{\mathrm{T}}\boldsymbol{\Sigma}_{11}{}^{-\frac{1}{2}}\boldsymbol{X}$，$V_k=\boldsymbol{f}_k{}^{\mathrm{T}}\boldsymbol{\Sigma}_{22}{}^{-\frac{1}{2}}\boldsymbol{Y}$ $(k=1,2,\cdots,p)$，其典型相关系数为$\rho_{U_k,V_k}=\rho_k$ $(k=1,2,\cdots,p)$。其中，$\boldsymbol{e}_k$为p阶矩阵$\boldsymbol{\Sigma}_{11}{}^{-1}\boldsymbol{\Sigma}_{12}\boldsymbol{\Sigma}_{22}{}^{-1}\boldsymbol{\Sigma}_{21}$的正交单位特征向量，$\boldsymbol{f}_k$为$p$阶矩阵$\boldsymbol{\Sigma}_{22}{}^{-1}\boldsymbol{\Sigma}_{21}\boldsymbol{\Sigma}_{11}{}^{-1}\boldsymbol{\Sigma}_{12}$的正交单位特征向量，$k=1,2,\cdots,p$。

典型变量U_k和V_k具有如下性质。

（1）$\mathrm{var}(U_k)=\mathrm{var}(V_k)=1$ $(k=1,2,\cdots,p)$。

（2）$\mathrm{cov}(U_k,U_l)=0$ $(k\neq l)$。

（3）$\text{cov}(V_k,V_l)=0\ (k \neq l)$。

（4）$\text{cov}(U_k,V_l)=0\ (k \neq l)$。

对 $\boldsymbol{X}$ 和 $\boldsymbol{Y}$ 的各分量进行标准化，可得到 $\boldsymbol{X}^*=\left(X_1^*,X_2^*,\cdots,X_p^*\right)^{\mathrm{T}}$，$\boldsymbol{Y}^*=\left(Y_1^*,Y_2^*,\cdots,Y_q^*\right)^{\mathrm{T}}$，其中，$X_i^*=\dfrac{X_i-E(X_i)}{\sqrt{\text{var}(X_i)}}\ (i=1,2,\cdots,p)$，$Y_j^*=\dfrac{Y_j-E(Y_j)}{\sqrt{\text{var}(Y_j)}}\ (j=1,2,\cdots,q)$。则有 $\text{var}\left(\boldsymbol{X}^*\right)=\rho_{11}$，$\text{var}\left(\boldsymbol{Y}^*\right)=\rho_{22}$，$\text{cov}\left(\boldsymbol{X}^*,\boldsymbol{Y}^*\right)=\rho_{12}=\rho_{21}^{\mathrm{T}}$。其中，$\rho_{11}$ 和 ρ_{22} 分别为 $\boldsymbol{X}^*$ 和 $\boldsymbol{Y}^*$ 的相关矩阵，$\rho=\begin{pmatrix}\rho_{11} & \rho_{12}\\ \rho_{21} & \rho_{22}\end{pmatrix}$ 为 $\left(X_1,X_2,\cdots,X_p,Y_1,Y_2,\cdots,Y_q\right)^{\mathrm{T}}$ 的相关矩阵。

从 ρ 出发做典型相关分析可以得类似的结果，即第 k 对典型相关变量如式（6-115）所示。

$$\begin{cases}U_k^*=\left(\boldsymbol{a}_k^*\right)^{\mathrm{T}}\boldsymbol{X}^*=\left(\boldsymbol{e}_k^*\right)^{\mathrm{T}}\rho_{11}^{-\frac{1}{2}}\boldsymbol{X}^*\\ V_k^*=\left(\boldsymbol{b}_k^*\right)^{\mathrm{T}}\boldsymbol{Y}^*=\left(\boldsymbol{f}_k^*\right)^{\mathrm{T}}\rho_{22}^{-\frac{1}{2}}\boldsymbol{Y}^*\end{cases}\tag{6-115}$$

典型相关系数为 $\rho_{U_k^*,V_k^*}=\rho_k^*\ (k=1,2,\cdots,p)$。

6.6.2 样本典型相关

在实际应用中，协方差矩阵 $\boldsymbol{\Sigma}=\begin{pmatrix}\boldsymbol{\Sigma}_{11} & \boldsymbol{\Sigma}_{12}\\ \boldsymbol{\Sigma}_{21} & \boldsymbol{\Sigma}_{22}\end{pmatrix}$ 一般是未知的，应根据样本来进行估计。

设 $\begin{pmatrix}\boldsymbol{x}_i\\ \boldsymbol{y}_i\end{pmatrix}\ (i=1,2,\cdots,n)$ 是来自总体 $\begin{pmatrix}\boldsymbol{X}\\ \boldsymbol{Y}\end{pmatrix}$ 的一个样本，其中，$\boldsymbol{x}_i=(x_{1i},x_{2i},\cdots,x_{pi})^{\mathrm{T}}$，$\boldsymbol{y}_i=(y_{1i},y_{2i},\cdots,y_{qi})^{\mathrm{T}}\ (i=1,2,\cdots,n)$，则样本协方差矩阵如式（6-116）所示。

$$\underset{(p+q)(p+q)}{\boldsymbol{S}_{11}}=\begin{pmatrix}\boldsymbol{S}_{11(p\times p)} & \boldsymbol{S}_{12(p\times q)}\\ \boldsymbol{S}_{21(q\times p)} & \boldsymbol{S}_{22(q\times q)}\end{pmatrix}\tag{6-116}$$

式（6-116）中，$\begin{cases}\boldsymbol{S}_{11}=\dfrac{1}{n-1}\sum\limits_{i=1}^{n}(\boldsymbol{x}_i-\overline{\boldsymbol{x}})(\boldsymbol{x}_i-\overline{\boldsymbol{x}})^{\mathrm{T}},\ \overline{\boldsymbol{x}}=\dfrac{1}{n}\sum\limits_{i=1}^{n}\boldsymbol{x}_i\\ \boldsymbol{S}_{22}=\dfrac{1}{n-1}\sum\limits_{i=1}^{n}(\boldsymbol{y}_i-\overline{\boldsymbol{y}})(\boldsymbol{y}_i-\overline{\boldsymbol{y}})^{\mathrm{T}},\ \overline{\boldsymbol{y}}=\dfrac{1}{n}\sum\limits_{i=1}^{n}\boldsymbol{y}_i\\ \boldsymbol{S}_{12}=\dfrac{1}{n-1}\sum\limits_{i=1}^{n}(\boldsymbol{x}_i-\overline{\boldsymbol{x}})(\boldsymbol{y}_i-\overline{\boldsymbol{y}})^{\mathrm{T}}=\boldsymbol{S}_{21}^{\mathrm{T}}\end{cases}$，以 $\boldsymbol{S}_{11}$、$\boldsymbol{S}_{12}$、$\boldsymbol{S}_{22}$、$\boldsymbol{S}_{21}$ 分别代替定理 6-1 中的 $\boldsymbol{\Sigma}_{11}$、$\boldsymbol{\Sigma}_{12}$、$\boldsymbol{\Sigma}_{22}$、$\boldsymbol{\Sigma}_{21}$ 而得到的典型变量称为样本典型变量，相应的典型相关系数称为样本典型相关系数。此时，样本典型变量如式（6-117）所示。

$$\begin{cases}\hat{U}_k=\hat{\boldsymbol{a}}_k^{\mathrm{T}}\boldsymbol{x}=\hat{\boldsymbol{e}}_k^{\mathrm{T}}\boldsymbol{S}_{11}^{-\frac{1}{2}}\boldsymbol{x}\\ \hat{V}_k=\hat{\boldsymbol{b}}_k^{\mathrm{T}}\boldsymbol{y}=\hat{\boldsymbol{f}}_k^{\mathrm{T}}\boldsymbol{S}_{22}^{-\frac{1}{2}}\boldsymbol{y}\end{cases}\quad(k=1,2,\cdots,p)\tag{6-117}$$

样本典型相关系数为 $\rho_{\hat{U}_k,\hat{V}_k} = \hat{\rho}_k \ (k=1,2,\cdots,p)$。

为了消除量纲的影响，也可以对样本观测值进行标准化，如式（6-118）所示。

$$\begin{cases} x_{ki}^{\ *} = \dfrac{x_{ki} - \overline{x}_k}{\sqrt{s_{kk}^{\ (1)}}} \ (i=1,2,\cdots,n;k=1,2,\cdots,p) \\ y_{ki}^{\ *} = \dfrac{y_{ki} - \overline{y}_k}{\sqrt{s_{kk}^{\ (2)}}} \ (i=1,2,\cdots,n;k=1,2,\cdots,q) \end{cases} \tag{6-118}$$

式（6-118）中，$s_{kk}^{\ (1)}$ 和 $s_{kk}^{\ (2)}$ 分别为 $\boldsymbol{S}_{11}$ 和 $\boldsymbol{S}_{22}$ 的主对角线上的第 k 个元素，$\overline{x}_k$ 和 $\overline{y}_k$ 分别为 $\overline{\boldsymbol{x}}$ 和 $\overline{\boldsymbol{y}}$ 的第 k 个分量。

标准化样本 $\begin{pmatrix} \boldsymbol{x}_i^{\ *} \\ \boldsymbol{y}_i^{\ *} \end{pmatrix}$ 的样本协方差矩阵即为原样本的样本相关矩阵 $\boldsymbol{R}$，令 $\boldsymbol{R}_{(p+q)(p+q)} = \begin{pmatrix} \boldsymbol{R}_{11(p\times p)} & \boldsymbol{R}_{12(p\times q)} \\ \boldsymbol{R}_{21(q\times p)} & \boldsymbol{R}_{22(q\times q)} \end{pmatrix}$，以 $\boldsymbol{R}_{11}$、$\boldsymbol{R}_{12}$、$\boldsymbol{R}_{22}$、$\boldsymbol{R}_{21}$ 代替 $\boldsymbol{S}_{11}$、$\boldsymbol{S}_{12}$、$\boldsymbol{S}_{22}$、$\boldsymbol{S}_{21}$，可得到标准化样本的典型变量和典型相关系数。

在实际应用中，为使典型变量易于解释，通常从 $\boldsymbol{R}$ 出发求标准化样本的典型变量，再选择样本典型相关系数较大的少数几对样本典型变量反映原来两组变量间的关系。

6.6.3 典型相关系数的显著性检验

假定总体 $\begin{pmatrix} \boldsymbol{X} \\ \boldsymbol{Y} \end{pmatrix}$ 服从 $p+q$ 维正态分布 $N_{p+q}(\mu,\boldsymbol{\Sigma})$，且 $\mu = \begin{pmatrix} \mu_1 \\ \mu_2 \end{pmatrix} = \begin{pmatrix} E(\boldsymbol{X}) \\ E(\boldsymbol{Y}) \end{pmatrix}$，$\boldsymbol{\Sigma} = \begin{pmatrix} \boldsymbol{\Sigma}_{11} & \boldsymbol{\Sigma}_{12} \\ \boldsymbol{\Sigma}_{21} & \boldsymbol{\Sigma}_{22} \end{pmatrix}$。如果 $\boldsymbol{X}$ 和 $\boldsymbol{Y}$ 互不相关，则有 $\boldsymbol{\Sigma}_{12} = 0$，典型相关系数 $\rho_k = 0 \ (k=1,2,\cdots,p)$，反之则只有 $\boldsymbol{\Sigma}_{12} = 0$。因此，通过检验，$\rho_1 = \rho_2 = \cdots = \rho_k = 0$ 是否成立，便可判断 $\boldsymbol{X}$ 和 $\boldsymbol{Y}$ 是否显著相关。

建立式（6-119）所示的假设检验。

$$H_0^{(1)}\text{：} \rho_1 = 0, \ H_1^{(1)}\text{：} \rho_1 \neq 0 \tag{6-119}$$

若接受 $H_0^{(1)}$，即认为 $\boldsymbol{X}$ 与 $\boldsymbol{Y}$ 不相关，这时相关分析便无意义；若拒绝 $H_0^{(1)}$，可进一步建立式（6-120）所示的假设检验。

$$H_0^{(2)}\text{：} \rho_2 = 0, \ H_1^{(2)}\text{：} \rho_2 \neq 0 \tag{6-120}$$

若接受 $H_0^{(2)}$，则认为除第一对典型变量显著相关以外，其余各对典型变量的相关性都不显著，故可考虑用第一对典型变量反映 $\boldsymbol{X}$ 与 $\boldsymbol{Y}$ 的相关性；若拒绝 $H_0^{(2)}$，则需要进一步检验 ρ_3 是否为零。以此类推，直至接受 $H_0^{(k)}$ 为止。

对于上述假设，可使用 Bartlett 检验方法，具体如下所述。

在满足 $\begin{pmatrix} X \\ Y \end{pmatrix} \sim N_{p+q}(\mu,\boldsymbol{\Sigma})$ 的条件下，一般的，若第 $k-1$ 步检验拒绝 $H_0^{(k-1)}$，则需检验 $H_0^{(k)}$。令 $W_k = \prod_{i=k}^{p}\left(1-\hat{\rho}_i^{\ 2}\right)$，$A_k = -\left[n-k-\frac{1}{2}(p+q+1)\right]\ln W_k$，当 $H_0^{(k)}$ 为真时，A_k 渐近服

从自由度为 $(p+q+1)(q-k+1)$ 的 χ^2 分布，当满足 $A_k \geqslant {\chi_\alpha}^2\left[(p-k+1)(q-k+1)\right]$ 时，拒绝 ${H_0}^{(k)}$，否则接受 ${H_0}^{(k)}$。检验结束，即认为只有前 $k-1$ 个典型变量显著相关。

使用 scikit-learn 库中的 CCA 类可实现典型相关分析，具体语法格式如下。

```
sklearn.cross_decomposition.CCA(n_components=2,  scale=True,  max_iter=500,
    tol=1e-06, copy=True)
```

CCA 类的常用参数及说明如表 6-28 所示。

表 6-28　CCA 类的常用的参数及说明

参数名称	说　明
n_components	接收 int，表示要保留的组分数。默认为 2
scale	接收 bool，表示是否对数据进行测量。默认为 True
max_iter	接收 int，指定最大迭代次数。默认为 500

例 6-23　将 scikit-learn 库自带的 iris 数据集划分为两个分别含两个变量的数据集，并计算这两个数据集的典型相关系数。

解　如代码 6-28 所示。

代码 6-28　使用 scikit-learn 库自带的 iris 数据集求解典型相关系数过程

```
In[1]:  from sklearn import datasets
        from sklearn.cross_decomposition import CCA

        iris = datasets.load_iris()  # 导入鸢尾花的数据集
        iris_x = iris.data[:,0:2]  # 取样本数据的前两个特征
        iris_y = iris.data[:,2:4]  # 取样本数据的后两个特征
        cca = CCA()  # 定义一个典型相关分析对象
        # 调用该对象的训练方法，主要接收两个参数：两个不同的数据集
        cca.fit(iris_x, iris_y)
        print('降维结果为：', cca.transform(iris_x, iris_y))  # 输出降维结果
Out[1]: 降维结果为：
         (array([[ -1.22573621e+00,   5.14067264e-01],
                [ -1.00229498e+00,  -6.26842930e-01],
        …
        [  1.11288088e-01,  -8.04542828e-02]]), array([[-0.81963186,
       -0.11812858],
                [-0.81963186, -0.11812858],
```

```
        ...
        [ 0.45140758,  0.13645718]]))
```

注：此处部分结果已省略。

小结

本章介绍了大数据数学基础中的多元分析方法，主要讲述了回归分析、判别分析、聚类分析、主成分分析、因子分析和典型相关分析，并通过实例介绍了这些分析方法在Python中的实现。多元分析方法内容丰富、应用性极强，是一种非常重要和实用的多元数据处理方法，特别是其中的各种降维技术的实用价值尤其高。通过学习本章的内容，读者能够建立处理多维数据的思维方式，掌握多元统计分析方法，实现繁杂信息的抽丝剥茧和关键信息的提取。

课后习题

1. 某餐饮企业目前拥有60家分店，现计划扩大销售，准备在2018年增加至100家分店。表6-29为该餐饮企业2011—2017年的数据，建立一元线性回归模型，并预测2018年的盈利额。

表6-29 分店数量与盈利的关系

年 份	数 量	盈利（万元）
2011	12	652
2012	21	743
2013	27	836
2014	31	941
2015	35	1 190
2016	44	1 556
2017	62	1 845

2. 某运输公司为了掌握运输情况，以便合理安排行程，同时杜绝运输过程中出现玩忽职守的情形，统计出其中的10辆车在半年内平均每日的运输里程、次数、时间，如表6-30所示。试构建多元线性回归模型，找出运输里程、次数和时间的关系。

表6-30 某公司运输情况

编 号	运输里程（km）	运输次数	运输时间（h）
1	100	4	9.3
2	50	3	4.8
3	100	4	8.9

续表

编　号	运输里程（km）	运输次数	运输时间（h）
4	100	2	6.5
5	50	2	4.2
6	80	2	6.2
7	75	3	7.4
8	65	4	6.0
9	90	3	7.6
10	90	2	6.1

3．某餐饮企业为减少企业经营利润的流失，需要对客户的流失进行预测，及时做出相应的营销策略。现有该餐饮企业 2016 年 1 月 1 日到 2016 年 7 月 31 日的客户数据，字段说明如表 6-31 所示，部分数据如表 6-32 所示，请根据客户数据构建 Logistic 回归模型。

表 6-31　某餐饮企业客户数据字段说明

字段名	说　明
user_ID	客户 ID
name	客户名
frequence	总用餐次数，即观测时间内每个客户的总用餐次数
amount	客户在观测时间内的总消费金额
recently	客户最近一次用餐的时间距离观测窗口结束的天数
type	流失客户类型：0 代表已流失；1 代表未流失

表 6-32　某餐饮企业部分客户数据

user_ID	name	frequence	amount	recently	type
1000	邱泊君	2	1 985	140	0
1002	李孟夏	1	775	86	0
1004	陈明杰	1	362	86	0
1005	颜永宏	2	1 713	120	0
1008	许和怡	1	1 336	21	0
1009	袁田田	2	1 346	16	0
1010	袁家蕊	3	3 514	55	1
1011	柴德馨	3	4 112	42	1
1012	柴鸿飞	1	873	36	0
1014	许高阳	2	1 040	131	0

4．对28名一级（组1）和25名二级（组12）标枪运动员测试6个影响标枪成绩的训练项目，这6个训练项目分别为30 m跑、投掷小球、挺举重量、抛实心球、前掷铅球和五级跳，部分成绩数据如表6-33所示。请根据该数据集分别构建距离判别模型、贝叶斯判别模型和费希尔判别模型。

表6-33 标枪运动员训练项目部分成绩数据集

编号	组别	30 m跑	投掷小球	挺举重量	抛实心球	前掷铅球	五级跳
1	1	3.6	4.3	82.3	70	90	18.52
2	1	3.3	4.1	87.48	80	100	18.48
3	1	3.3	4.22	87.74	85	115	18.56
4	1	3.21	4.05	88.6	75	100	19.1
5	1	3.1	4.38	89.98	95	120	20.14
6	1	3.2	4.9	89.1	85	105	19.44
7	1	3.3	4.2	89	75	85	19.17
8	1	3.5	4.5	84.2	80	100	18.8
9	1	3.7	4.6	82.1	70	85	17.68
10	1	3.4	4.4	90.18	75	100	19.14

5．某公司的外卖App软件在用手机打开时可以获取用户的经纬度信息，部分数据如表6-34所示。假设用户每次叫外卖时均在办公地点，该公司计划在每个办公区域投资建造餐厅，请分别利用最短距离法、最长距离法和类平均法进行系统聚类，根据系统聚类的效果确定聚类数，并采用K-Means聚类法进行聚类，以判断该公司建造几个餐厅最合适。

表6-34 部分用户经纬度信息

纬 度	经 度
22.562 67	114.700 9
23.343 81	114.092 3
22.467	114.353 8
23.400 56	114.166 1
23.345 11	114.129 4
23.475 6	113.137 1
23.354 15	114.194 8
22.554 9	114.691 3
23.486 36	112.984 9
23.408 32	114.116 7

6．表 6-35 给出的是某地区 329 个社区 9 个方面的评分数据（部分数据）。这 9 个方面分别为气候和地形（x_1）、住房（x_2）、卫生保健与环境（x_3）、经济波动（x_4）、运输（x_5）、教育（x_6）、艺术（x_7）、娱乐（x_8）及治安（x_9）。在数据集中，住房和治安的分数越低越好，其余方面的分数越高越好。试对表中的评分数据分别进行主成分分析和因子分析。

表 6-35　某地区社区部分数据

communities	x_1	x_2	x_3	x_4	x_5	x_6	x_7	x_8	x_9
1	521	6 200	237	923	4 031	2 757	996	1 405	7 633
2	575	8 138	1 656	886	4 883	2 438	5 564	2 632	4 350
3	468	7 339	618	970	2 531	2 560	237	859	5 250
4	476	7 908	1 431	610	6 883	3 399	4 655	1 617	5 864
5	659	8 393	1 853	1 483	6 558	3 026	4 496	2 612	5 727
6	520	5 819	640	727	2 444	2 972	334	1 018	5 254
7	559	8 288	621	514	2 881	3 144	2 333	1 117	5 097
8	537	6 487	965	706	4 975	2 945	1 487	1 280	5 795
9	561	6 191	432	399	4 246	2 778	256	1 210	4 230
10	609	6 546	669	1 073	4 902	2 852	1 235	1 109	6 241

7．表 6-36 列出了 25 个家庭的成年长子和次子的头长和头宽。试对长子和次子的头长和头宽数据做典型相关分析。

表 6-36　成年长子和次子的头长与头宽数据集

编号	长子头长（单位：cm）	长子头宽（单位：cm）	次子头长（单位：cm）	次子头宽（单位：cm）
1	19.1	15.5	17.9	14.5
2	19.5	14.9	20.1	15.2
3	18.1	14.8	18.5	149
4	18.3	15.3	18.8	14.9
5	17.6	14.4	17.1	14.2
6	20.8	15.7	19.2	15.2
7	18.9	15	19	14.9
8	19.7	15.9	18.9	15.2
9	18.8	15.2	19.7	15.9
10	19.2	15	18.7	15.1
11	17.9	15.8	18.6	14.8

续表

编号	长子头长（单位：cm）	长子头宽（单位：cm）	次子头长（单位：cm）	次子头宽（单位：cm）
12	18.3	14.7	17.4	14.7
13	17.4	15	18.5	15.2
14	19	15.9	19.5	15.7
15	18.8	15.1	18.7	15.8
16	16.3	13.7	16.1	13
17	19.5	15.5	18.3	15.8
18	18.6	15.3	17.3	14.8
19	18.1	14.5	18.2	14.6
20	17.5	14	16.5	13.7
21	19.2	15.4	18.5	15.2
22	17.4	14.3	17.8	14.7
23	17.6	13.9	176	14.3
24	19.7	16.7	20	15.8
25	19	16.3	18.7	15

附录 I　t 分布表

n \ α	0.1	0.05	0.025	0.01	0.005	0.001
1	3.078	6.314	12.706	31.821	63.657	318.309
2	1.886	2.920	4.303	6.965	9.925	22.327
3	1.638	2.353	3.182	4.541	5.841	10.215
4	1.533	2.132	2.776	3.747	4.604	7.173
5	1.476	2.015	2.571	3.365	4.032	5.893
6	1.440	1.943	2.447	3.143	3.707	5.208
7	1.415	1.895	2.365	2.998	3.499	4.785
8	1.397	1.860	2.306	2.896	3.355	4.501
9	1.383	1.833	2.262	2.821	3.250	4.297
10	1.372	1.812	2.228	2.764	3.169	4.144
11	1.363	1.796	2.201	2.718	3.106	4.025
12	1.356	1.782	2.179	2.681	3.055	3.930
13	1.350	1.771	2.160	2.650	3.012	3.852
14	1.345	1.761	2.145	2.624	2.977	3.787
15	1.341	1.753	2.131	2.602	2.947	3.733
16	1.337	1.746	2.120	2.583	2.921	3.686
17	1.333	1.740	2.110	2.567	2.898	3.646
18	1.330	1.734	2.101	2.552	2.878	3.610
19	1.328	1.729	2.093	2.539	2.861	3.579
20	1.325	1.725	2.086	2.528	2.845	3.552
21	1.323	1.721	2.080	2.518	2.831	3.527
22	1.321	1.717	2.074	2.508	2.819	3.505
23	1.319	1.714	2.069	2.500	2.807	3.485

续表

n \ α	0.1	0.05	0.025	0.01	0.005	0.001
24	1.318	1.711	2.064	2.492	2.797	3.467
25	1.316	1.708	2.060	2.485	2.787	3.450
26	1.315	1.706	2.056	2.479	2.779	3.435
27	1.314	1.703	2.052	2.473	2.771	3.421
28	1.313	1.701	2.048	2.467	2.763	3.408
29	1.311	1.699	2.045	2.462	2.756	3.396
30	1.310	1.697	2.042	2.457	2.750	3.385
40	1.303	1.684	2.021	2.423	2.704	3.307
50	1.299	1.676	2.009	2.403	2.678	3.261
60	1.296	1.671	2.000	2.390	2.660	3.232
70	1.294	1.667	1.994	2.381	2.648	3.211
80	1.292	1.664	1.990	2.374	2.639	3.195
120	1.289	1.658	1.980	2.358	2.617	3.160
∞	1.282	1.645	1.960	2.326	2.576	3.090

附录Ⅱ F分布表

$$P\{F(m,n) > F_{\alpha}(m,n)\} = \alpha$$

$$\alpha=0.1$$

n \ m	1	2	3	4	5	6	7	8	9	10	12	15	20	24	30	40	60	120	∞
1	39.86	49.50	53.59	55.83	57.24	58.2	58.91	59.44	59.86	60.19	60.71	61.22	61.74	62.00	62.26	62.53	62.79	63.06	63.33
2	8.53	9.00	9.16	9.24	9.29	9.33	9.35	9.37	9.38	9.39	9.41	9.42	9.44	9.45	9.46	9.47	9.47	9.48	9.49
3	5.54	5.46	5.39	5.34	5.31	5.28	5.27	5.25	5.24	5.23	5.22	5.20	5.18	5.18	5.17	5.16	5.15	5.14	5.13
4	4.54	4.32	4.19	4.11	4.05	4.01	3.98	3.95	3.94	3.92	3.90	3.87	3.84	3.83	3.82	3.80	3.79	3.78	3.76
5	4.06	3.78	3.62	3.52	3.45	3.40	3.37	3.34	3.32	3.30	3.27	3.24	3.21	3.19	3.17	3.16	3.14	3.12	3.10
6	3.78	3.46	3.29	3.18	3.11	3.05	3.01	2.98	2.96	2.94	2.90	2.87	2.84	2.82	2.80	2.78	2.76	2.74	2.72
7	3.59	3.26	3.07	2.96	2.88	2.83	2.78	2.75	2.72	2.70	2.67	2.63	2.59	2.58	2.56	2.54	2.51	2.49	2.47
8	3.46	3.11	2.92	2.81	2.73	2.67	2.62	2.59	2.56	2.54	2.50	2.46	2.42	2.40	2.38	2.36	2.34	2.32	2.29
9	3.36	3.01	2.81	2.69	2.61	2.55	2.51	2.47	2.44	2.42	2.38	2.34	2.30	2.28	2.25	2.23	2.21	2.18	2.16
10	3.29	2.92	2.73	2.61	2.52	2.46	2.41	2.38	2.35	2.32	2.28	2.24	2.20	2.18	2.16	2.13	2.11	2.08	2.06
11	3.23	2.86	2.66	2.54	2.45	2.39	2.34	2.30	2.27	2.25	2.21	2.17	2.12	2.10	2.08	2.05	2.03	2.00	1.97
12	3.18	2.81	2.61	2.48	2.39	2.33	2.28	2.24	2.21	2.19	2.15	2.10	2.06	2.04	2.01	1.99	1.96	1.93	1.90
13	3.14	2.76	2.56	2.43	2.35	2.28	2.23	2.20	2.16	2.14	2.10	2.05	2.01	1.98	1.96	1.93	1.90	1.88	1.85
14	3.10	2.73	2.52	2.39	2.31	2.24	2.19	2.15	2.12	2.10	2.05	2.01	1.96	1.94	1.91	1.89	1.86	1.83	1.80
15	3.07	2.70	2.49	2.36	2.27	2.21	2.16	2.12	2.09	2.06	2.02	1.97	1.92	1.90	1.87	1.85	1.82	1.79	1.76
16	3.05	2.67	2.46	2.33	2.24	2.18	2.13	2.09	2.06	2.03	1.99	1.94	1.89	1.87	1.84	1.81	1.78	1.75	1.72
17	3.03	2.64	2.44	2.31	2.22	2.15	2.10	2.06	2.03	2.00	1.96	1.91	1.86	1.84	1.81	1.78	1.75	1.72	1.69

续表

n \ m	1	2	3	4	5	6	7	8	9	10	12	15	20	24	30	40	60	120	∞
18	3.01	2.62	2.42	2.29	2.20	2.13	2.08	2.04	2.00	1.98	1.93	1.89	1.84	1.81	1.78	1.75	1.72	1.69	1.66
19	2.99	2.61	2.40	2.27	2.18	2.11	2.06	2.02	1.98	1.96	1.91	1.86	1.81	1.79	1.76	1.73	1.70	1.67	1.63
20	2.97	2.59	2.38	2.25	2.16	2.09	2.04	2.00	1.96	1.94	1.89	1.84	1.79	1.77	1.74	1.71	1.68	1.64	1.61
21	2.96	2.57	2.36	2.23	2.14	2.08	2.02	1.98	1.95	1.92	1.87	1.83	1.78	1.75	1.72	1.69	1.66	1.62	1.59
22	2.95	2.56	2.35	2.22	2.13	2.06	2.01	1.97	1.93	1.90	1.86	1.81	1.76	1.73	1.70	1.67	1.64	1.60	1.57
23	2.94	2.55	2.34	2.21	2.11	1.05	1.99	1.95	1.92	1.89	1.84	1.80	1.74	1.72	1.69	1.66	1.62	1.59	1.55
24	2.93	2.54	2.33	2.19	2.10	2.04	1.98	1.94	1.91	1.88	1.83	1.78	1.73	1.70	1.67	1.64	1.61	1.57	1.53
25	2.92	2.53	2.32	2.18	2.09	2.02	1.97	1.93	1.89	1.87	1.82	1.77	1.72	1.69	1.66	1.63	1.59	1.56	1.52
26	2.91	2.52	2.31	2.17	2.08	2.01	1.96	1.92	1.88	1.86	1.81	1.76	1.71	1.68	1.65	1.61	1.58	1.54	1.50
27	2.90	2.51	2.30	2.17	2.07	2.00	1.95	1.91	1.87	1.85	1.80	1.75	1.70	1.67	1.64	1.60	1.57	1.53	1.49
28	2.89	2.50	2.29	2.16	2.06	2.00	1.94	1.90	1.87	1.84	1.79	1.74	1.69	1.66	1.63	1.59	1.56	1.52	1.48
29	2.89	2.50	2.28	2.15	2.06	1.99	1.93	1.89	1.86	1.83	1.78	1.73	1.68	1.65	1.62	1.58	1.55	1.51	1.47
30	2.88	2.49	2.28	2.14	2.05	1.98	1.93	1.88	1.85	1.82	1.77	1.72	1.67	1.64	1.61	1.57	1.54	1.50	1.46
40	2.84	2.44	2.23	2.09	2.00	1.93	1.87	1.83	1.79	1.76	1.71	1.66	1.61	1.57	1.54	1.51	1.47	1.42	1.38
60	2.79	2.39	2.18	2.04	1.95	1.87	1.82	1.77	1.74	1.71	1.66	1.60	1.54	1.51	1.48	1.44	1.40	1.35	1.29
120	2.75	2.35	2.13	1.99	1.90	1.82	1.77	1.72	1.68	1.65	1.60	1.55	1.48	1.45	1.41	1.37	1.32	1.26	1.19
∞	2.71	2.30	2.08	1.94	1.85	1.77	1.72	1.67	1.63	1.60	1.55	1.49	1.42	1.38	1.34	1.30	1.24	1.17	1.00

$\alpha=0.05$

n \ m	1	2	3	4	5	6	7	8	9	10	12	15	20	24	30	40	60	120	∞
1	161.40	199.50	215.70	224.60	230.20	234.00	236.80	238.90	240.50	241.90	243.90	245.90	248.00	249.10	250.10	251.10	252.20	253.30	254.30
2	18.51	19.00	19.16	19.25	19.30	19.33	19.35	19.37	19.38	19.40	19.41	19.43	19.45	19.45	19.46	19.47	19.48	19.49	19.50
3	10.13	9.55	9.28	9.12	9.01	8.94	8.89	8.85	8.81	8.79	8.74	8.70	8.66	8.64	8.62	8.59	8.57	8.55	8.53
4	7.71	6.94	6.59	6.39	6.26	6.16	6.09	6.04	6.00	5.96	5.91	5.86	5.80	5.77	5.75	5.72	5.69	5.66	5.63
5	6.61	5.79	5.41	5.19	5.05	4.95	4.88	4.82	4.77	4.74	4.68	4.62	4.56	4.53	4.50	4.46	4.43	4.40	4.36
6	5.99	5.14	4.76	4.53	4.39	4.28	4.21	4.15	4.10	4.06	4.00	3.94	3.87	3.84	3.81	3.77	3.74	3.70	3.67
7	5.59	4.74	4.35	4.12	3.97	3.87	3.79	3.73	3.68	3.64	3.57	3.51	3.44	3.41	3.38	3.34	3.30	3.27	3.23
8	5.32	4.46	4.07	3.84	3.69	3.58	3.50	3.44	3.39	3.35	3.28	3.22	3.15	3.12	3.08	3.04	3.01	2.97	2.93
9	5.12	4.26	3.86	3.63	3.48	3.37	3.29	3.23	3.18	3.14	3.07	3.01	2.94	2.90	2.86	2.83	2.79	2.75	2.71
10	4.96	4.10	3.71	3.48	3.33	3.22	3.14	3.07	3.02	2.98	2.91	2.85	2.77	2.74	2.70	2.66	2.62	2.58	2.54
11	4.84	3.98	3.59	3.36	3.20	3.09	3.01	2.95	2.90	2.85	2.79	2.72	2.65	2.61	2.57	2.53	2.49	2.45	2.40
12	4.75	3.89	3.49	3.26	3.11	3.00	2.91	2.85	2.80	2.75	2.69	2.62	2.54	2.51	2.47	2.43	2.38	2.34	2.30
13	4.67	3.81	3.41	3.18	3.03	2.92	2.83	2.77	2.71	2.67	2.60	2.53	2.46	2.42	2.38	2.34	2.30	2.25	2.21
14	4.60	3.74	3.34	3.11	2.96	2.85	2.76	2.70	2.65	2.60	2.53	2.46	2.39	2.35	2.31	2.27	2.22	2.18	2.13
15	4.54	3.68	3.29	3.06	2.90	2.79	2.71	2.64	2.59	2.54	2.48	2.40	2.33	2.29	2.25	2.20	2.16	2.11	2.07
16	4.49	3.63	3.24	3.01	2.85	2.74	2.66	2.59	2.54	2.49	2.42	2.35	2.28	2.24	2.19	2.15	2.11	2.06	2.01
17	4.45	3.59	3.20	2.96	2.81	2.70	2.61	2.55	2.49	2.45	2.38	2.31	2.23	2.19	2.15	2.10	2.06	2.01	1.96

续表

n \ m	1	2	3	4	5	6	7	8	9	10	12	15	20	24	30	40	60	120	∞
18	4.41	3.55	3.16	2.93	2.77	2.66	2.58	2.51	2.46	2.41	2.34	2.27	2.19	2.15	2.11	2.06	2.02	1.97	1.92
19	4.38	3.52	3.13	2.90	2.74	2.63	2.54	2.48	2.42	2.38	2.31	2.23	2.16	2.11	2.07	2.03	1.98	1.93	1.88
20	4.35	3.49	3.10	2.87	2.71	2.60	2.51	2.45	2.39	2.35	2.28	2.20	2.12	2.08	2.04	1.99	1.95	1.90	1.84
21	4.32	3.47	3.07	2.84	2.68	2.57	2.49	2.42	2.37	2.32	2.25	2.18	2.10	2.05	2.01	1.96	1.92	1.87	1.81
22	4.30	3.44	3.05	2.82	2.66	2.55	2.46	2.40	2.34	2.30	2.23	2.15	2.07	2.03	1.98	1.94	1.89	1.84	1.78
23	4.28	3.42	3.03	2.80	2.64	2.53	2.44	2.37	2.32	2.27	2.20	2.13	2.05	2.01	1.96	1.91	1.86	1.81	1.76
24	4.26	3.40	3.01	2.78	2.62	2.51	2.42	2.36	2.30	2.25	2.18	2.11	2.03	1.98	1.94	1.89	1.84	1.79	1.73
25	4.24	3.39	2.99	2.76	2.60	2.49	2.40	2.34	2.28	2.24	2.16	2.09	2.01	1.96	1.92	1.87	1.82	1.77	1.71
26	4.23	3.37	2.98	2.74	2.59	2.47	2.39	2.32	2.27	2.22	2.15	2.07	1.99	1.95	1.90	1.85	1.80	1.75	1.69
27	4.21	3.35	2.96	2.73	2.57	2.46	2.37	2.31	2.25	2.20	2.13	2.06	1.97	1.93	1.88	1.84	1.79	1.73	1.67
28	4.20	3.34	2.95	2.71	2.56	2.45	2.36	2.29	2.24	2.19	2.12	2.04	1.96	1.91	1.87	1.82	1.77	1.71	1.65
29	4.18	3.33	2.93	2.70	2.55	2.43	2.35	2.28	2.22	2.18	2.10	2.03	1.94	1.90	1.85	1.81	1.75	1.70	1.64
30	4.17	3.32	2.92	2.69	2.53	2.42	2.33	2.27	2.21	2.16	2.09	2.01	1.93	1.89	1.84	1.79	1.74	1.68	1.62
40	4.08	3.23	2.84	2.61	2.45	2.34	2.25	2.18	2.12	2.08	2.00	1.92	1.84	1.79	1.74	1.69	1.64	1.58	1.51
60	4.00	3.15	2.76	2.53	2.37	2.25	2.17	2.10	2.04	1.99	1.92	1.84	1.75	1.70	1.65	1.59	1.53	1.47	1.39
120	3.92	3.07	2.68	2.45	2.29	2.17	2.09	2.02	1.96	1.91	1.83	1.75	1.66	1.61	1.55	1.50	1.43	1.35	1.25
∞	3.84	3.00	2.60	2.37	2.21	2.10	2.01	1.94	1.88	1.83	1.75	1.67	1.57	1.52	1.46	1.39	1.32	1.22	1.00

$\alpha=0.025$

n \ m	1	2	3	4	5	6	7	8	9	10	12	15	20	24	30	40	60	120	∞
1	647.80	799.50	864.20	899.60	921.80	937.10	948.20	956.70	963.30	968.60	976.70	984.90	993.10	997.20	1001.00	1006.00	1010.00	1014.00	1018.00
2	38.51	39.00	39.17	39.25	39.30	39.33	39.36	39.37	39.39	39.40	39.41	39.43	39.45	39.46	39.46	39.47	39.48	39.40	39.50
3	17.44	16.04	15.44	15.10	14.88	14.73	14.62	14.54	14.47	14.42	14.34	14.25	14.17	14.12	14.08	14.04	13.99	13.95	13.90
4	12.22	10.65	9.98	9.60	9.36	9.20	9.07	8.98	8.90	8.84	8.75	8.66	8.56	8.51	8.46	8.41	8.36	8.31	8.26
5	10.01	8.43	7.76	7.39	7.15	6.98	6.85	6.76	6.68	6.62	6.52	6.43	6.33	6.28	6.23	6.18	6.12	6.07	6.02
6	8.81	7.26	6.60	6.23	5.99	5.82	5.70	5.60	5.52	5.46	5.37	5.27	5.17	5.12	5.07	5.01	4.96	4.90	4.85
7	8.07	6.54	5.89	5.52	5.29	5.12	4.99	4.90	4.82	4.76	4.67	4.57	4.47	4.42	4.36	4.31	4.25	4.20	4.14
8	7.57	6.06	5.42	5.05	4.82	4.65	4.53	4.43	4.36	4.30	4.20	4.10	4.00	3.95	3.89	3.84	3.78	3.73	3.67
9	7.21	5.71	5.08	4.72	4.48	4.23	4.20	4.10	4.03	3.96	3.87	3.77	3.67	3.61	3.56	3.51	3.45	3.39	3.33
10	6.94	5.46	4.83	4.47	4.24	4.07	3.95	3.85	3.78	3.72	3.62	3.52	3.42	3.37	3.31	3.26	3.20	3.14	3.08
11	6.72	5.26	4.63	4.28	4.04	3.88	3.76	3.66	3.59	3.53	3.43	3.33	3.23	3.17	3.12	3.06	3.00	2.94	2.88
12	6.55	5.10	4.47	4.12	3.89	3.73	3.61	3.51	3.44	3.37	3.28	3.18	3.07	3.02	2.96	2.91	2.85	2.79	2.72
13	6.41	4.97	4.35	4.00	3.77	3.60	3.48	3.39	3.31	3.25	3.15	3.05	2.95	2.89	2.84	2.78	2.72	2.66	2.60
14	6.30	4.86	4.24	3.89	3.66	3.50	3.38	3.29	3.21	3.15	3.05	2.95	2.84	2.79	2.73	2.67	2.61	2.55	2.49
15	6.20	4.77	4.15	3.80	3.58	3.41	3.29	3.20	3.12	3.06	2.96	2.86	2.76	2.70	2.64	2.59	2.52	2.46	2.40
16	6.12	4.69	4.08	3.73	3.50	3.34	3.22	3.12	3.05	2.99	2.89	2.79	2.68	2.63	2.57	2.51	2.45	2.38	2.32
17	6.04	4.62	4.01	3.66	3.44	3.28	3.26	3.06	2.98	2.92	2.82	2.72	2.62	2.56	2.50	2.44	2.38	2.32	2.25

续表

n \ m	1	2	3	4	5	6	7	8	9	10	12	15	20	24	30	40	60	120	∞
18	5.98	4.56	3.95	3.61	3.38	3.22	3.10	3.01	2.93	2.87	2.77	2.67	2.56	2.50	2.44	2.38	2.32	2.26	2.19
19	5.92	4.51	3.90	3.56	3.33	3.17	3.05	2.96	2.88	2.82	2.72	2.62	2.51	2.45	2.39	2.33	2.27	2.20	2.13
20	5.87	4.46	3.86	3.51	3.29	3.13	3.01	2.91	2.84	2.77	2.68	2.57	2.46	2.41	2.35	2.29	2.22	2.16	2.09
21	5.83	4.42	3.82	3.48	3.25	3.09	2.97	2.87	2.80	2.73	2.64	2.53	2.42	2.37	2.31	2.25	2.18	2.11	2.04
22	5.79	4.38	3.78	3.44	3.22	3.05	2.73	2.84	2.76	2.70	2.60	2.50	2.39	2.33	2.27	2.21	2.14	2.08	2.00
23	5.75	4.35	3.75	3.41	3.18	3.02	2.90	2.81	2.73	2.67	2.57	2.47	2.36	2.30	2.24	2.18	2.11	2.04	1.97
24	5.72	4.32	3.72	3.38	3.15	2.99	2.87	2.78	2.70	2.64	2.54	2.44	2.33	2.27	2.21	2.15	2.08	2.01	1.94
25	5.69	4.29	3.69	3.35	3.13	2.97	2.85	2.75	2.68	2.61	2.51	2.41	2.30	2.24	2.18	2.12	2.05	1.98	1.91
26	5.66	4.27	3.67	3.33	3.10	2.94	2.82	2.73	2.65	2.59	2.49	2.39	2.28	2.22	2.16	2.09	2.03	1.95	1.88
27	5.63	4.24	3.65	3.31	3.08	2.92	2.80	2.71	2.63	2.57	2.47	2.36	2.25	2.19	2.13	2.07	2.00	1.93	1.85
28	5.61	4.22	3.63	3.29	3.06	2.90	2.78	2.69	2.61	2.55	2.45	2.34	2.23	2.17	2.11	2.05	1.98	1.91	1.83
29	5.59	4.20	3.61	3.27	3.04	2.88	2.76	2.67	2.59	2.53	2.43	2.32	2.21	2.15	2.09	2.03	1.96	1.89	1.81
30	5.57	4.18	3.59	3.25	3.03	2.87	2.75	2.65	2.57	2.51	2.41	2.31	2.20	2.14	2.07	2.01	1.94	1.87	1.79
40	5.42	4.05	3.46	3.13	3.90	2.74	2.62	2.53	2.45	2.39	2.29	2.18	2.07	2.01	1.94	1.88	1.80	1.72	1.64
60	5.29	3.93	3.34	3.01	2.79	2.63	2.51	2.41	2.33	2.27	3.17	2.06	1.94	1.88	1.82	1.74	1.67	1.58	1.48
120	5.15	3.80	3.23	2.89	2.67	2.52	2.39	2.30	2.22	2.16	2.05	1.94	1.82	1.76	1.69	1.61	1.53	1.43	1.31
∞	5.02	3.69	3.12	2.79	2.57	2.41	2.29	2.19	2.11	2.05	1.94	1.83	1.71	1.64	1.57	1.48	1.39	1.27	1.00

α=0.01

n \ m	1	2	3	4	5	6	7	8	9	10	12	15	20	24	30	40	60	120	∞
1	4052.00	5000.00	5403.00	5625.00	5764.00	5859.00	5928.00	5982.00	6022.00	6056.00	6106.00	6157.00	6209.00	6235.00	6261.00	6287.00	6313.00	6339.00	6366.00
2	98.50	99.00	99.17	99.25	99.30	99.33	99.36	99.37	99.39	99.40	99.42	99.43	99.45	99.46	99.47	99.47	99.48	99.49	99.50
3	34.12	30.82	29.46	28.71	28.24	27.91	27.67	27.49	27.35	27.23	27.05	26.87	26.69	26.60	26.50	26.41	26.32	26.22	26.13
4	21.20	18.00	16.69	15.98	15.52	15.21	14.98	14.80	14.66	14.55	14.37	24.20	14.02	13.93	13.84	13.75	13.65	13.56	13.46
5	16.26	13.27	12.06	11.39	10.97	10.67	10.46	10.29	10.16	10.05	9.89	9.72	9.55	9.47	9.38	9.29	9.20	9.11	9.02
6	13.75	10.93	9.78	9.15	8.75	8.47	8.26	8.10	7.98	7.87	7.72	7.56	7.40	7.31	7.23	7.14	7.06	6.97	6.88
7	12.25	9.55	8.45	7.85	7.46	7.19	6.99	6.84	6.72	6.62	6.47	6.31	6.16	6.07	5.99	5.91	5.82	5.74	5.65
8	11.26	8.65	7.59	7.01	6.63	6.37	6.18	6.03	5.91	5.81	5.67	5.52	5.36	5.28	5.20	5.12	5.03	4.95	4.86
9	10.56	8.02	6.99	6.42	6.06	5.80	5.61	5.47	5.35	5.26	5.11	4.96	4.81	4.73	4.65	4.57	4.48	4.40	4.31
10	10.04	7.56	6.55	5.99	5.64	5.39	5.20	5.06	4.94	4.85	4.71	4.56	4.41	4.33	4.25	4.17	4.08	4.00	3.91
11	9.65	7.21	6.22	5.67	5.32	5.07	4.89	4.74	4.63	4.54	4.40	4.25	4.10	4.02	3.94	3.86	3.78	3.69	3.60
12	9.33	6.93	5.95	5.41	5.06	4.82	4.64	4.50	4.39	4.30	4.16	4.01	3.86	3.78	3.70	3.62	3.54	3.45	3.36
13	9.07	6.70	5.74	5.21	4.86	4.62	4.44	4.30	4.19	4.10	3.96	3.82	3.66	3.59	3.51	3.43	3.34	3.25	3.17
14	8.86	6.51	5.56	5.04	4.69	4.46	4.28	4.14	4.03	3.94	3.80	3.66	3.51	3.43	3.35	3.27	3.18	3.09	3.00
15	8.68	6.36	5.42	4.89	4.56	4.32	4.14	4.00	3.89	3.80	3.67	3.52	3.37	3.29	3.21	3.13	3.05	2.96	2.87
16	8.53	6.23	5.29	4.77	4.44	4.20	4.03	3.89	3.78	3.69	3.55	3.41	3.26	3.18	3.10	3.02	2.93	2.84	2.75
17	8.40	6.11	5.18	4.67	4.34	4.10	3.93	3.79	3.68	3.59	3.46	3.31	3.16	3.08	3.00	2.92	2.83	2.75	2.65

续表

n \ m	1	2	3	4	5	6	7	8	9	10	12	15	20	24	30	40	60	120	∞
18	8.29	6.01	5.09	4.58	4.25	4.01	3.94	3.71	3.60	3.51	3.37	3.23	3.08	3.00	2.92	2.84	2.75	2.66	2.57
19	8.18	5.93	5.01	4.50	4.17	3.94	3.77	3.63	3.52	3.43	3.30	3.15	3.00	2.92	2.84	2.76	2.67	2.58	2.49
20	8.10	5.85	4.94	4.43	4.10	3.87	3.70	3.56	3.46	3.37	3.23	3.09	2.94	2.86	2.78	2.69	2.61	2.52	2.42
21	8.02	5.78	4.87	4.37	4.04	3.81	3.64	3.51	3.40	3.31	3.17	3.03	2.88	2.80	2.72	2.64	2.55	2.46	2.36
22	7.95	5.72	4.82	4.31	3.99	3.76	3.59	3.45	3.35	3.26	3.12	2.98	2.83	2.75	2.67	2.58	2.50	2.40	2.31
23	7.88	5.66	4.76	4.26	3.94	3.71	3.54	3.41	3.30	3.21	3.07	2.93	2.78	2.70	2.62	2.54	2.45	2.35	2.26
24	7.82	5.61	4.72	4.22	3.90	3.67	3.50	3.36	3.26	3.17	3.03	2.89	2.74	2.66	2.58	2.49	2.40	2.31	2.21
25	7.77	5.57	4.68	4.18	3.85	3.63	3.46	3.32	3.22	3.13	2.99	2.85	2.70	2.62	2.54	2.45	2.36	2.27	2.17
26	7.72	5.53	4.64	4.14	3.82	3.59	3.42	3.29	3.18	3.09	2.96	2.81	2.66	2.58	2.50	2.42	2.33	2.23	2.13
27	7.68	5.49	4.60	4.11	3.78	3.56	3.39	3.26	3.15	3.06	2.93	2.78	2.63	2.55	2.47	2.38	2.29	2.20	2.10
28	7.64	5.45	4.57	4.07	3.75	3.53	3.36	3.23	3.12	3.03	2.90	2.75	2.60	2.52	2.44	2.35	2.26	2.17	2.06
29	7.60	5.42	4.54	4.04	3.73	3.50	3.33	3.20	3.09	3.00	2.87	2.73	2.57	2.49	2.41	2.33	2.23	2.14	2.03
30	7.56	5.39	4.51	4.02	3.70	3.47	3.30	3.17	3.07	2.98	2.84	2.70	2.55	2.47	2.39	2.30	2.21	2.11	2.01
40	7.31	5.18	4.31	3.83	3.51	3.29	3.12	2.99	2.89	2.80	2.66	2.52	2.37	2.29	2.20	2.11	2.02	1.92	1.80
60	7.08	4.98	4.13	3.65	3.34	3.12	2.95	2.82	2.72	2.63	2.50	2.35	2.20	2.12	2.03	1.94	1.84	1.73	1.60
120	6.85	4.79	3.95	3.48	3.17	2.96	2.79	2.66	2.56	2.47	2.34	2.19	2.03	1.95	1.86	1.76	1.66	1.53	1.38
∞	6.63	4.61	3.78	3.32	3.02	2.80	2.64	2.51	2.41	2.32	2.18	2.04	1.88	1.79	1.70	1.59	1.47	1.32	1.00

$\alpha=0.005$

m \ n	1	2	3	4	5	6	7	8	9	10	12	15	20	24	30	40	60	120	∞
1	16 211.00	20 000.00	21 615.00	22 500.00	23 056.00	23 437.00	23 715.00	23 925.00	24 091.00	24 224.00	24 426.00	24 630.00	24 836.00	24 940.00	25 044.00	25 148.00	35 253.00	25 359.00	25 465.00
2	198.50	199.00	199.20	199.20	199.30	199.30	199.40	199.40	199.40	199.40	199.40	199.40	199.40	199.50	199.50	199.50	199.50	199.50	199.50
3	55.55	49.80	47.47	46.19	45.39	44.84	44.43	44.13	43.88	43.69	43.39	43.08	42.78	42.62	42.47	42.31	42.15	41.99	41.83
4	31.33	26.28	24.26	23.15	22.46	21.97	21.62	21.35	21.14	20.97	20.70	20.44	20.17	20.03	19.89	19.75	19.61	19.47	19.32
5	22.78	18.31	16.53	15.56	14.94	14.51	14.20	13.96	13.77	13.62	13.38	13.15	12.90	12.78	12.66	12.53	12.40	12.27	12.14
6	18.63	14.54	12.92	12.03	11.46	11.07	10.79	10.57	10.39	10.25	10.03	9.81	9.59	9.47	9.36	9.24	9.12	9.00	8.88
7	16.24	12.40	10.88	10.05	9.52	9.16	8.89	8.68	8.51	8.38	8.18	7.97	7.75	7.65	7.53	7.42	7.31	7.19	7.08
8	14.69	11.04	9.60	8.81	8.30	7.95	7.69	7.50	7.34	7.21	7.01	6.81	6.61	6.50	6.40	6.29	6.18	6.06	5.95
9	13.61	10.11	8.72	7.96	7.47	7.13	6.88	6.69	6.54	6.42	6.23	6.03	5.83	5.73	5.62	5.52	5.41	5.30	5.19
10	12.83	9.43	8.08	7.34	6.87	6.54	6.30	6.12	5.97	5.85	5.66	5.47	5.27	5.17	5.07	4.97	4.86	4.75	4.64
11	12.23	8.91	7.60	6.88	6.42	6.10	5.86	5.68	5.54	5.42	5.24	5.05	4.86	4.76	4.65	4.55	4.44	4.34	4.23
12	11.75	8.51	7.23	6.52	6.07	5.76	5.52	5.35	5.20	5.09	4.91	4.72	4.53	4.43	4.33	4.23	4.12	4.01	3.90
13	11.37	8.19	6.93	6.23	5.79	5.48	5.25	5.08	4.94	4.82	4.64	4.46	4.27	4.17	4.07	3.97	3.87	3.76	3.65
14	11.06	7.92	6.68	6.00	5.56	5.26	5.03	4.86	4.72	4.60	4.43	4.25	4.06	3.96	3.86	3.76	3.66	3.55	3.44
15	10.80	7.70	6.48	5.80	5.37	5.07	4.85	4.67	4.54	4.42	4.25	4.07	3.88	3.79	3.69	3.58	3.48	3.37	3.26
16	10.58	7.51	6.30	5.64	5.21	4.91	4.69	4.52	4.38	4.27	4.10	3.92	3.73	3.64	3.54	3.44	3.33	3.22	3.11
17	10.38	7.35	6.16	5.50	5.07	4.78	4.56	4.39	4.25	4.14	3.97	3.79	3.61	3.51	3.41	3.31	3.21	3.10	2.98

续表

n \ m	1	2	3	4	5	6	7	8	9	10	12	15	20	24	30	40	60	120	∞
18	10.22	7.21	6.03	5.37	4.96	4.66	4.44	4.28	4.14	4.03	3.86	3.68	3.50	3.40	3.30	3.20	3.10	2.99	2.87
19	10.07	7.09	5.92	5.27	7.85	4.56	4.34	4.18	4.04	3.93	3.76	3.59	3.40	3.31	3.21	3.11	3.00	2.89	2.78
20	9.94	6.99	5.82	5.17	4.76	4.47	4.26	4.09	3.96	3.85	3.68	3.50	3.32	3.22	3.12	3.02	2.92	2.81	2.69
21	9.83	6.89	5.73	5.09	4.68	4.39	4.18	4.01	3.88	3.77	3.60	3.43	3.24	3.15	3.05	2.95	2.84	2.73	2.61
22	9.73	6.81	5.65	5.02	4.61	4.32	4.11	3.94	3.81	3.70	3.54	3.36	3.18	3.08	2.98	2.88	2.77	2.66	2.55
23	9.63	6.73	5.58	4.95	4.54	4.26	4.05	3.88	3.75	3.64	3.47	3.30	3.12	3.02	2.92	2.82	2.71	2.60	2.48
24	9.55	6.66	5.52	4.89	4.49	4.20	3.99	3.83	3.69	3.59	3.42	3.25	3.06	2.97	2.87	2.77	2.66	2.55	2.43
25	9.48	6.60	5.46	4.84	4.43	4.15	3.94	3.78	3.64	3.54	3.37	3.20	3.01	2.92	2.82	2.72	2.61	2.50	2.38
26	9.41	6.54	5.41	4.79	4.38	4.10	3.89	3.73	3.60	3.49	3.33	3.15	2.97	2.87	2.77	2.67	2.56	2.45	2.33
27	9.34	6.49	5.36	4.74	4.34	4.06	3.85	3.69	3.56	3.45	3.28	3.11	2.93	2.83	2.73	2.63	2.52	2.41	2.29
28	9.28	6.44	5.32	4.70	4.30	4.02	3.81	3.65	3.52	3.41	3.25	3.07	2.89	2.79	2.69	2.59	2.48	2.37	2.25
29	9.23	6.40	5.28	4.66	4.26	3.98	3.77	3.61	3.48	3.38	3.21	3.04	2.86	2.76	2.66	2.56	2.45	2.33	2.21
30	9.18	6.35	5.24	4.62	4.23	3.95	3.74	3.58	3.45	3.34	3.18	3.01	2.82	2.73	2.63	2.52	2.42	2.30	2.18
40	8.83	6.07	4.98	4.37	3.99	3.71	3.51	3.35	3.22	3.12	2.95	2.78	2.60	2.50	2.40	2.30	2.18	2.06	1.93
60	8.49	5.79	4.73	4.14	3.76	3.49	3.29	3.13	3.01	2.90	2.74	2.57	2.39	2.29	2.19	2.08	1.96	1.83	1.69
120	8.18	5.54	4.50	3.92	3.55	3.28	3.09	2.93	2.81	2.71	2.54	2.37	2.19	2.09	1.98	1.87	1.75	1.61	1.43
∞	7.88	5.30	4.28	3.72	3.35	3.09	2.90	2.74	2.62	2.52	2.36	2.19	2.00	1.90	1.79	1.67	1.53	1.36	1.00

α=0.001

n \ m	1	2	3	4	5	6	7	8	9	10	12	15	20	24	30	40	60	120	∞
1	4 053+	5 000+	5 404+	5 625+	5 764+	5 859+	5 929+	5 981+	6 023+	6 056+	6 107+	6 158+	6 209+	6 235+	6 261+	6 287+	6 313+	6 340+	6 366+
2	998.50	999.00	999.20	999.20	999.30	999.30	999.40	999.40	999.40	999.40	999.40	999.40	999.40	999.50	999.50	999.50	999.50	999.50	999.50
3	167.00	148.50	141.10	137.10	134.60	132.80	131.60	130.60	129.90	129.20	128.30	127.40	126.40	125.90	125.40	125.00	124.50	124.00	123.50
4	74.14	61.25	56.18	53.44	51.71	50.53	49.66	49.00	48.47	48.05	47.41	46.76	46.1	45.77	45.43	45.09	44.75	44.40	44.05
5	47.18	37.12	33.20	31.09	27.75	28.84	28.16	27.64	27.24	26.92	26.42	25.91	25.39	25.14	24.87	24.60	24.33	24.06	23.79
6	35.51	27.00	23.70	21.92	20.81	20.03	19.46	19.03	18.69	18.41	17.99	17.56	17.12	16.89	16.67	16.44	16.21	15.99	15.75
7	29.25	21.69	18.77	17.19	16.21	15.52	15.02	14.63	14.33	14.08	13.71	13.32	12.93	12.73	12.53	12.33	12.12	11.91	11.70
8	25.42	18.49	15.83	14.39	13.49	12.86	12.40	12.04	11.77	11.54	11.19	10.84	10.48	10.30	10.11	9.92	9.73	9.53	9.33
9	22.86	16.39	13.90	12.56	11.71	11.13	10.70	10.37	10.11	9.89	9.57	9.24	8.90	8.72	8.55	8.37	8.19	8.00	7.80
10	21.04	14.91	12.55	11.28	10.48	9.92	9.52	9.20	8.96	8.75	8.45	8.13	7.80	7.64	7.47	7.30	7.12	6.94	6.76
11	19.69	13.81	11.56	10.35	9.58	9.05	8.66	8.35	8.12	7.92	7.63	7.32	7.01	6.85	6.68	6.52	6.35	6.17	6.00
12	18.64	12.97	10.80	9.63	8.89	8.38	8.00	7.71	7.48	7.29	7.00	6.71	6.40	6.25	6.09	5.93	5.76	5.59	5.42
13	17.81	12.31	10.21	9.07	8.35	7.86	7.49	7.21	6.98	6.80	6.52	6.23	5.93	6.78	5.63	5.47	5.30	5.14	4.97
14	17.14	11.78	9.73	8.62	7.92	7.43	7.08	6.80	6.58	6.40	6.13	5.85	5.56	5.41	5.25	5.10	4.94	4.77	4.60
15	16.59	11.34	9.34	8.25	7.57	7.09	6.74	6.47	6.26	6.08	5.81	5.54	5.25	5.10	4.95	4.80	4.64	4.47	4.31
16	16.12	10.97	9.00	7.94	7.27	6.81	6.46	6.19	5.98	5.81	5.55	5.27	4.99	4.85	4.70	4.54	4.39	4.23	4.06
17	15.72	10.36	8.73	7.68	7.02	6.56	6.22	5.96	5.75	5.58	5.32	5.05	4.78	4.63	4.48	4.33	4.18	4.02	3.85

续表

n \ m	1	2	3	4	5	6	7	8	9	10	12	15	20	24	30	40	60	120	∞
18	15.38	10.39	8.49	7.46	6.81	6.35	6.02	5.76	5.56	5.39	5.13	4.87	4.59	4.45	4.30	4.15	4.00	3.84	3.67
19	15.08	10.16	8.28	7.26	6.62	6.18	5.85	5.59	5.39	5.22	4.97	4.70	4.43	4.29	4.14	3.99	3.84	3.68	3.51
20	14.82	9.95	8.10	7.10	6.46	6.02	5.69	5.44	5.24	5.08	4.82	4.56	4.29	4.15	4.00	3.86	3.7	3.54	3.38
21	14.59	9.77	7.94	6.95	6.32	5.88	5.56	5.31	5.11	4.95	4.70	4.44	4.17	4.03	3.88	3.74	3.58	3.42	3.26
22	14.38	9.61	7.80	6.81	6.19	5.76	5.44	5.19	4.98	4.83	4.58	4.33	4.06	3.92	3.78	3.63	3.48	3.32	3.15
23	14.19	9.47	7.67	6.69	6.08	5.65	5.33	5.09	4.89	4.73	4.48	4.23	3.96	3.82	3.68	3.53	3.38	3.22	3.05
24	14.03	9.34	7.55	6.59	5.98	5.55	5.23	4.99	4.80	4.64	4.39	4.14	3.87	3.74	3.59	3.45	3.29	3.14	2.97
25	13.88	9.22	7.45	6.49	5.88	5.46	5.15	4.91	4.71	4.56	4.31	4.06	3.79	3.66	3.52	3.37	3.22	3.06	2.89
26	13.74	9.12	7.36	6.41	5.80	5.38	5.07	4.83	4.64	4.48	4.24	3.99	3.72	3.59	3.44	3.30	3.15	2.99	2.82
27	13.61	9.02	7.27	6.33	5.73	5.31	5.00	4.76	4.57	4.41	4.17	3.92	3.66	3.52	3.38	3.23	3.08	2.92	2.75
28	13.50	8.93	7.19	6.25	5.66	5.24	4.93	4.69	4.50	4.35	4.11	3.86	3.60	3.46	3.32	3.18	3.02	2.86	2.69
29	13.39	8.85	7.12	6.19	5.59	5.18	4.87	4.64	4.45	4.29	4.05	3.80	3.54	3.41	3.27	3.12	2.97	2.81	2.64
30	13.29	8.77	7.05	6.12	5.53	5.12	4.82	4.58	4.39	14.24	4.00	3.75	3.49	3.36	3.22	3.07	2.92	2.76	2.59
40	12.61	8.25	6.60	5.70	5.13	4.73	4.44	4.21	4.02	3.87	3.64	3.40	3.15	3.01	2.87	2.73	2.57	2.41	2.23
60	11.97	7.76	6.17	5.31	4.76	4.37	4.09	3.87	3.69	3.54	3.31	3.08	2.83	2.69	2.55	2.41	2.25	2.08	1.89
120	11.38	7.32	5.79	4.95	4.42	4.04	3.77	3.55	3.38	3.24	3.02	2.78	2.53	2.40	2.26	2.11	1.95	1.76	1.54
∞	10.83	6.91	5.42	4.62	4.10	3.74	3.47	3.27	3.10	2.96	2.74	2.51	2.27	2.13	1.99	1.84	1.66	1.45	1.00

注：“+”表示要将该数乘以 100。

参考文献

[1] 同济大学数学系．高等数学（上册）[M]．6 版．北京：高等教育出版社，2007.

[2] 何书元．概率论[M]．北京：北京大学出版社，2006.

[3] 韦来生．数理统计[M]．北京：科学出版社，2008.

[4] 同济大学数学系．工程数学线性代数[M]．5 版．北京：高等教育出版社，2007.

[5] 薛毅．数值分析与科学计算[M]．北京：科学出版社，2011.

[6] 冯康．数值计算方法[M]．北京：国防工业出版社，1978:1-30.

[7] 王学民．应用多元分析[M]．4 版．上海：上海财经大学出版社，2014.